职业教育课程改革创新规划教材

冷库安装与维修

宋友山 主 编

张彦礼 副主编

权福苗 张 巍 陈亚芝 张 晶 王 鹏 参 编

電子工業出版社

Publishing House of Electronics Industry

北京 • BEIJING

内 容 简 介

本书依据教育部制定的职业学校《制冷和空调设备运行与维修专业教学标准》中对冷库安装与维修课程的基本要求编写，内容包括冷库的基本认识、冷库的安装与调试、冷库的维护工艺基本操作与故障排除、冷库的安全警示四个单元。每个单元分为几个学习任务，每个任务都围绕工作过程展开，旨在培养学生冷库安装和常见故障的诊断与维修能力。

本书可作为职业学校制冷和空调设备运行与维修专业、冷库类相关专业的教学用书，还可供从事冷库运行与管理的人员参考，也可作为工程技术人员自学和培训用书。

图书在版编目（CIP）数据

冷库安装与维修 / 宋友山主编. —北京：电子工业出版社，2015.2
职业教育课程改革创新规划教材
ISBN 978-7-121-25437-6

Ⅰ. ①冷… Ⅱ. ①宋… Ⅲ. ①冷藏库－安装－中等专业学校－教材②冷藏库－维修－中等专业学校－教材
Ⅳ. ①TB657.1

中国版本图书馆 CIP 数据核字（2015）第 012313 号

策划编辑：张　帆
责任编辑：底　波
印　　刷：北京虎彩文化传播有限公司
装　　订：北京虎彩文化传播有限公司
出版发行：电子工业出版社
　　　　　北京市海淀区万寿路 173 信箱　邮编 100036
开　　本：787×1 092　1/16　印张：16.5　字数：443.8 千字
版　　次：2015 年 2 月第 1 版
印　　次：2024 年 7 月第 13 次印刷
定　　价：38.00 元

凡所购买电子工业出版社图书有缺损问题，请向购买书店调换。若书店售缺，请与本社发行部联系，联系及邮购电话：（010）88254888，88258888。

质量投诉请发邮件至 zlts@phei.com.cn，盗版侵权举报请发邮件至 dbqq@phei.com.cn。

本书咨询联系方式：（010）88254592，bain@phei.com.cn。

总序

当前，北京市朝阳区职业教育越来越重视对学生综合职业能力的培养与课程建设，尤其是精品课程建设也在不断深入推进。而作为精品课程重要载体之一的教材也受到了朝阳区教委、教研中心的高度重视，启动并实施了专业教材开发行动规划。“十二五”期间将陆续出版一系列专业教材。

教材的编写以建设现代高端、精品、国际化的职业教育为目标，以高标准、创品牌、出精品为宗旨。其编写过程分为组建专业团队、组织全员培训、统一思想认识，开展团队研讨等阶段；同时经过企业调研、专家指导、集中论证、专业把关、严格修改等必要环节。

教材内容致力于突出以下四大特点。

第一，体现职教特色和为学生终生发展服务的思想。紧密结合社会经济发展与市场经济需求并与之相适应，关注学生认知规律和职业成长发展规律。

第二，体现职教课改的理念。以工作过程系统化、典型工作任务为基础，以工作项目为载体，遵循“学做合一”的基本原则。

第三，体现校企合作、工学结合的基本特征。教学内容符合岗位特点，针对工作任务训练技能，针对岗位标准实施考核评价。

第四，体现行动导向的教学思想。积极创新教学模式，遵循“学生主体性”、“做中学”的教学原则，实施多元教学模式。

北京市朝阳区很多的一线教师作为教材的主编或参编，对他们而言，教材既是多年教学经验的结晶，也是对自己教学思想的梳理和反思。尽管老师们的专业背景各有不同，对课改的理解和内化各有差异，但是，他们都很努力地投入到教材编写工作过程中。随着编写工作的深入，教师们的思路越来越清晰，认识也在不断深化，研究水平也随之提高了。教材中无不凝聚了教师在长期教学实践中的丰富经验和智慧，记载着他们不断探索、勇于创新的艰辛历程。

教材编写得到了北京市朝阳区委教育工委和朝阳区教委的高度重视。朝阳区教研中心承担了教材编写的研究、组织和指导工作，朝阳区部分职业学校积极参与了此项工作，一批优秀的骨干教师积极投身到教材编写工作中，并为此付出了辛勤的汗水。教材编写得到了相关行业企业的大力支持。特别感谢电子工业出版社等为教材出版所做的辛勤工作。

全套书的出版，尽管得益于众多专家的指导，经过编写团队的多次修改、加工，但受时间紧、任务重、经验欠缺的局限，仍然有许多不足和错误，请广大读者多多批评指导。

教材编写委员会
2014年10月

PREFACE 前言

本书依据教育部制定的职业学校《制冷和空调设备运行与维修专业教学标准》中对冷库安装与维修课程的基本要求编写。在编写过程中，我们与冷库行业专家、企业专家一起对冷库安装与维修的工作内容和工作过程进行研究分析，提炼出典型工作任务，并对其进行梳理，形成学习任务。

本书内容包括冷库的基本认识、冷库的安装与调试、冷库的维护工艺基本操作与故障排除、冷库的安全警示四个项目。

本书采用理论与实践一体化的编写模式，以真实的工作环境为学习背景，以真实的工作内容、过程为学习任务。本书将每个学习项目分为几个学习任务，每个学习任务按照任务描述、任务目标、任务实施、知识链接等环节，围绕工作过程展开。其中，任务实施是整个课程的核心，是培养学生理论知识和实践技能的重点，旨在培养学生冷库的安装与维修能力。

本书注重实用性，贴近现实教学，按照职业技术教育和学生认知的基本规律，同时充分运用互联网优势，融合图像识别技术，由深圳市松大科技有限公司制作成 MOOC 全媒体教材。教材中的知识点通过 FLASH、3D 模型、3D 仿真、视频等形式进行展示，且各章节都附有习题与案例。上述全部资源都在书中相应位置设有二维码，读者可以通过扫描封底二维码下载松大 MOOC APP，打开软件扫码功能，在书中附有二维码的地方进行扫描识别，查看并获取资源。

本书由宋友山任主编，张彦礼任副主编，宋友山对全书进行了统稿。参加本书编写的还有权福苗、张魏、陈亚芝、张晶、王鹏等教师。本书的编写还得到了企业专家张世奇和深圳市松大科技有限公司的罗亚妮、陈学新提供相关资料的大力支持，在此表示衷心的感谢。

由于编者水平有限，书中内容难免存在不足和疏漏之处，敬请各位专家和广大读者批评指正，以期再版时加以完善。

编　者

CONTENTS 目录

多媒体知识点目录

续表

续表

序　号	码　号	资源名称	资源类型	页　码
65	02.01.016	紫铜管	3D 模型	78
66	02.01.017	热力膨胀阀的安装固定	视频	79
67	02.01.018	气囊和液囊的形成	flash	80
68	02.01.019	管道保温系统的安装	视频	82
69	02.01.020	制冷管道吹污操作	视频	82
70	02.01.021	电控系统的连接、安装	视频	85
71	02.01.022	干燥过滤器的安装	视频	89
72	02.01.023	视液镜的安装	视频	89
73	02.01.024	习题-拼装式冷库的安装	习题	91
任务二　土建式冷库的安装				
74	01.01.025	YF-100 洗涤式油分离器	3D 模型	95
75	02.02.002	ZA-0.5 储氨器	3D 模型	95
76	02.02.003	JY-150 集油器	3D 模型	95
77	02.02.004	KF-32 空气分离器	3D 模型	96
78	02.02.005	紧急泄氨器的工作流程	flash	96
79	02.02.006	油分离器的安装	视频	96
80	02.02.007	170 系列氨制冷压缩机组	3D 模型	100
81	02.02.008	活塞式制冷压缩机的安装固定	视频	103
82	02.02.009	风冷式冷凝器的安装固定	视频	107
83	02.02.010	蒸发式冷凝器的工作流程	flash	109
84	02.02.011	截止阀 DN80	3D 模型	109
85	02.02.012	冷风机的安装固定	视频	110
86	02.01.027	高压储液器的工作流程	flash	112
87	02.02.014	储液器的安装	视频	112
88	01.01.028	低压循环储液器	3D 模型	114
89	02.02.016	压力表	3D 模型	115
90	02.02.017	冷媒压力表的安装	视频	115
91	02.02.018	涡轮对夹式软密封手动蝶阀	3D 模型	116
92	02.02.019	电磁阀的安装	视频	116
93	02.02.020	J41B 氨用截止阀	3D 模型	117
94	02.02.021	气液分离器的安装	视频	117
95	02.01.018	气囊和液囊的形成	flash	118
96	02.02.023	管道的酸洗钝化	flash	121
97	02.02.024	管道人工除锈的操作	flash	121
98	02.01.012	管道支架的安装	视频	123
99	02.02.003	JY-150 集油器	3D 模型	136

续表

序　号	码　号	资源名称	资源类型	页　码
100	02.02.027	氨泵过滤器的工作流程	flash	136
101	02.02.028	GL41W-16P Y 型过滤器	3D 模型	137
102	02.02.029	习题-土建式冷库的安装	习题	138
任务三　冷库的试运行				
103	02.03.001	检漏、抽真空、充注冷冻油和制冷剂	视频	140
104	02.03.002	制冷系统的试运行	视频	146
105	02.03.003	冷却塔的安装	视频	147
106	02.03.004	冷却水泵的安装	视频	147
107	02.03.005	冷却水管的安装	视频	147
108	02.03.006	习题-冷库的试运行	习题	160
项目三　冷库的维护工艺基本操作与故障排除				
任务一　检修氨冷库的制冷设备				
109	01.01.008	双螺杆式制冷压缩机工作原理	flash	163
110	03.01.002	一片式球阀	3D 模型	177
111	03.01.003	大通径先导活塞式电磁阀	3D 模型	178
112	03.01.004	弹簧微启式高压安全阀	3D 模型	179
113	03.01.005	屏蔽氨泵	3D 模型	180
114	03.01.006	BYG-50 氨泵过滤器	3D 模型	181
115	01.01.025	YF-100 洗涤式油分离器	3D 模型	186
116	03.01.008	单级压缩机制冷系统的自动溶霜	flash	188
117	03.01.009	习题-检修氨冷库的制冷设备	习题	189
任务二　氨冷库的故障判断与排除				
118	03.02.001	压缩机吸入压力偏高原因及排除方法	flash	191
119	03.02.002	习题-氨冷库的故障判断与排除	习题	207
任务三　氟利昂冷库的故障判断与排除				
120	03.02.001	压缩机吸入压力偏高原因及排除方法	flash	209
121	03.03.002	DRVZ.HC42X 静音止回阀	3D 模型	214
122	03.03.003	HC42T 静音止回阀	3D 模型	215
123	03.03.004	阀门故障表现	flash	215
124	03.03.005	习题-氟利昂冷库的故障判断与排除	习题	219
项目四　冷库的安全警示				
任务一　冷库的安全防护				
125	02.02.007	170 系列氨制冷压缩机组	3D 模型	221
126	04.01.002	氨冷库内货物堆垛的基本要求	flash	224
127	02.02.017	压力表	3D 模型	228
128	03.01.004	弹簧微启式高压安全阀	3D 模型	228

续表

序　号	码　号	资源名称	资源类型	页　码
129	04.01.005	安全阀的工作流程	flash	228
130	04.01.006	温度控制器（SF-101B）	3D 模型	229
131	04.01.007	UB 板式液位计	3D 模型	230
132	03.01.006	BYG-50 氨泵过滤器	3D 模型	233
133	04.01.009	习题-冷库的安全防护	习题	234
任务二　氨冷库的紧急事故处理措施				
134	04.02.001	压力容器漏氨事故的处理	flash	238
135	04.02.002	习题-氨冷库的紧急事故处理措施	习题	244
附录　《冷库安装与维修》所涉及的辅材工具				
136	附.001	扎带	3D 模型	245
137	附.002	一字螺丝刀	3D 模型	245
138	附.003	新棘轮式偏心扩孔器 RCT-806	3D 模型	245
139	附.004	斜口钳	3D 模型	245
140	附.005	万用表（指针）	3D 模型	245
141	附.006	万用表（电子）	3D 模型	246
142	附.007	铁锤	3D 模型	246
143	附.008	手磨机	3D 模型	246
144	附.009	手电钻	3D 模型	246
145	附.010	人字梯	3D 模型	246
146	附.011	内六角扳手	3D 模型	246
147	附.012	剥线钳	3D 模型	247
148	附.013	尖嘴钳	3D 模型	247
149	附.014	活动扳手	3D 模型	247
150	附.015	虎口钳	3D 模型	247
151	附.016	镀锌线槽	3D 模型	247
152	附.017	电笔	3D 模型	247
153	附.018	大十字螺丝刀	3D 模型	248
154	附.019	冲击钻	3D 模型	248
155	附.020	安全帽	3D 模型	248
156	附.021	rvvp7X1.0mm	3D 模型	248
157	附.022	rvvp2X1.0mm	3D 模型	248
158	附.023	rvv6X0.5mm	3D 模型	248
159	附.024	rvv5X0.5mm	3D 模型	249
160	附.025	rvv4X1.0mm	3D 模型	249
161	附.026	rvv4X0.5mm	3D 模型	249
162	附.027	rvv3X1.0mm	3D 模型	249

续表

序　号	码　号	资源名称	资源类型	页　码
163	附.028	rvv3X0.5mm	3D 模型	249
164	附.029	rvv2X1.0mm	3D 模型	249
165	附.030	rv1X1.0mm	3D 模型	250
166	附.031	rv1.5	3D 模型	250
167	附.032	rv1.0	3D 模型	250
168	附.033	BRV1X2.5mm	3D 模型	250
169	附.034	BRV1X1.0mm	3D 模型	250

二维码使用帮助：

多媒体资源目录中所有知识点在书中相应位置都设有二维码，读者可以通过扫描封底二维码下载松大 MOOC APP，注册登录成功后，打开软件扫码功能，在附有二维码的地方进行扫描识别，即可查看并获取资源。

绪 论

冷库是用人工制冷的方法让固定的空间达到规定的温度，便于储藏物品的建筑物。冷库主要用于食品的冷冻加工及冷藏，它通过人工制冷，使室内保持一定的低温。

随着社会的发展和人民生活水平的不断提高，人们对食品的质量要求也相应提高，这促使食品冷藏业及冷库迅速发展。当前冷库朝着大型、专业化方向快速发展，特别是以节能和功能完善著称的大型冷库，得到了广泛的应用，这不仅使冷库安装调试、运行维护方面专业技术人才需求量的增大，同时也对从业人员的专业技能和职业能力提出了更高的要求。

一、冷库的基本组成

（1）制冷系统：包括各种制冷设备。制冷设备是冷库的心脏，它制造出冷量，保证库房内的冷源供应。

（2）电控装置：电控装置是冷库的大脑，它指挥制冷系统，保证冷量供应。

（3）有一定隔热性能的库房：作用是保持低温环境的稳定，通常把隔热性能说成保温。

（4）冷库附属性建筑物等。

二、冷库类型简介

（1）按库容大小分类，有大型、中型和小型之分。

一般资料上讲的商业大、中型库，库容都偏大。根据目前我国冷库都比较小的特点及群众的习惯称谓，可以把库容 1000 t 以上的库称为大型库，1000 t 以下、100 t 以上的库称为中型库，100 t 以下的库称为小型库。乡村最适于建 10～100 t 的小型冷库。

（2）按制冷机使用的制冷剂可分成氨机制冷的氨机库和氟机制冷的氟机库，乡村产地建小冷库可选用自动化程度高的氟机库。

（3）按库房的建筑方式分为土建冷库、拼装冷库和土建拼装复合式冷库。

土建冷库一般是夹层墙保温结构，占地面积大，施工周期长，早期的冷库是这种方式；拼装式冷库是预制保温板拼装式的库房，其建设工期短，可拆卸，但投资较大。

土建拼装复合式冷库，库房的承重和外围结构是土建的形式，保温结构是聚氨酯喷涂发泡或聚苯乙烯泡沫板拼装的形式，其中聚苯乙烯泡沫板保温的土建拼装复合式冷库最经济适用，是建冷库的首选形式。

三、冷库行业发展趋势

在我国国内，大型冷库一般采用以氨为制冷剂的集中式制冷系统，冷却设备多为排管，系统复杂，实现自动化控制难度大。小型冷库一般采用以氟利昂为制冷剂的分散式或集中式制冷系统。在建筑方面以土建冷库偏多，自动化控制水平普遍较低，拼装式冷库近几年来有所发展。

近年来，随着我国冷饮市场、冷鲜肉市场、肉类延伸品市场、水产品市场、水果蔬菜市场的不断扩大，人们对这些易腐食品消费量的快速增长，促进冷库需求量的进一步增长。虽然我国冷库容量近年来增长较快，但与发达国家相比仍有较大差距。

想要满足冷链物流对冷库的需求量，增加冷库的保有量是必然趋势。目前，我国冷库建设速度每年增长 10%以上。根据农产品冷链物流建设的规划，2010—2015 年，在全国范围内由政府扶持新建和改扩建冷库容量为 1000×10^5 t，新增量约为此前多年全国积累总量的 60%。

四、冷库管理规范化

冷库技术工人是执行冷库管理制度和实施直接操作的工人，其人数和素质直接关系到冷库的生产和储存货物的质量，因此应加强行业组织化、加强职业技能培训，持证上岗，提高从业人员素质。管理的规范化，也有助于促进行业自律精神，维护市场秩序，有效改进无序竞争现状。从业人员素质的提高，更有助于确保冷库储存产品的质量。

五、冷库安装与维修的特点

1．库体安装

冷库可建成单层或多层。建筑物的主体一般为钢筋混凝土框架结构或者砖混结构。土建冷库的围护结构属重体性结构，它是目前建造较多的一种冷库。热惰性较大，室外空气温度的昼夜波动和围护结构外表面受太阳辐射引起的昼夜温度波动，故围护结构内外表温度波动就较小，库温也就易于稳定。

冷库安装库板为钢框架轻质预制隔热板拼装结构，组合板式冷库为单层形式，其承重构件多采用薄壁型钢材制作。库板的内、外面板均用彩色钢板（基材为镀锌钢板）库板的芯材为发泡硬质聚氨酯或粘贴聚苯乙烯泡沫板。由于除地面外，所有构件均是按统一标准在专业工厂成套预制，工地现场组装，所以施工进度快，建设周期短。

为了保证冷库良好的隔热、气密性，冷库的库门除能灵活开启外，冷库库体主要由各种隔热板组即隔热壁板（墙体）顶板（天井板）底板、门、支承板及底座等组成。通过特殊结构的子母钩拼接、固定，关闭严密，使用可靠。

室内拼装式冷库设备装置的隔热板均为夹层板料。隔热夹层板的面板应有足够的机械强度和耐腐蚀性。夹层隔热板性能应当符合要求，夹层板应平整，尺寸应准确，隔热层与内外面板黏结应均匀牢固。

2．机组安装

冷库机组安装包括螺杆压缩机组、活塞压缩机组等，冷库主机位置离蒸发器适当近一些好，易维修，散热良好，如外移需安装遮雨棚，冷库机组安装位置四角需要安放防震垫片，安装水平牢固，不易被人碰着。

3．制冷系统管道连接

安装冷库管道的基本流程：切割管道→弯曲管道→设置支架→连接管道→制冷管道的敷设。安装冷剂管道时，选材不当，可形成腐蚀。管道外壁未清除干净时，会形成锈蚀。管道内壁未清除干净时，杂物及焊渣进入压缩机汽缸，会造成拉缸事故。当安装管道时未做到横平竖直，易产生“气囊”和“液囊”现象，影响制冷剂在管内的正常流动。

在氨制冷系统中，一律采用无缝钢管，制冷剂管道及管件在安装前应将内外壁的氧化皮、污物和锈蚀清除干净，使内壁显现金属光泽，并用棉纱擦净，管道内壁应尽量干燥，必要时进行烘干，管道穿越墙体或楼板处应设钢套管，管道焊缝不得置于套管内。

4．防腐与隔热建设

制冷系统的设备和管道经检验合格后，应按规定进行涂装和防腐。在制冷系统中，处于低压侧的设备和管道，其表面温度一般均低于周围空气环境温度。为了防止冷量散失，凡是输送和储存低温流体的设备和管道，都应敷设一定厚度的隔热保温层。

冷库系统一次性投资较大，包含的设备品种多，管线长，自动化程度高。为了保证工程质量，冷库的安装调试工作应由专业技术人员严格按照相应的规范、标准及设计要求来进行。

5．制冷系统的调试

制冷系统的安装调试质量好坏，对系统运行性能和操作维修是否方便具有长期的影响。制冷系统的安装过程不仅难度较大，辅助设备也较多，而且涉及的技术、工种面很广，主要包括制冷压缩机（组）和辅助设备的安装调试、管道的连接与安装、自动控制系统的安装调试等。

冷库系统的设备及管道安装完毕后，需要进行试运转。只有试运转达到规定的要求后，方可交付验收和使用。机器设备单机试运转，包括制冷压缩机（组）的试运转、风机试运转、水泵试运转和冷却塔的试运转等。其中，制冷压缩机（组）在试运转之前，必须对制冷系统进行吹污和气密性试验。一般来说，气密性试验分为压力试漏、抽真空试漏和充注制冷剂检漏三个阶段。在制冷系统中，处于低压侧的设备和管道的表面温度一般低于周围空气环境温度。

6．冷库设备检修与制冷系统故障的分析与排除

除了能正确运行操作外，冷库系统能否处于完好的运转状态还取决于合理的维护和保养，其内容包括日常维护和定期检修两个方面的工作。定期检修是指有计划、有步骤地对制冷系统的设备进行预防性检查和修理。

制冷系统由制冷设备和辅件组成，彼此相互联系、相互影响，影响运行工况的因素复杂多变，要定期对制冷设备进行检修，例如，制冷压缩机的定期拆卸检测、维修和拼装等。在制冷系统运行过程中，有时会出现故障或在修检中发现不妥的地方，操作人员必须能够运用有关知识，对故障现象进行分析、判断，找到产生故障的原因，并及时排除，保证冷库安全有效运行。

六、冷库的安全警示

冷库制冷机组及配电箱的金属外壳应有可靠的接地保护和漏电保护开关。接地保护设施每半年检查维护一次；每年使用专用工具（接地摇表）进行电阻值摇测，不得大于 4 Ω（一般3、4 月份进行）。冷库内照明用电应使用安全电压（12 V）；应使用防潮灯具，并有可靠接地保护装置。必须在断电情况下方可对冷库内进行清洗、除冰作业。确定专人（最好是电工）管理，对冷库进行日常的维护保养。库内严禁吸烟和明火作业，无关人员不得入内。冷库管理人员在开启冷库前，应进行认真检查，确认无漏电时，方可开启（发现故障不能修理时，应及时请专业公司进行维护）。进入冷库人员应换好绝缘鞋，戴好绝缘手套，并在冷库外设置明显的“有人进入”提示牌。

冷库内物品码放整齐，通道畅通，保持安全间距。不得存放有毒有害物品（药品）、废弃物、私人物品等，商品外包装应及时清理，制冷剂（氨）是有毒、易燃、易爆品，一旦大量泄漏，容易爆炸并危及人身安全。因此，为了确保制冷系统安全可靠地正常运行，安全生产管理必须贯穿于冷库安装调试和运行维护的全过程。

总之，“冷库的安装与维修”是一门实践性很强的课程，通过本课程的学习，应掌握冷库相关的专业知识和技术，具有一定的冷库安装调试和运行维护的专业技能和职业能力，以适应制冷与空调业快速发展的需要，成为有价值的人才。

冷库的基本认识

1．项目概述

本项目学习旨在对冷库有一个全面的认知。认识拼装式冷库，内容包括氟利昂制冷剂冷库中的库体结构和制冷设备；认识土建式冷库，内容包括氨制冷剂土建式冷库的制冷系统、保温系统以及电气控制系统。

2．学习目标

知识目标

① 认识拼装式氟利昂冷库。

② 认识土建式氨冷库。

能力目标

① 能识别拼装式氟利昂冷库制冷系统主要的组成设备。

② 能识别氨冷库的制冷系统、保温系统及电气控制系统。

任务一　认识拼装式冷库

1．任务描述

拼装式冷库制冷系统主要由冷库库体和制冷机组及辅助设备组成，其库体包括库门、库板等，制冷机组包括压缩机、冷凝器、蒸发器、节流装置等，本任务以氟利昂制冷剂冷库为例，介绍拼装式冷库的基本特点。

2．任务目标

知识目标

① 认识氟利昂冷库的库体结构；

② 认识氟利昂冷库的制冷设备；

③ 认识氟利昂冷库保温系统有哪些保温材料；

④ 认识氟利昂冷库电气控制系统。

能力目标

① 能识别拼装式冷库的库体结构；

② 能识别冷库制冷系统中主要设备；

③ 能识别冷库的保温材料；

④ 能识别冷库制冷电气控制系统。

3．任务分析

一个拼装式冷库包括库体、制冷系统、保温系统、电气控制系统四大块，认识冷库，首先要认识冷库库体，而后认识制冷系统的制冷设备，如压缩机的类型与特点、冷凝器的类型与分类等，还有冷库保温系统不同的保温材料，以及冷库电气控制系统的各种电动机和继电器。

1.1.1 认识拼装式氟利昂冷库结构

拼装式冷库为单层形式，库板为钢框架轻质预制隔热板装配结构，其承重构件多采用薄壁型钢材制作。库板的内外面板均用彩色钢板（基材为镀锌钢板），库板的芯材为发泡硬质聚氨酯或粘贴聚苯乙烯泡沫板。除地面外，所有构件均是按统一标准在专业工厂成套预制，在工地现场组装，建设周期短。其隔热保温材料常采用硬质聚氨酯泡沫板或硬质聚苯乙烯泡沫板等。

1. 认识拼装式氟利昂冷库的整体结构

拼装式冷库库体由库底垫板、底板、墙板和顶板组成。库底垫板敷设在校平后的地坪上，主要作用是调整地坪的水平，通风防潮、防腐锈；底板由凸边底板、中底板和凹边底板组成；顶板的组成与底板相似，由凸边顶板、中顶板和凹边顶板组成。

拼装式冷库墙板分外墙和库内隔墙两种。外墙由角板、双凸墙板、凸凹墙板、双凹墙板组成，角板位于库体的四角处，每个完整的拼装式冷库有四个角板，每一面不安装库门的墙上必有一个双凸墙板，其余为凸凹墙板。隔墙将一个库隔成两个隔间，用于不同的食品储备。

拼装冷库库体结构如图 1-1 所示，其实物如图 1-2 所示。

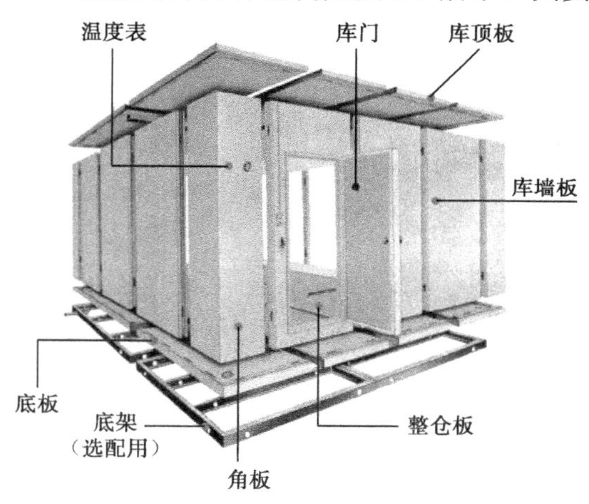

图 1-1 拼装式冷库库体结构图

图 1-2 拼装式冷库库体实物图

拼装式冷库库体外观

2. 认识拼装式冷库的库门

拼装式冷库库门一般由一次性发泡的聚氨酯或聚苯乙烯、金属面板、铰链、门锁、把手和密封条组成，门边装有防露加热丝及磁力胶条，防止结露及漏冷。冷库门配置自动关闭式重型门铰，每扇门拉手均备有内置安全门锁，可在冷库内自由开启。冷库门种类有推拉、平移、电动、手动等，如图 1-3 所示。

库门铰链固定在门框上，冷库门要装锁和把手，同时要有安全脱锁装置；低温冷库门门框上要安装电压 24 V 以下的加热器，以防止冷凝水和结露。库内装防潮灯，测温元件均匀置于库内，温度显示器装在库体外墙板易观察位置。

（a）电动冷藏门

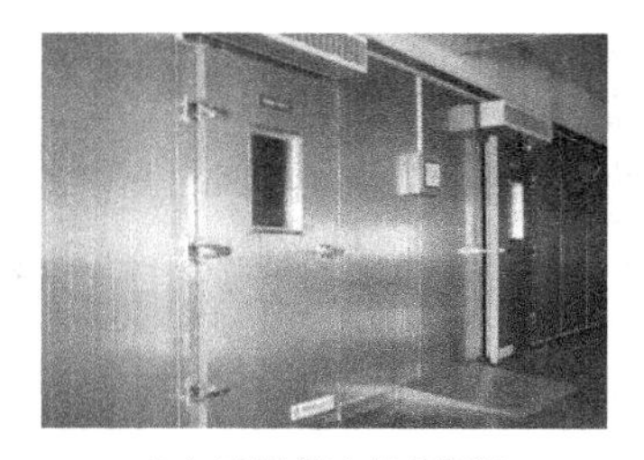

（b）不锈钢冷库半埋门

（c）冷库全埋门

（d）冷库轻型平移门

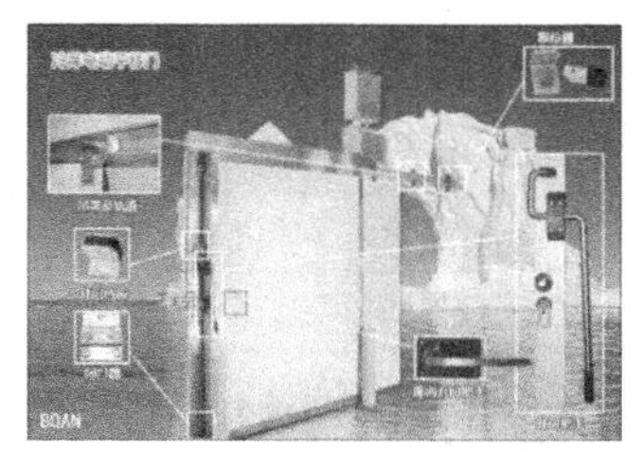

（e）冷库电动平移门

图 1-3　各种冷库门

冷库门也称为冷藏门，它是冷库的重要设施之一,也是冷库跑冷的主要部位之一。由于冷库内外的温差，开库门时，空气通过门洞强烈对流，导致热湿交换，增加了冷库的热负荷。这部分热负荷通常称为开门耗冷量或开门冷损失。开冷库门时，进入冷库内的空气量与门的高度和宽度有关，与库内外的温差有关，当然也与开门的时间和次数有关。

从节能的角度出发，设计时应尽量控制冷库门数量，尽量缩小门洞尺寸，应选用启闭运行迅速的冷库门。平时应尽量减少热交换，及时关闭库门，尽可能减少开门的耗冷量。

3．认识拼装式冷库的库板

库板类型分为聚氨酯库板（见图 1-4）和聚苯乙烯库板（见图 1-5）两种类型，目前国际上普遍采用导热系数最佳的硬质聚氨酯夹芯板，库板的内外面选用聚酯覆膜彩色钢板，全新的凸凹插槽式结构，安装快捷，能大大缩短建造周期，降低建造成本。聚氨酯冷库板采用模具高压发泡而成，有一定的规格尺寸，　库板宽度以 295.3 为模数，库板长度不超过 13.5 m，由于聚氨酯库板的强度、隔热等性能优于聚苯乙烯库板，所以聚氨酯库板通常多应用于速冻库或低温库上，聚苯乙烯库板则由于隔热性能较好且价格适中而通常多用于普通低温冷库、高温冷库和食品加工厂等工业与民用建筑上。

图 1-4　聚氨酯库板

图 1-5　聚苯乙烯库板

（1）库体结构工艺

冷库库体均采用组模压注而组成，能完全与 100%的聚氨基甲酸乙酯泡沫绝缘材料黏合而无须物料支撑，嵌板的周边均以绝热材料封合，使结合处密封，有效防止漏冷，可以按要求组合各种尺寸的冷库。中间隔板采用冷库板，冷库板面板均采用钢板制成，一般采用偏心拉力钩互相扣锁，将板与板之间拉拢和锁紧，使冷库有非常坚实的结构，并可简单方便地拆迁。

冷面库板连接方式有镶嵌连接、锁键连接、挂钩连接等多种。

表 1-1 是聚氨基甲酸乙酯的性能参数。

表 1-1　聚氨基甲酸乙酯的性能参数

导热系数 K（kcal/m.h.℃）	0.018
平均密度（kg/m^2）	45～50
可承受压力（kg/cm^2）	2.0
最高操作温度（℃）	60
最低操作温度（℃）	-120

表 1-2 是聚氨酯板的性能参数。

表 1-2　聚氨酯板的性能参数

项　　目	标　　准
密度（kg/m^3）	40～50
导热系数（W/m℃）	≤0.022
抗压强度（MPa）	≥0.2
吸水率（kg/m_2）	≤0.03
离火自息时间（s）	≤7
抗弯强度（MPa）	≥0.25

为了达到设计科学、实用简单、节约成本的效果，可恰当使用墙板、角板、T 形板等不同形式的库板，如图 1-6 所示。

（a）墙板

（b）角板

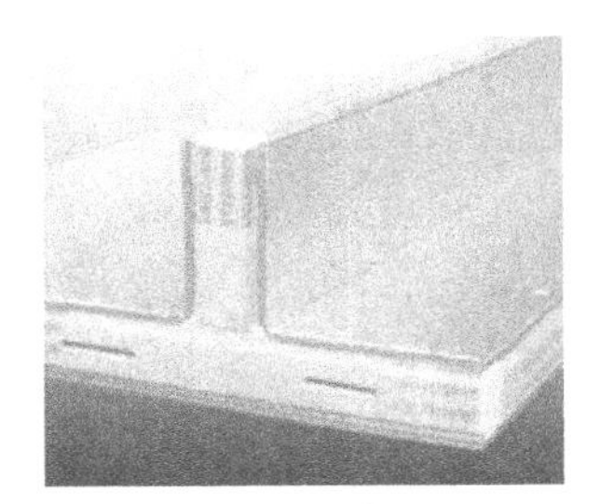

（c）T 形板

图 1-6　各种库板

图 1-7 是拼装式冷库整体示意图。

（2）拼装式冷库库板的识别

所有冷库的库板均采用加硬钢铁制成的偏心拉力锁扣，偏心钩和槽钩钢板互相扣紧，此拉力锁由精确定位的钩形锁臂及一条钢轴组成，确保库体结构更加坚固耐用，库板结合处为凹凸接口，并有密封胶边（海绵胶带密封），确保库体密封，以防漏冷。偏心拉力锁扣只需两次动作便可完成扣板程序：扣上、转动六角匙锁紧。

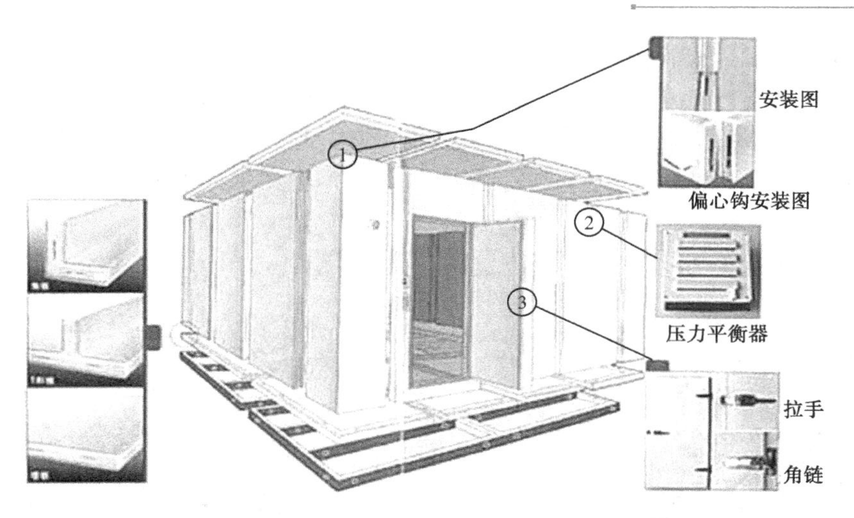

图 1-7　拼装式冷库整体示意图

表 1-3 是拼装式冷库库体情况汇总表。

表 1-3　拼装式冷库库体情况汇总表

序　号	项　　目	构　　成	特　　点
1	库板夹芯保温材料	聚氨酯硬质泡沫塑料	具有质轻、密度可调，比强度大，绝缘和隔音性能优越，电气性能好，加工工艺性好，耐化学药品，吸水率低等特点，主要应用于冷库、冷罐、管道等作为绝缘保温保冷材料
2		聚苯乙烯泡沫塑料	具有质轻、坚固、吸振、低吸潮、易成形及耐水性良好、绝热性好、价格低等特点，广泛应用于包装、保温、防水、隔热、减振等领域
3	库板金属材料	压花铝板、不锈钢板、彩锌钢板、盐化钢板、镀锌钢板	墙板、顶板可采用压花铝板、不锈钢板、彩锌钢板、盐化钢板，标准地台板可采用 1.0mm 镀锌钢板
4	库板厚度（单位 mm）	有 50、75、100、150、200 等规格	分别适用于以下温度：5℃以上、−5℃以上、−25℃以上、−45℃以上、−55℃以上
5	不同形式的库板	库底垫板	库底垫板敷设在校平后的地坪上，主要作用是调整地坪的水平，通风防潮、防腐锈。冷库的底部应有融霜水排泄系统，并附防冻措施
6		底板	底板由凸边底板、中底板和凹边底板组成，应有足够的承载能力
7		墙板	隔墙可将一个库隔成两个隔间，用于不同的食品储备。角板位于库体的四角处，每个完整的冷库有四个角板。每一面不安装库门的墙上必有一个双凸墙板，其余为凸凹墙板
8		顶板	顶板的组成与底板相似，由凸边顶板、中顶板和凹边顶板组成。如果装在室外，需搭设雨篷，保证库体不受日晒雨淋

1.1.2　认识拼装式氟利昂冷库制冷机组

拼装冷式库是小型冷库，具有投资少，安装周期短，可活动搬迁的特点，它广泛用于大型饭店、食堂和小型畜禽屠宰加工厂冻结或冷藏各种食品，库温能够自动控制，无须专人看管，既有安全保护装置，又有温度控制装置。常见的机组类型根据机组中压缩机的密封结构形式，可分为开启式、半封闭式和全封闭式风冷或水冷机组，各种类型机组的选择主要取决于被冷却或冻结物的数量及拼装冷库所处场地的环境和位置。场地开阔且通风良好，通常选用风冷机组。风冷机组一般置于室外，所以要求必须处理好机组的防水，同时要考虑机组的通风效果。对于水源充足、制冷负荷较大的场所，通常选用水冷机组，水冷机组应尽量使用循环水，同时配备冷却塔，这样可降低耗水量。

图 1-8 为半封闭水冷机组，图 1-9 为全封闭冷凝机组。

图 1-8　半封闭水冷机组

图 1-9　全封闭冷凝机组

图 1-10 为拼装式氟利昂冷库整体示意图。

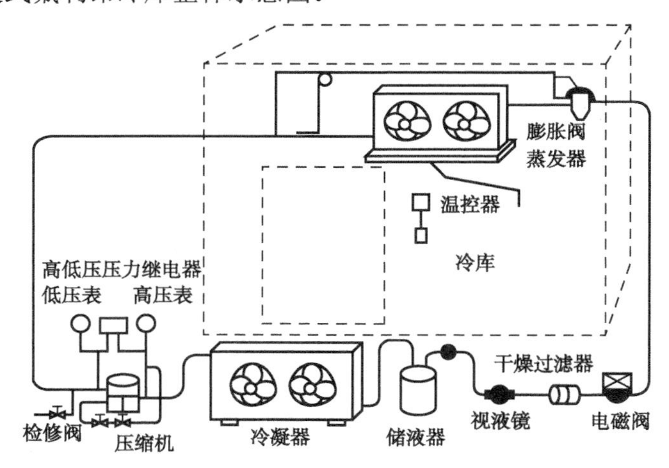

图 1-10　拼装式氟利昂冷库整体示意图

01.01
002
典型氟利昂冷库制冷原理

1．认识拼装式氟利昂冷库机组的压缩机

（1）开启式制冷压缩机

开启式制冷压缩机整体结构如图 1-11 所示。

① 曲轴功率输入端伸出机体，它通过联轴器或带轮和原动机相连接。

② 整体密封为法兰连接。

③ 曲轴箱和汽缸体是一个整体铸件，承装各个零部件位置牢固。

④ 曲轴箱内存有润滑油并有过滤网且支承曲轴两端定位。

⑤ 曲轴与连杆大头连接两端：右端为润滑油泵，左端为轴封装置。

⑥ 汽缸体：外有散热片、内有缸套、活塞组件、连杆小头、轴。

⑦ 阀组、假盖、弹簧、缸盖、右端为吸气端、左端为排气端。

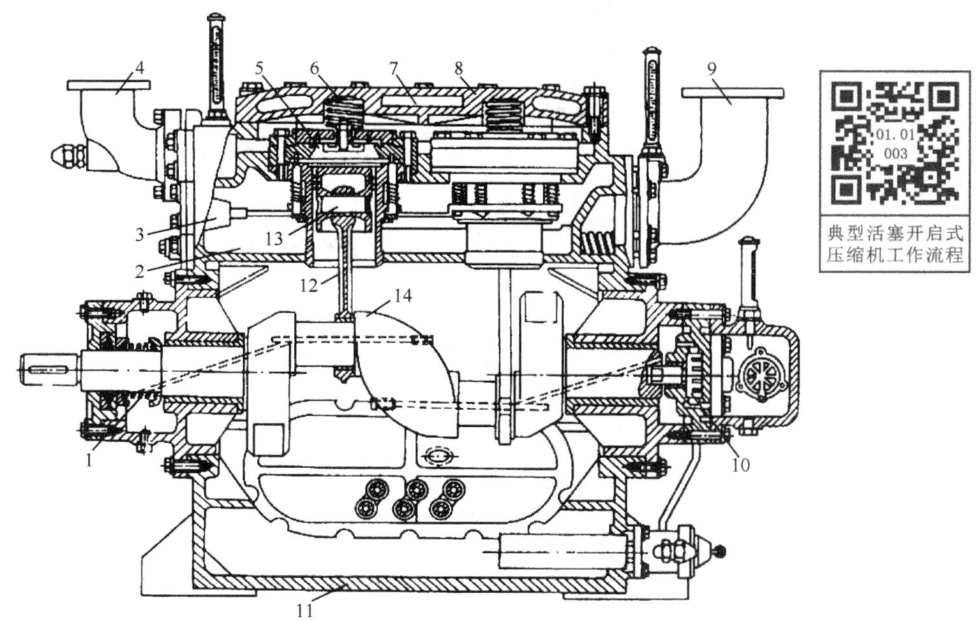

1—轴封　2—进气腔　3—油压推杆机构　4—排气管　5—汽缸套及进排气阀组合件　6—缓冲弹簧　7—水套　8—汽缸盖
9—进气管　10—油泵　11—曲轴箱　12—连杆　13—活塞　14—曲轴

图 1-11　开启式制冷压缩机

该压缩机具有以下特点。

① 容易拆卸修理，压缩机和电动机可个别更换。

② 电动机和压缩机不直接连成一体，缸盖和汽缸体充分暴露在外，能效比高，在低温下使用，具有较好的冷却性能。

③ 可以采用改变皮带传动比的简单方法调整压缩机的制冷量。

④ 在无电力供应的场合，可由发电机驱动运转。

⑤ 缺点：尺寸质量大，工质易泄漏，噪声大。

（2）认识半封闭式制冷压缩机

整体结构：

① 曲轴箱结构与开启式制冷压缩机相同。

② 多了一个电动机传动机构及接线柱连接构造。

③ 电动机壳体和压缩机机体是铸在一起，内腔相通,不需轴封。

④ 电动机的定子，转子间隙为吸入通道，改善冷却，降低能耗，取消了联轴器传动机构，如图 1-12 所示。

特点：

① 比开启式制冷压缩机结构紧凑，噪声低，比全封闭式制冷压缩机易于拆卸修理。

② 制冷剂泄漏得到改善，但还是不如全封闭式制冷压缩机。

③ 缺点：要求有高质量耐氟的电动机，一旦有故障，修理不方便。

（3）认识全封闭式制冷压缩机

制冷压缩机与电动机一起水平或者垂直装在一个密闭的，由上下两部分冲压而成的铁壳内，焊接成一个整体。从外表看，只有压缩机的吸排气管和制冷剂充注这种形式的压缩机称

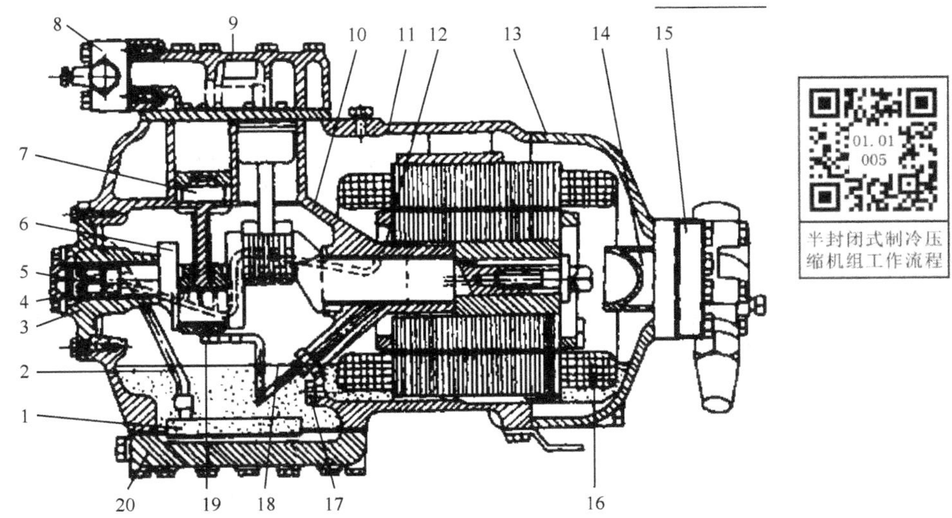

01.01
005
半封闭式制冷压缩机组工作流程

1—过滤器　2—吸油管　3—端轴承盖　4—液压泵轴承　5—液压泵　6—曲轴　7—活塞连杆组　8—排气截止阀
9—汽缸　10—曲轴箱　11—电动机室　12—主轴承　13—电动机室端盖　14—吸气过滤器　15—吸气截止阀
16—内置电动机　17—油孔　18—油面　19—油压调节阀　20—底盖

图 1-12　半封闭式压缩机（往复式）的结构图

为全封闭式制冷压缩机。它比半封闭式压缩机的结构更加紧凑、更轻、密封性更好，机组与壳体间设有减振装置，运转比较平稳，噪声低，接线柱空间为低压，高压借助于管道伸出壳外。如图 1-13 所示。这种形式的压缩机称为全封闭式压缩机，它的另一个特点是壳体好像一个气液分离器，电动机沉浸在低温制冷剂蒸汽中，改善了电动机的冷却条件，并提高了工作效率。

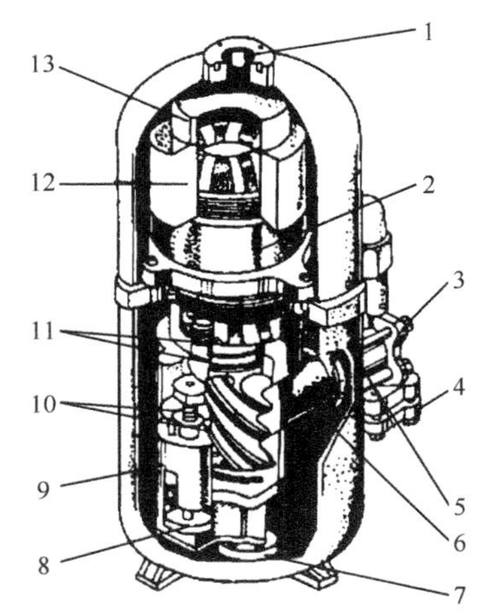

1—排气孔口　2—内置电动机　3—吸气截止阀　4—吸气口　5—吸气止回阀　6—吸气过滤网　7—滤油器
8—输气量调节油活塞　9—调节滑阀　10—阴阳转子　11—主轴承　12—油分离器　13—挡油板

图 1-13　全封闭式螺杆制冷压缩机结构图

（4）活塞式制冷压缩机

活塞式制冷压缩机是应用最早的一种制冷压缩机，它具有使用温度范围广，设计、制造

及运行管理技术成熟可靠的特点，应用较广。但由于传动结构复杂和振动的存在，限制了其转速和制冷量的提高。我国制造的活塞式制冷压缩机多为中小型。

小型、中型活塞式单级制冷压缩机的基本参数见表 1-4 和表 1-5。

表 1-4　小型活塞式单级制冷压缩机的基本参数

类　别	缸径（mm）	行程（mm）	转速范围（r/min）	缸数	容积排量（8 缸）			
					最高转速（r/min）	排量（m^3/h）	最高转速（r/min）	排量（m^3/h）
半封闭式	70	70	1800～1000	2,3,4,6,8	1800	232.6	1000	129.2
		55				182.6		101.5
开启式	100	100	1500～750	2,3,4,6,8	1500	565.2	750	282.6
		80				452.2		226.1
	125	110	1200～600		1200	777.2	600	388.6
		100				706.5		353.3
	170	140	1000～500		1000	1524.5	500	762.8

表 1-5　中型活塞式单级制冷压缩机的基本参数

类　别	缸径（mm）	行程（mm）	转速范围（r/min）
开启式	50,60	44	600～1500
半封闭式	30,40,50,60	44	1440

活塞式压缩机的主要零部件与结构如下所述。

活塞组：活塞组（见图 1-14）是活塞、活塞销、活塞环等的总称。活塞组在连杆的带动下，在汽缸内往复运动，在气阀部件的配合下完成吸入、压缩和输送气体的作用。

活塞实物图如图 1-15 所示。

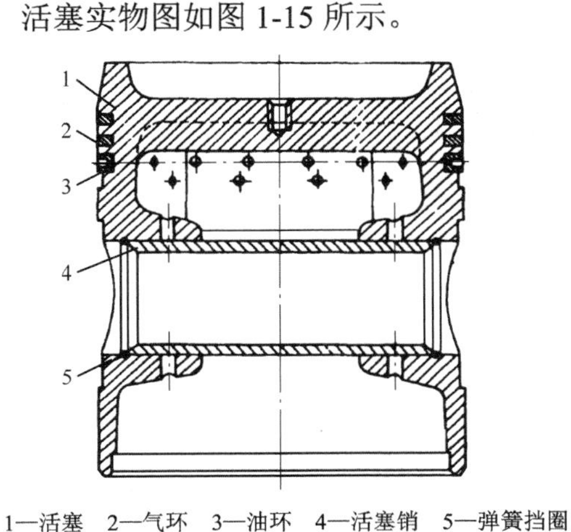

1—活塞　2—气环　3—油环　4—活塞销　5—弹簧挡圈

图 1-14　活塞组部件图

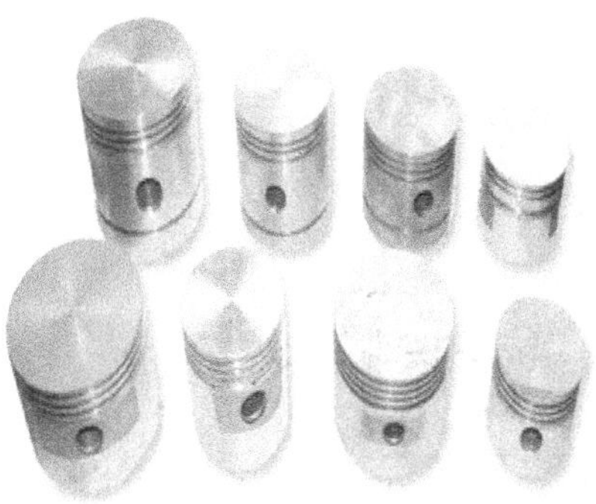

图 1-15　活塞实物图

（5）螺杆式制冷压缩机

1）特点

与活塞式制冷压缩机的往复容积式不同，螺杆式制冷压缩机是一种回转容积式压缩机。与活塞式制冷压缩机相比，螺杆式制冷压缩机有以下优点：

① 体积小重量轻，结构简单，零部件少，只相当于活塞压缩机的 1/3～1/2；

② 转速高，单机制冷量大；
③ 易损件少，使用维护方便；
④ 运转平稳，振动小；
⑤ 单级压比大，可以在较低蒸发温度下使用；
⑥ 排气温度低，可以在高压比下工作；
⑦ 对湿行程不敏感；
⑧ 制冷量可以在 10%～100%无级调节；
⑨ 操作方便，便于实现自动控制；
⑩ 体积小，便于实现机组化。

缺点：转子、机体等部件加工精度要求高，装配要求比较严格；
油路系统及辅助设备比较复杂，因为转速高，所以噪声比较大。

2）螺杆式制冷压缩机工作原理

双螺杆（压缩机）是由一对相互啮合、旋向相反的阴、阳转子，阴转子为凹型，阳转子为凸型。随着转子按照一定的传动比旋转，转子基元容积由于阴阳转子相继侵入而发生改变。侵入段（啮合线）向排气端推移，于是封闭在沟槽内的气体容积逐渐缩小，压力逐渐升高，当升高到一定值（或者说转子旋转到一定位置）时，齿槽（密闭容积）与排气孔相通，高压气体排出压缩机，进入油分离器。吸气、压缩、排气过程见图 1-16。

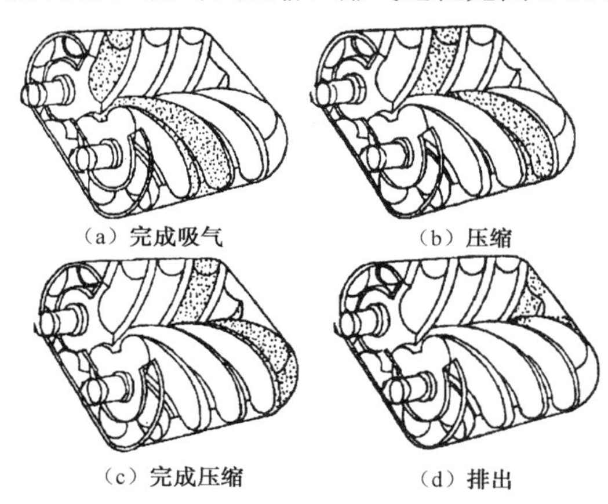

图 1-16　螺杆式制冷压缩机工作原理

2. 认识机组换热装置

1）冷凝器

按冷却介质来分，拼装式冷库冷凝器主要分为风冷式和水冷式（见图 1-17）。

① 水冷式冷凝器：在水冷式冷凝器中，活动冷库压缩机中制冷剂放出的热量被冷却水带走。水冷式冷凝器种类较多，按其形状分有套管式、壳管式及板式等。

水冷式冷凝器在制冷系统的应用如图 1-17 所示，其工作示意图如图 1-18 所示。图 1-19 是水冷式冷凝器实物图。

② 风冷式冷凝器：在风冷式冷凝器中，制冷剂放出的热量被空气带走。适合在冷负荷较小的小型活动冷库制冷系统中使用。

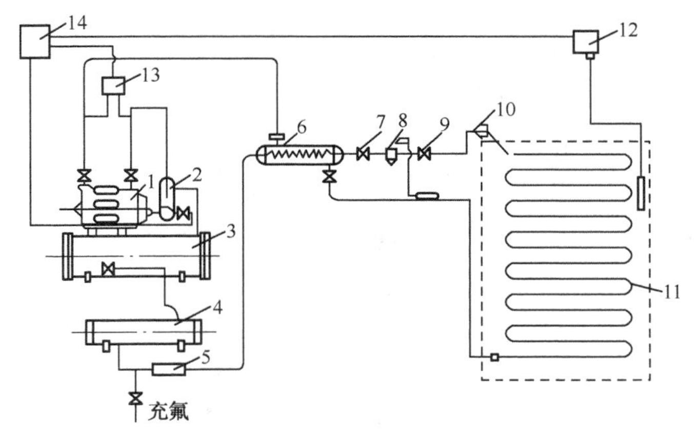

1—压缩机　2—油分离器　3—水冷式冷凝器　4—储液循环器　5—干燥过滤器　6—气液热交换器　7—电磁阀
8—热力膨胀阀　9—直通截止阀　10—分液头　11—蒸发盘管　12—温度继电器
13—高低压力继电器　14—电磁开关

图 1-17　水冷式冷凝器在小型氟利昂冷库系统的位置

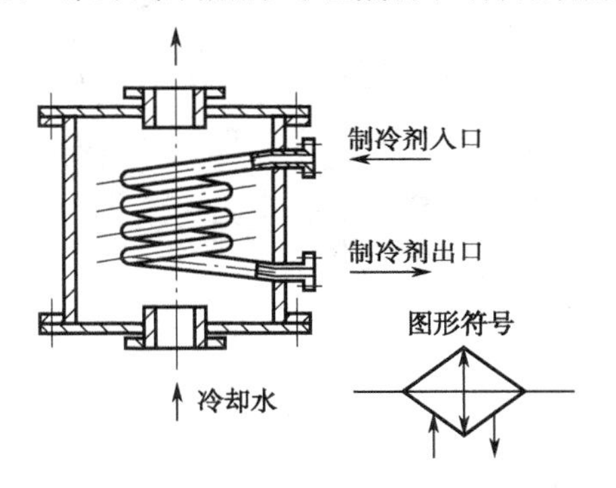

图 1-18　水冷式冷凝器工作示意图

图 1-19　水冷式冷凝器实物图

风冷式冷凝器工作示意图如图 1-20 所示。风冷式冷凝器实物图如图 1-21 所示。

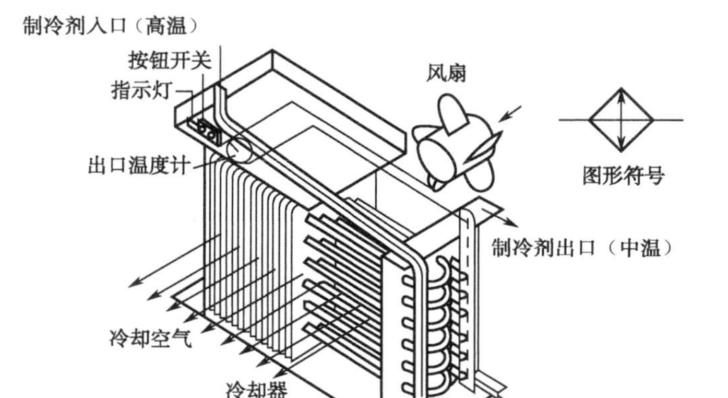

图 1-20　风冷式冷凝器工作示意图

图 1-21　风冷式冷凝器实物图

套管式冷凝器如图 1-22 所示，它是在一根直径较大的钢管或铜管中套一根或数根直径较小的铜管，然后根据机组布置的要求弯制成圆形或 U 形螺旋式。制冷剂蒸气从上部进入外套管，冷凝液从外套管下部流出；而冷却水则由下部进入内管，与制冷剂呈逆向流动，沿程吸收制冷剂的热量，最后由上部流出，这种冷凝器常用于冷负荷小于 40 kW 的组合式冷库、小型冷库氟利昂制冷系统中。

图 1-22　套管式冷凝器实物图

壳管式冷凝器分为立式和卧式两种。立式壳管式冷凝器外壳是用钢板卷制焊接成的圆柱体，筒体两端焊有多孔管板，孔内对应有传热管，用于对制冷剂冷却。其特点是结构庞大，耗材多；冷却水流速低，易结垢，冷却水消耗量大，适用于水源充足、水质较差的地区。

01.01
014
风冷式冷凝器的工作流程

卧式壳管式冷凝器的结构与立式类似，当制冷剂为氨时，传热管采用无缝钢管，制冷剂为氟利昂时，传热管采用低肋铜管。卧式壳管式冷凝器的传热系数较高，冷却水耗用量较少，但对水质要求较高，广泛用于大、中、小型冷库氨和氟利昂制冷系统。

2）蒸发器

小型氟利昂拼装式冷库常见的蒸发器如下所述。

① 自然对流式蒸发器（见图 1-23）。这种蒸发器的蒸发管又称排管，常用于冷库中。它可安装在冷库内的顶棚下、墙面上或货物搁架上。制冷剂在排管内流动，吸收周围空气的热量气化，依靠空气在热压作用下自然对流，使库内空气冷却，并维持库内要求的低温状态。这是一种自然对流的换热方式，传热系数较低，但它具有结构简单、制作方便的优点。

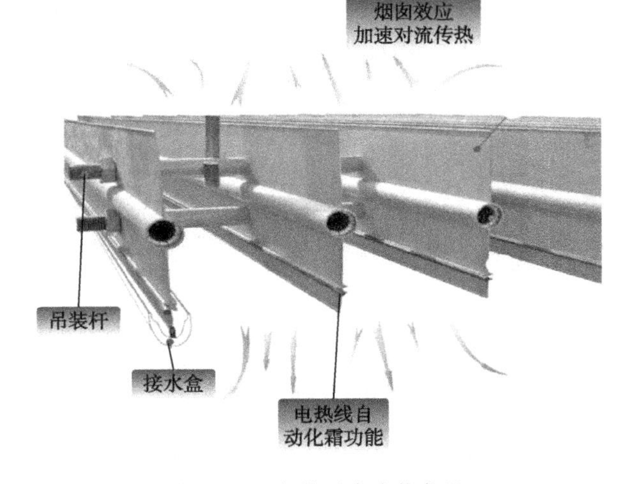

图 1-23　自然对流式蒸发器

蒸发式墙排管工作原理

② 强迫对流式蒸发器（见图 1-24）。这种蒸发器又称为直接蒸发式空气冷却器，它由几排带肋片的盘管和风机组成，依靠风机的强制作用，使被冷却房间的空气从盘管组的肋片间流过。管内制冷剂吸热，强迫流经管外空气的热量气化，使管外的空气冷却降温后送入房间。

图 1-24　强迫对流式蒸发器

吊顶式冷风机的工作流程

盘管通常采用$\phi10\sim\phi18$ mm 的钢管，肋片一般采用平板型或波纹型的连接整体式铝片。片厚 0.2～0.3 mm，片间节距大小与蒸发温度有关。蒸发温度不太低，肋片管上不结霜时，片距可取 2～4 mm；蒸发温度较低时，肋片管上结霜，会影响空气流动，片距应大一些，可取 6～12 mm。

拼装式冷库蒸发器

该类型蒸发器还可接入自动或手动电热融霜装置，当蒸发器结霜超过一定厚度时，使降温速度减慢，可接通融霜电源，电热丝升温，使霜层融化。

3．认识氟利昂冷库的节流装置

在冷库制冷系统中，节流装置对高压液体制冷剂进行节流降压，保证冷凝器和蒸发器之间的压力差，使蒸发器中液体制冷剂在要求的低压下蒸发吸热，从而达到制冷降压的目的；同时使冷凝器中的气态制冷剂在给定的高压下放热、冷凝。其次，调整流入蒸发器的制冷剂的流量，以适应蒸发器热负荷的变化，使制冷装置更加有效运转。

由于节流机构有控制进入蒸发器的液态制冷剂质量流量的功能，有时也称流量控制机构。节流机构使高压液态制冷剂节流降压，使制冷剂一出阀孔就沸腾膨胀成为湿蒸汽，因此也称节流阀或膨胀阀。

常用的节流机构有手动式膨胀阀、浮球式膨胀阀、热力式膨胀阀及毛细管等。

（1）认识手动式膨胀阀

手动节流阀的工作原理

手动式膨胀阀的结构和普通截止阀相似，只是它的阀芯为针形锥体或具有V形缺口的锥体。阀杆采用细牙螺纹，在旋转手轮时，可使阀门的开启度缓慢地增大或减小，保证良好的调节性能。

它的显著特点是耐用。管理人员可根据蒸发器热负荷的变化和其他因素的影响，手动调整膨胀阀的开度，因此，管理麻烦，且需要较多的经验，目前多采用自动膨胀阀，而手动膨胀阀只用在旁通管上，起辅助作用。

（2）认识浮球式膨胀阀

浮球式膨胀阀（见图 1-25）多用于满液式蒸发器，这种蒸发器要求液面保持一定的高度，正符合浮球式膨胀阀的特点。

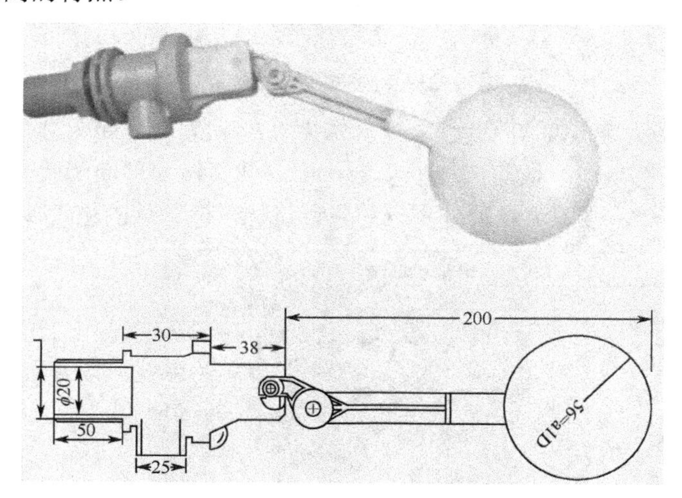

浮球式膨胀阀工作原理

图 1-25　浮球式膨胀阀

浮球式膨胀阀根据液态式制冷剂流动情况不同可以分为直通式和非直通式两种，它们各有优缺点。直通式膨胀阀供给蒸发器的液体首先全部经过浮球室，然后通过液体平衡管进入

蒸发器，所以它有结构简单的特点，但是浮球室的液面波动较大，对阀芯的冲击力也较大，阀芯容易损坏，此外还需要较大口径的平衡管；非直通式浮球膨胀阀阀门机构在浮球室外，节流后的制冷剂不经过浮球室，而是沿管道直接进入蒸发器，所以，浮球室液面平稳，但其构造和安装复杂。

外平衡式热力膨胀阀

（3）认识热力膨胀阀

与浮球式膨胀阀不同，热力膨胀阀（见图 1-26）不是通过控制液位，而是控制蒸发器出口气态制冷剂的过热度来控制流入蒸发器的制冷剂流量。因为有一部分蒸发器的面积必须用来使气态制冷剂过热，所以它广泛用于空调或低温系统内（尤其是氟利昂制冷系统）的所有非满液式蒸发器。

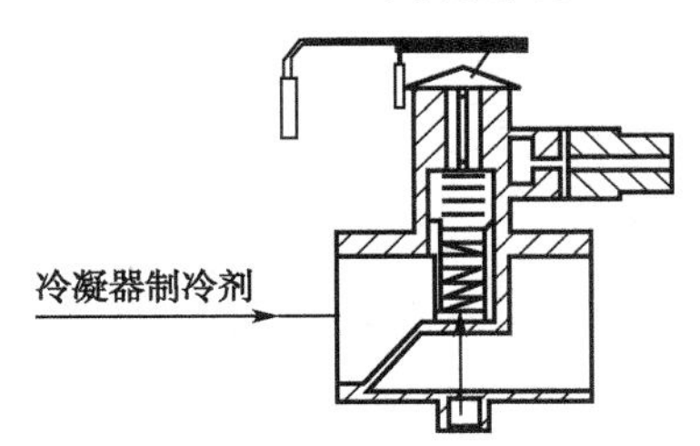

图 1-26　热力膨胀阀

01. 01
021
外平衡式热力膨胀阀工作原理

热力式膨胀阀因平衡方式不同，或是说蒸发压力引向模片下腔内的方式不同可有内平衡式和外平衡式两种。

容量是热力膨胀阀的重要特性参数，所以应了解影响容量的主要因素：

① 膨胀阀前后的压力差；

② 蒸发温度；

③ 制冷剂过冷度。

热力膨胀阀的安装位必须在靠近蒸发器的地方，阀体应垂直放置，不能倾斜，更不能颠倒安装。尤其是感温包的安装，通常将其缠在吸气管上，紧贴管壁，包扎紧密，接触处应把氧化皮清除干净，露出金属管道本色，必要时可涂一层铝漆作为保护层，以防生锈。

4．认识氟利昂冷库的辅助设备

辅助设备主要包括分离设备、储液设备、过滤器、安全设备等。水冷式小型氟利昂冷库系统流程图如图 1-27 所示。

各辅助设备的作用如下所述。

电磁阀的工作流程

① 分液头：使制冷剂均匀地分配到蒸发器的各路管组中。

② 压力控制器：压缩机工作时的安全保护控制装置。

③ 油分离器：把润滑油分离出来，并返回到曲轴箱去。

④ 热气冲霜管：定期加热蒸发器除霜。

⑤ 冷却塔：利用空气使冷却水降温，循环使用，节约用水。

⑥ 冷却水泵：冷却水循环的输送设备。

⑦ 干燥过滤器：除去冷凝器中的水分和杂质，防止膨胀阀冰堵或堵塞。

⑧ 回热器：过冷液体制冷剂，提高低压蒸汽温度，消除压缩机的液击。

⑨ 电磁阀：压缩机停机后自动切断输液管路，起保护压缩机的作用。

FDF黄铜喇叭口电磁阀

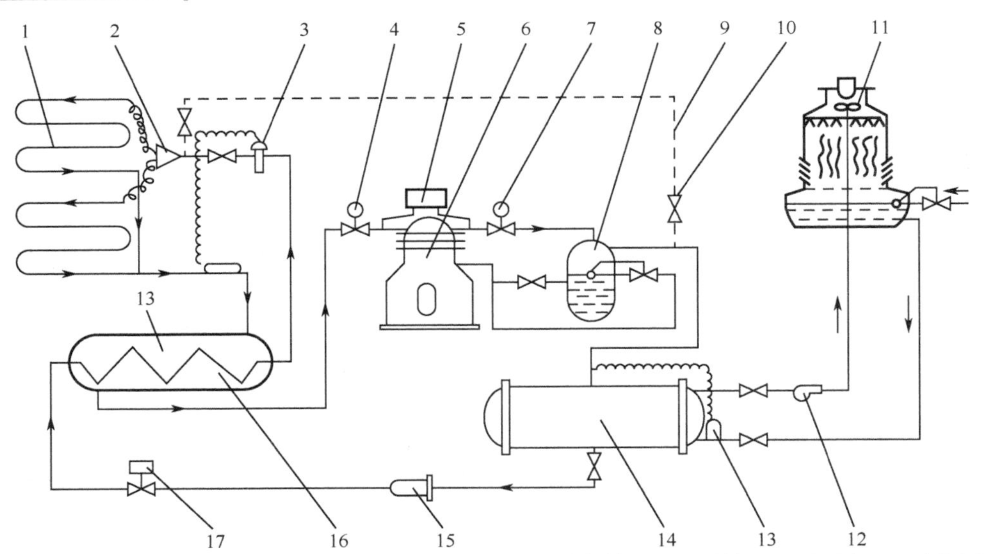

1—蒸发器　2—分液头　3—热力膨胀阀　4—低压表　5—压力控制器　6—压缩机　7—高压表　8—油分离器
9—热气冲霜管　10—截止阀　11—冷却塔　12—冷却水泵　13—冷却水　量调节阀　14—冷凝器
15—干燥过滤器　16—回热器　17—电磁阀

图 1-27　水冷式小型氟利昂冷库制冷系统流程图

（1）认识分离设备

1）油分离器

LSG视液镜

油分离器可分为四种类型：过滤式油分离器、洗涤式油分离器、填料式油分离器、离心式油分离器。

过滤式油分离器应用于氟利昂制冷系统，它由进气管、过滤网、排气管、筒体、浮球阀、手动回油阀、自动回油出口阀组成。其结构图如图 1-28 所示，外形图如图 1-29 所示。过滤式油分离器是依靠气体降低流速，改变流向并通过几层金属丝网来实现过滤作用的。

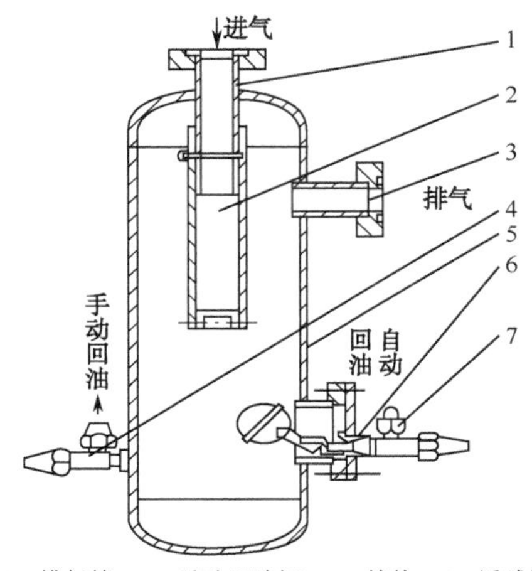

1—进气管　2—过滤网　3—排气管　4—手动回油阀　5—筒体　6—浮球阀组　7—自动回油出口阀

图 1-28　过滤式油分离器结构图

YF-100洗涤式油分离器

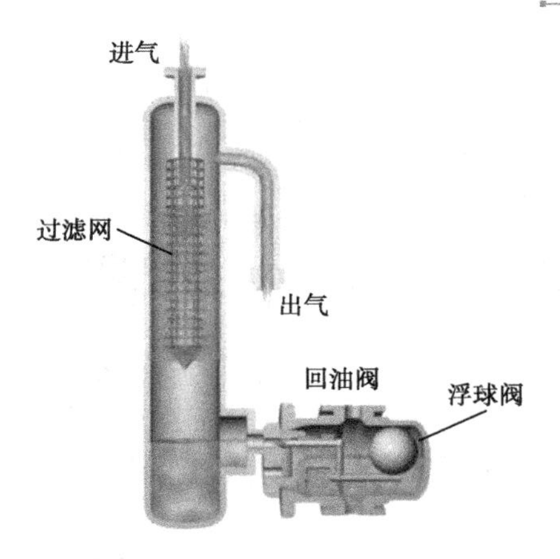

图 1-29 过滤式油分离器工作原理

2）气液分离器

制冷系统中的气液分离设备用于重力供液系统中，它将蒸发器出来的蒸气中的液滴分离掉，以提高压缩机运转的安全性；它也用在储液器后，用来分离因节流降压而产生的闪发气体，不让它进入蒸发器，以提高蒸发器的工作效率。

气液分离器外形如图 1-30 所示。

图 1-30 气液分离器外形

气液分离器分离原理主要利用气体和液体的密度不同，通过扩大管路通径减小速度及改变速度的方向，使气体和液体分离。气液分离器有立式和卧式两种，正常工作时，其进气阀、回气阀、供液阀、出液阀、浮球的均压阀、压力表阀都是常开的。

（2）认识储液设备

储液器的功用是储存和调节供给制冷系统内各部分的液体制冷剂。各种储液器的结构大致相同，都是用钢板焊成的圆柱形容器，筒体上装有进液、出液、放空气、放油、平衡管及压力表等管接头，如图 1-31 所示，各种储液器的功用不同。

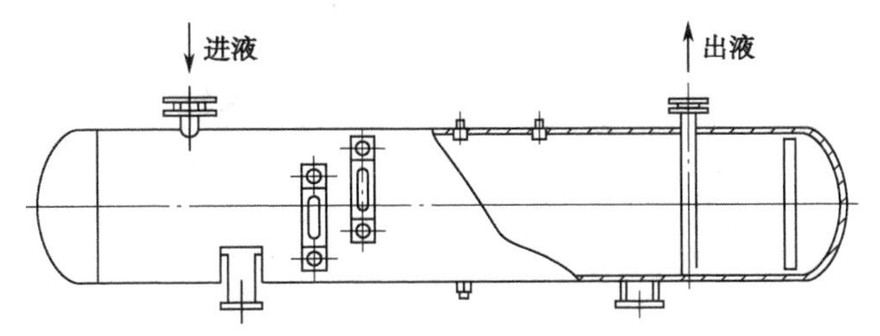

图 1-31 氟用高压储液器结构示意图

1）高压储液器

高压储液器一般位于冷凝器之后，作用是：

① 储存冷凝器流出的制冷剂液体，使冷凝器的传热面积充分发挥作用；

② 保证供应和调节制冷系统中有关设备需要的制冷剂液体循环量；

③ 起液封作用，即防止高压制冷剂蒸气到低压系统管路中去。

2）低压储液器

低压循环储液器

低压储液器根据用途的不同可分为低压储液器和排液桶等，只在大型制冷设备中使用。低压储液器与排液桶属低温设备，筒体外应设置保温层。用钢板焊接而成的圆柱形筒体，筒体上设有一些附件及管路接头。

（3）认识过滤器

常用过滤器分一般过滤器和干燥过滤器两种，过滤器用于清除制冷系统中的机械杂质，如金属屑、焊查、氧化皮等。干燥过滤器用于吸附制冷剂液体中的水分，直角式、直通式干燥过滤器如图 1-32 所示。

组成：金属壳体、过滤器、干燥剂、密封装置、构成密封整体。

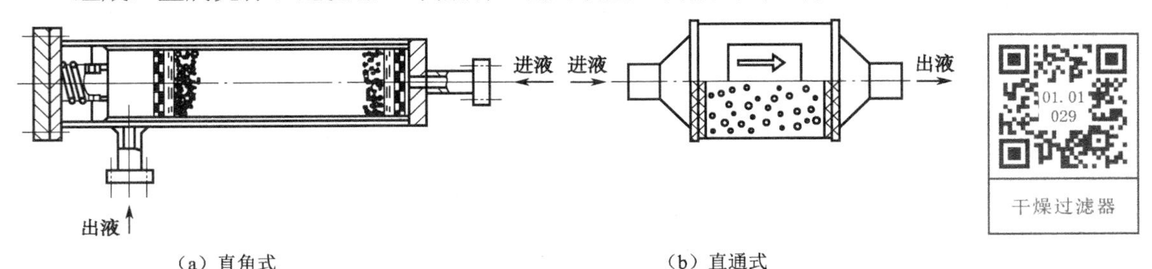

（a）直角式　　（b）直通式

图 1-32　干燥过滤器

（4）认识压力容器

根据 TSG-R0004-2009《固定式压力容器安全技术监察规程》的规定，同时具备下列各点者为压力容器：最高工作压力大于等于 0.1 MPa（不含液体静压力）；内直径（非圆形截面指其最大尺寸）大于等于 0.15 m，且容积大于等于 0.025 m^3；盛装介质为气体、液化气体或最高工作温度高于等于标准沸点的液体。

图 1-33 是压力容量的实物图。

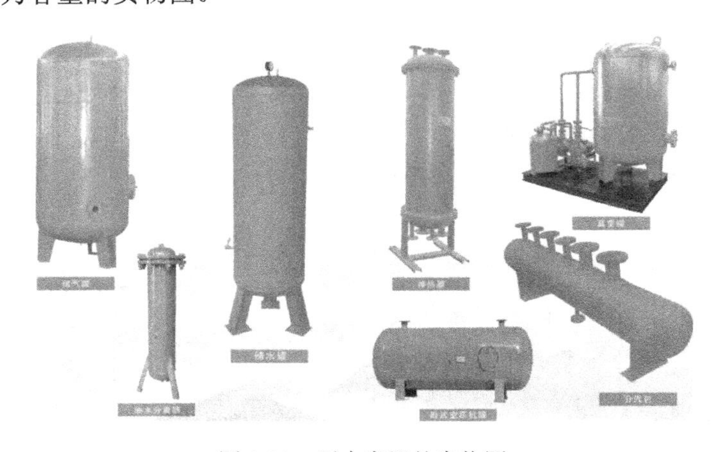

01. 01
030
储液器

图 1-33　压力容器的实物图

压力容器的压力等级划分如下所述。

① 低压（代号 L）：0.1 MPa≤P<1.6 MPa；

② 中压（代号 M）：1.6 MPa≤P<10 MPa；

③ 高压（代号 H）：10 MPa≤P<100 MPa；

④ 超高压（代号 U）：P≥100 MPa。

FZA-1. 2辅助储液器

压力容器的品种如下：

① 反应压力容器（代号 R）；

② 换热压力容器（代号 E）；

③ 分离压力容器（代号 S）；

④ 储存压力容器（代号 C，其中球罐代号为 B）。

压力容器的结构合理性表现在以下几方面。

① 制冷装置用压力容器是指钢制的、内部或外部可承受气体或液体压力，并对安全性有较高要求的密闭容器。

② 制冷装置用压力容器的壁厚与容器的内径、设计压力、材料、焊接形式、介质的腐蚀性等设计参数有关。

③ 制冷装置用压力容器中间部分多为圆柱形，称之为筒体，两端为封头，筒体和封头上有接管、法兰、支座等零部件。制冷装置用压力容器的封头形状有平板形封头、碟形封头、椭圆形封头、球形封头。

④ 从密封安全性的角度考虑，制冷装置用压力容器的连接结构应尽量采用焊接结构，可拆连接结构多采用法兰连接。

⑤ 在换热器选型时，考虑的因素很多，如材料、腐蚀、压力、温度差、压力降、结垢、强度及结构的可靠性、流体的状态、应用方式和检修等。

1.1.3　认识氟利昂冷库保温系统

氟利昂冷库保温系统主要包括库体保温、管道保温、制冷机房保温三个部分。

1. 认识常见冷库隔热保温材料

所谓隔热保温，就是为减少建筑物、设备、管道及其附件向周围环境散发热量或冷量，在其内外表面采取的增设绝热层的措施。

目前，我国隔热保温材料的生产企业已有成千上万个，产品有十几大类、几百个品种，适应温度范围从-196℃到超过 1000℃，生产的技术、装备水平也有较大提高，甚至有世界先进水平的一流生产线和产品。

2. 认识拼装式冷库的隔热保温材料

目前，拼装式冷库多选择聚氨酯库体：就是冷库库板以聚氨酯硬质泡沫塑料（PU）为夹心，以涂塑钢板等金属材料为面层，将冷库库板材料优越的保温隔热性能和良好的机械强度结合在一起。具有保温隔热年限长，维护简单，费用低及高强质轻等特点，是冷库保温库板选择的最佳材料之一，冷库库板厚度一般有 150 mm 和 100 mm 两种。

聚氨酯保温板与传统砂浆类保温材料比较见表 1-6。

表 1-6 聚氨酯保温板与传统砂浆类保温材料比较

项　目	胶粉聚苯乙烯颗粒保温砂浆	轻集料无机保温砂浆	聚氨酯保温复合板（PUB·S）
导热系数 W/（m·K）	0.06～0.065	0.07～0.085	0.022～0.024
体积密度（kg/m^3）（干燥状况）	180～250	240～400	35～45
吸水率（饱和）（%）	≤25	≤35	≤5
保温层结构特性	无机有机复合呈松散结构	有机改性无机轻集料紧密结构	有机交联呈网状闭孔结构
同厚度保温层墙体节能效率及稳定性	较差。导热系数大，吸水性过大，易受施工及环境因素影响	最差。导热性能过大、且易受潮吸水，节能率损失过大	极佳。导热系数值最低，为工厂化制作标准板材，节能效率高，且稳定
工程现场施工质量控制性	较差。人工操作因素影响较大，保养条件不足，且呈松散结构，易开裂、渗水、脱落	较差。人工操作给配、搅拌、粉刷，其厚度和实际节能系数值均难做到标准值	较好。板贴式、易施工，质量可控性好，可使节能工程真正实现标准化、规范化

聚氨酯保温板与传统有机泡沫保温材料比较见表 1-7。

表 1-7 聚氨酯保温板与传统有机泡沫保温材料比较

项　目	模塑型聚苯乙烯泡沫板（EPS）	挤塑型聚苯乙烯泡沫板（XPS）	聚氨酯保温复合板（PUB·S）
导热系数 W/（m·K）	0.04	0.031	0.022～0.024
压缩抗压强度（MPa）	0.1	0.25	0.20
抗拉强度（MPa）	0.1	0.20	0.20
合理使用温度（℃）	-130～70	-130～70	-130～120
板体与水泥基砂浆的黏结性能	不易黏结（憎水性表面）	更不易黏结（憎水性表面，且很光滑）	易黏结（易粘贴无纺布界面）
做墙体保温层时系统质量稳定性	易开裂、脱落。与水泥基材料黏结性差，且热胀冷缩影响性大	易开裂、脱落。与水泥基材料黏结性差，且热胀冷缩破坏性大	抗开裂，无脱落隐患，有黏结界面存在，板体易与水泥基材料黏合，且使用温度范围宽广
氧指数及保温系统防火性	≤32，不耐火灾，易产生火灾事故	≤30，不耐火灾，易产生火势蔓延	≤28，遇火结炭自熄，不产生火焰扩张

（1）聚氨酯夹芯板

1）材料介绍

它是由两层彩色涂层钢板中间灌注聚氨酯泡沫，经加热、加压、发泡而形成的夹芯板，其表层金属板采用彩色镀铝锌钢板（镀铝钢板或彩色钢板），具有良好的防腐、防锈性能；其芯材聚氨酯为当今世界公认的保温、隔热的最佳材料。由于聚氨酯夹芯板具有突出的优点，故大量应用于工业厂房、仓库、公共建筑、冷库等工程中，如图 1-34 所示。

图 1-34　聚氨酯夹芯板

2）材料优点

① 重量轻：10～14 kg/m^3。

② 保温、隔热性能好：导热系数λ=0.0175 W/（m・K）。

③ 整体刚度好、承载力高。

④ 优越的防水性能和气密性能。

⑤ 隐藏螺丝体系满足建筑美观要求。

⑥ 施工快速便捷。

（2）岩棉夹芯板

1）材料介绍

① 上\下表面：采用彩涂钢板，厚度为 0.4～0.7 mm。根据具体需要，也可采用镀锌、镀铝锌、镀锌铝、镀铝及镀其他合金基板。钢板先经成型机轧制成型后再与岩棉复合。

② 岩棉芯材：100 kg/m^3。

岩棉条交错铺设，其纤维径向垂直于夹芯板的上、下表面，并紧密相接，充实了夹芯板的整个纵横截面。岩棉条与上、下层钢板之间通过高强度发泡剂黏结形成整体，精良的生产工艺保证了高密度的岩棉隔热体与金属板内壁之间能产生极强的黏着力，从而使岩棉夹芯板具有很好的刚度，如图 1-35 所示。

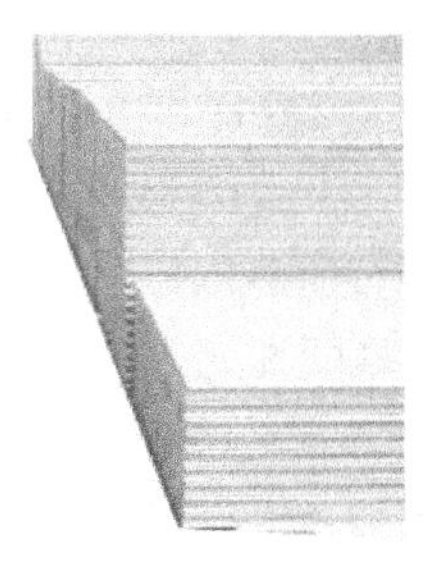

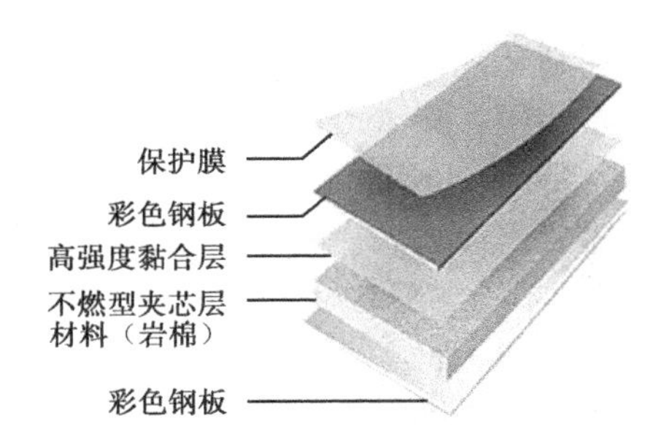

图 1-35　岩棉夹芯板

2）材料优点

① 防火性能优异。

采用的原材料、生产工艺及配方，使它具有很好的防火性能。试验表明，它具有超过 1000℃的耐火能力。

② 保温隔热性好。

保温隔热性是以岩棉的导热系数λ=0.043 W/（m•K）为依据，以相应比例的岩棉芯材的厚度计算求得的。

③ 隔声、吸音效果显著。

隔声：岩棉夹芯板对噪声传递有显著的削减作用。另外，采用了岩棉屋面板后，雨水、冰雹对建筑物的屋面钢板冲击而引起 室内声响，也明显减弱。通过测试，按照ISO 717/82和UNI 8270/7标准，选用密度为100 kg/m^3岩棉作芯材的夹芯板，隔声效果可达到29～30 dB。

吸音：岩棉夹芯板同时具有极好的吸音效果，它能吸收较广频率范围内的声音。按照ISO 354/85标准，岩棉夹芯板吸音性能水准达到DELTA LA=15.7 dB（A）。

（3）聚苯乙烯夹芯板

1）材料介绍

聚苯乙烯夹芯板是由两层彩色涂层钢板中间夹聚苯乙烯泡沫板，经加热、加压形成的夹芯板，其表层金属板采用彩色钢板（或彩色镀铝锌钢板），具有良好的防腐、防锈及耐候性能，如图1-36所示。

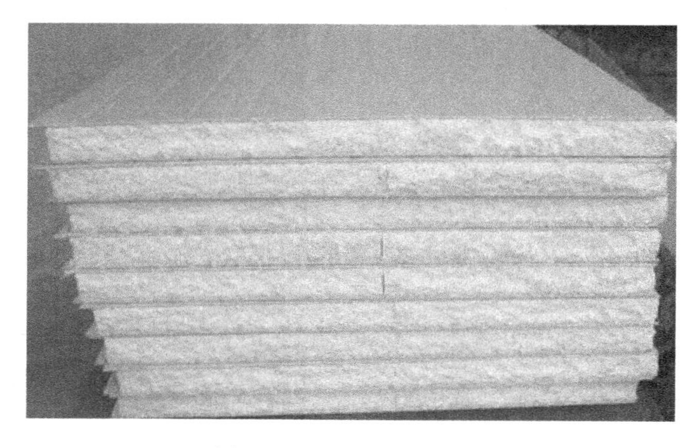

图1-36 聚苯乙烯夹芯板

2）材料优点

① 重量轻：聚苯乙烯夹芯板每立方米的重量为10～12 kg。保温、隔热性能好，导热系数λ=0.032 W/（m•K）。

② 刚度好：大大提高了库体顶面、墙面的整体刚度，加强了库体顶面、墙面整体工作性能。选用聚苯乙烯夹芯板可采用较大檩距，与单层压型板（或现场复合型板材）相比，可节省檩条用量1/3～2/3。

③ 固定方法牢固合理：聚苯乙烯面板采用拉铆钉与檩条固定。

④ 扣接方式合理：聚苯乙烯面板采用扣接连接方式，避免了面板漏水的隐患，节省配件用量。

⑤ 安装周期短：聚苯乙烯面板的日平均安装面积达600～800 m^2。

⑥ 防划伤保护：聚苯乙烯夹芯板表面粘贴了聚乙烯不干胶保护膜，以避免运输及安装过程中钢板表面涂层受到划伤或磨损。

（4）挤塑聚苯乙烯保温板（XPS）

1）材料介绍

它是一种硬质挤出型聚苯乙烯保温材料，由聚苯乙烯树脂及其他添加剂挤压成型。挤压的过程制造出拥有连续均匀的表皮及闭孔式蜂窝结构的板材，这些蜂窝结构的互联壁有一致的厚度，完全不会出现空隙，杜绝了普通发泡出现的断裂空隙。因此具备了高抗压强度、低导热系数、低吸水率、低水蒸气渗透、长寿命等特点。

挤塑聚苯乙烯保温板实物图如图 1-37 所示。

图 1-37　挤塑聚苯乙烯保温板实物图

2）材料优点

① 优异的隔热保温性能

密闭发泡结构使该材料隔热保温性能达到最佳境界，导热系数 0.28 W/（m • K），与聚苯乙烯泡沫板相比隔热保温性能提高近一倍，优于珍珠岩板近三倍，所以它是一种高效节能材料，更能适应现代冷库安装工程高标准节能的要求。

它是一种轻质高强度板材，压缩强度≥150 kpa，具有很强的承重能力和抗冲击力，弥补了传统保温材料柔软脆弱的缺陷，更兼备建材特征。

② 良好的防水性能

吸水率低于 1%，水蒸气透湿系数小于 3 ng（m.s.pa），具有良好的防潮、防水和不渗透性，可以有效阻止水分子透过保温层对其他物体的侵蚀，从而有利于提高整个制冷工程体系的使用年限。板材化学性质稳定，不发生分解和霉变，不含易挥发及有害物质，被权威机构认证为绿色环保产品。

③ 隔音、阻燃

蜂窝状闭孔结构同时具备很强的防噪隔音功能，所以它还可作为隔音材料使用，该板的阻燃性能可充分满足工程消防要求。

1.1.4　认识氟利昂冷库电气控制系统

冷库的电气控制电路由主电路和辅助电路组成，如图 1-38 所示。主电路为压缩冷凝机组、冷风机和除霜加热器提供电源，由断路器、交流接触器、热继电器组成。辅助电路的主要作用是根据使用要求，自动控制压缩机组、冷风机和除霜加热器的开、停、调节制冷剂流量，还可进行库温、除霜控制，并对电路实施相序与断相保护，对压缩机组、冷风机和除霜加热器实施自动保护，以防烧坏设备。控制电路包括指示灯与库房灯回路、机组控制回路、低温库温控与运行回路及高温库温控与运行回路。

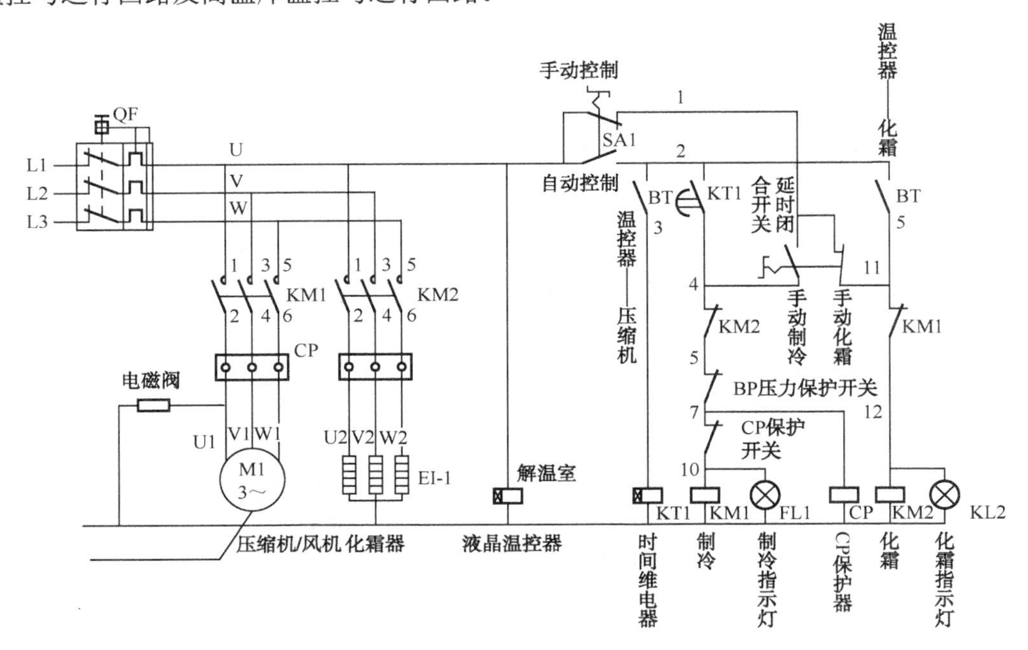

图 1-38 冷库的电气控制电路系统示意图

1. 认识三相异步电动机

三相异步电动机由定子、转子两部分组成，如图 1-39 所示。

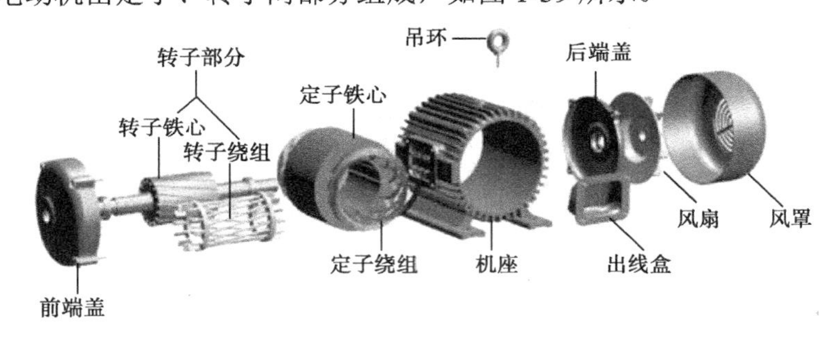

图 1-39 三相异步电动机的结构图

1）定子：固定不动部分

定子的组成：机座（铸铁），定子铁心（硅钢片），定子绕组（漆包线），端盖。

定子绕组的连接方法：星形连接、三角形连接。

图 1-40 是三相异步电动机定子结构图。

2）转子：旋转部分

转子的组成：转子铁心，转子绕组，转轴，风扇。

图 1-41 是三相电动机转子结构图。

三相异步电动机的接法：多数电机有六个接线柱，分别是三相电机三个绕组的首端和尾端，分别用 U1、V1、W1 表示，电动机运行时需要按电机名牌上的接法接线。常用的接线方

法有星形接法和三角形接法。

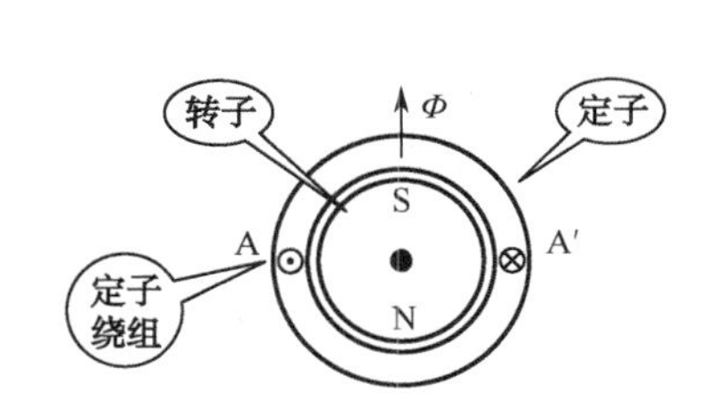

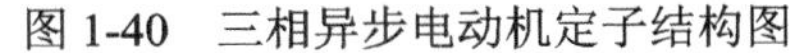

图 1-40　三相异步电动机定子结构图

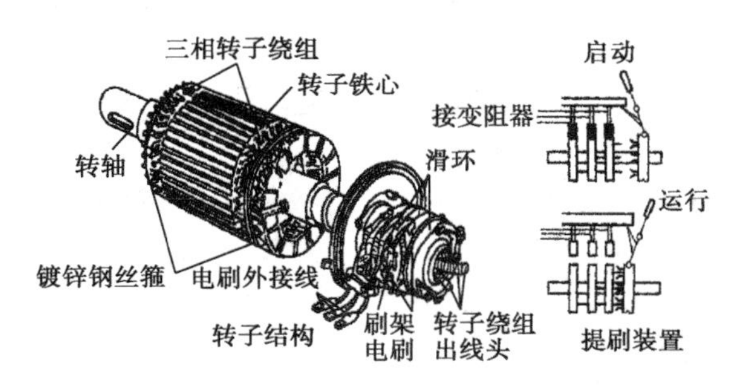

图 1-41　三相电动机转子结构图

星形接法（Y 接法）：把电动机的首端或末端相连，由剩下的三个接线端接入三相电源的接法称为星形接法。如把 U1/V1/W1 相连，由 U2、V2、W2 接入三相电源，三个绕组的连接像一颗星星，如图 1-42（a）

三角形接法（△接法）：三相绕组的尾首顺次相连后接三相电源的接法称为三角形接法。如图 1-42（b）所示 U1 和 W2 相连、V1 和 U2 相连、W1 和 V2 相连，即第一相的尾接第二相的首，第二相的尾接第三相的首，第三相的尾接第一相的首。由 U1、V1、W1 三个接线端接入三相电源。三个绕组的连接像一个三角形。

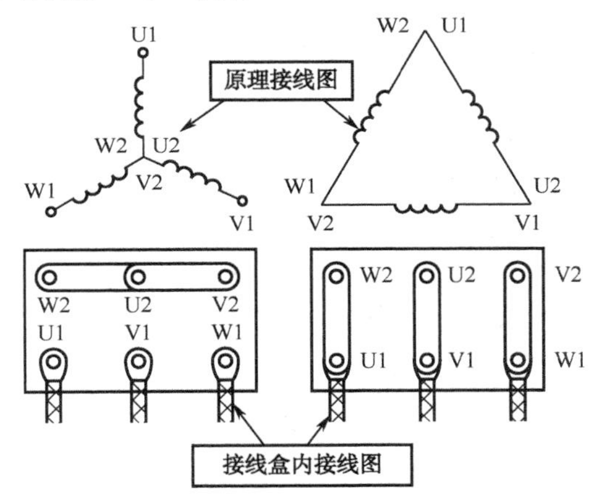

图 1-42　三相异步电动机接线方法

2. 电动机型号说明

电动机型号按 GB4831 的规定由产品代号、规格代号两部分依次排列组成。

产品代号由电动机系列代号表示，含义如下所述。

Y——鼠笼型异步电动机；

YR——绕线型异步电动机；

YKS——带空-水冷却器封闭式鼠笼型异步电动机；

YQF——气候防护式鼠笼型异步电动机；

YKK——带空-空冷却器封闭式鼠笼型异步；

YRKS——带空-水冷却器封闭式绕线型异步电动机；

YRQF——气候防护式鼠笼型异步电动机；

YRKK——带空-空冷却器封闭式绕线型异步电动机，规格代号由中心高、铁芯长度序与、极数组成。

示例：Y——鼠笼型异步电动机，500——中心高 500 mm，1——1 号铁芯长，4——4 极。

3．电动机结构说明

Y 及 YR 为基本系列，防护等级为 IP23，冷却方法为 IC01，将其机座顶部防护罩拆去，并安装不同的防护罩（或冷却器）即可派生各种不同防护等级及冷却方法的电动机，如 YKS（空-水冷却）、YQF（气候防护）、YKK（空-空冷却）、YRKS、YRQF、YRKK 等系列电动机。

电动机采用国际上流行的箱式结构，机座和端盖均由钢板焊接制成，刚度好、重量轻。折下防护罩（或冷却器）后可以观察及触及电动机内部，便于电动机的安装、维修。

定子采用外压装结构。定子绕组采用 F 级绝缘材料和防晕材料，绕组端部固定采用特殊绑扎工艺、牢固可靠，整个定子采用真空压力浸渍 F 级无溶剂漆（VPI）处理。由此，电动机具有优良可靠的绝缘性能和防潮、抗冲击能力。

轴承有滚动轴承和滑动轴承两种形式，按电动机功率大小及转速而定，其基本形式的防护等级为 IP44。如电动机具有较高的防护等级时，轴承的防护等级也随之提高。

采用滚动轴承结构的电动机均有不停机加油和排油装置，并配备专用加油工具。

主出线盒为密封结构，防护等级为 IP54。一般装于电动机右侧（从轴伸端看），根据用户需要也能装于左侧。出线盒的进线孔可朝上、下、左、右四周转换，盒内有单独的接地端子。

4．鼠笼型电动机的启动（Y、YKS、YQF、YKK 系列）

鼠笼型异步电动机的转子采用先进的计算技术来计算鼠笼型转子的启动温升和应力，以防因启动负载过重而导致电动机早期损坏。

注意事项：

① 被驱动机械设备转动部分的转动惯量（折算到电动机转速后）应不超过技术数据表中[负载 *J*]项的数值。

② 用户的电网应保证电动机在启动过程中的电动机端电压不低于额定电压的 85%。

③ 被传动机械的阻力矩特性为水泵、风机类阻力矩特性。

在上述条件下，电动机允许在实际冷状态下连续启动两次，或者在电动机热状态下启动一次，电动机在两次启动之间为自然停车，额外的再次启动电动机应在停车 1 h 以后。如果需要电动机传动的机械转动部分的转动惯量超过技术数据表中的[负载 *J*]数值，或要求频繁启动电机，或有可能带重负载启动的电动机，务必事先和制造厂联系协商，以便特殊设计，确保电动机的启动可靠。

5．认识控制电器元件

（1）认识接触器

1）接触器的结构

接触器是各种电器控制设备中的主要电器，它是利用电磁吸力使电路接通和断开的装置，从而完成各种自动控制要求，并有失压或欠压保护的功能。它也是制冷装置中最常用的电器之一，如图 1-43 所示。

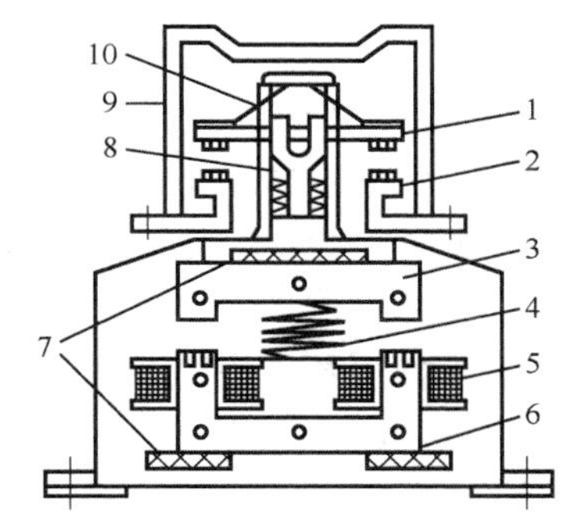

1—动触头　2—静触头　3—衔铁　4—弹簧　5—线圈　6—铁芯　7—垫毡
8—触头弹簧　9—灭弧罩　10—触头压力弹簧

图 1-43　接触器结构图

接触器工作原理图如图 1-44 所示。

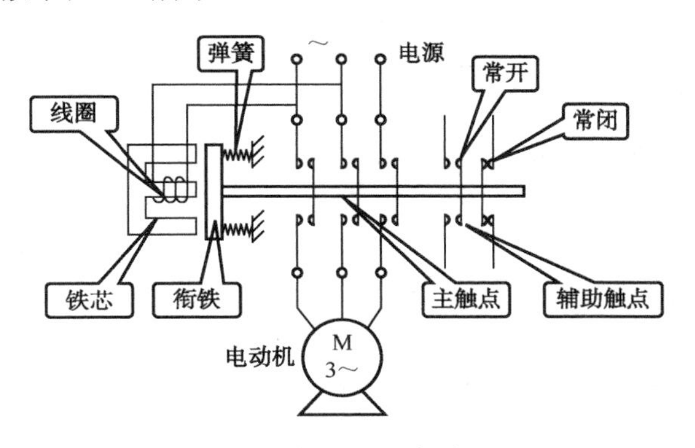

图 1-44　接触器工作原理图

接触器工作时，动、静触头在断开时会产生电弧，如不迅速熄灭，可能将主触头烧蚀、熔焊，因此容量稍大一些的接触器都设置灭弧室。

选用接触器时，主要考虑接触器触头的额定电压和额定电流都应等于或大于被控制电路的额定电压和额定电流。接触器吸引线圈的额定电压和供电电源电压一致。在电动机需要正反转的场合，其主电路交流接触器主触头的容量应比电动机的额定电流大 1 倍以上。

2）接触器的主要技术参数

● 额定工作电压

额定工作电压是与额定工作电流共同决定接触器使用条件的电压值，接触器的接通与分断能力、工作制种类及使用类别等技术参数都与额定电压有关。

对于多相电路来说，额定电压是指电源相间电压（线电压）。另外，接触器可以根据不同的工作制和使用类别规定许多组额定工作电压和额定电流的数值。例如，CJ10-40 型交流接触器，额定电压 380 V 时可控制电动机为 20 kW。

● 额定绝缘电压

额定绝缘电压是与介电性能试验、电气间隙和爬电距离有关的一个名义电压值，除非另有规定，额定绝缘电压是接触器的最大额定工作电压。在任何情况下，额定工作电压不得超过额定绝缘电压。

● 额定电流

接触器铭牌额定电流是指主触点的额定电流，通常用的电流等级为：

直流接触器　25 A，40 A，60 A，100 A，250 A，400 A，600 A。

交流接触器　5 A，10 A，20 A，40 A，60 A，100 A，150 A，250 A，400 A，600 A。

上述电流是指接触器安装在敞开式控制屏上，触点工作不超过额定温升，负载为间断-长期工作制时的电流值。所谓间断-长期工作制是指接触器连续通电时间不超过 8 h。若超过 8 h，必须空载开闭三次以上，以消除表面氧化膜。如果上述诸条件改变了，就要相应修正其电流值，具体如下所述。

当接触器安装在箱柜内，由于冷却条件变差，电流要降低 10～20 A 使用；当接触器工作于长期工作制，而且通电持续率不超过 40 A；敞开安装，电流允许提高 10～25 A；箱柜安装，允许提高 5～10 A。介于上述情况之间者，可酌情增减。

● 额定工作电流

主触头额定工作电流：根据额定工作电压、额定功率、额定工作制、使用类别及外壳防护形式等所决定的、保证接触器正常工作的电流值。

辅助触头额定工作电流：辅助触头额定工作电流是考虑到额定工作电压、额定操作频率、使用类别及电寿命而规定的辅助触头的电流值，一般不大于 5A。

（2）认识中间继电器

1）工作原理

它的工作原理和交流接触器一样，都是由固定铁芯、动铁芯、弹簧、动触点、静触点、线圈、接线端子和外壳组成。线圈通电，动铁芯在电磁力作用下动作吸合，带动动触点动作，使常闭触点分开，常开触点闭合；线圈断电，动铁芯在弹簧的作用下带动动触点复位。

2）特点

触点多（六对甚至更多），触点电流大（额定电流为 5～10 A），动作灵敏（动作时间小于 0.05 s）。

3）作用

放大触点容量、数量。

4）控制功能

中间继电器是在自动控制电路中起控制与隔离作用的执行部件，是最重要的控制元件之一。继电器一般都有能反映一定输入变量（如电流、电压、功率、阻抗、频率、温度、压力、速度、光等）的感应机构输入部分；有能对被控电路实现“通”、“断”控制的执行机构输出部分；在继电器的输入部分和输出部分之间，还有对输入量进行耦合隔离、功能处理和对输出部分进行驱动的中间机构驱动部分。在工程实际中，中间继电器主要有两个作用：一是隔离作用，二是增加辅助接点。

5）工作特性

作为控制元件，继电器有如下四个特点：

① 扩大控制范围。例如，多触点继电器控制信号达到一定值时，可以按触点组的不同形式，同时换接、开断、接通多路电路。

② 放大。例如，中间继电器等只用一个很微小的控制量，就可以控制很大功率的电路。

③ 综合信号。例如，当多个控制信号按规定的形式输入多绕组继电器时，经过比较综合，

达到预定的控制效果。

④ 自动、遥控、监测。例如，自动装置上的继电器与其他电器一起，可以组成程序控制线路，从而实现自动化运行。

6）JDZ1 系列中间继电器

适用范围：JDZ1 型系列中间继电器适用于交流 50 Hz、电压至 380 V、直流电压至 220 V、电流至 5A 的各种电气控制系统，用来控制各种电磁线圈，使信号放大或将信号同时传递给数个有关控制元件。

结构特征：JDZ1 型系列中间继电器开启式磁系统为直动式结构，接点为双断点，排成上、下两层，每层装有四对接点，接点部分装有透明防尘罩，顶部装有手动按钮。继电器的躯壳由上、中、下层组成，结构紧凑体积小。

JDZ1 系列中间继电器实物图如图 1-45 所示，结构图如图 1-46 所示。

JDZ1

JDZ2

图 1-45　JDZ1 型系列中间继电器实物图

图 1-46　JDZ1 型系列中间继电器结构图

主要技术参数：

① 继电器的线圈额定电压分为交流 50 Hz、12 V、24 V、36 V、110 V、127 V、220 V、380 V。

② 继电器适用于长期工作，间断长期工作制和操作频率不大于 2000 次/h，通电持续率为 40%的反复短时工作制。

③ 继电器的接点额定发热电流为 5 A。

其他技术数据见表 1-8。

表 1-8　其他技术数据

型　号	接点控制容量			接点对数		线圈功率		
	交流 380 V 时 COS=0.35±0.05		直流 220 V 时 T=100±15 ms			损耗（W）	吸持（VA）	启动（VA）
	接通（A）	分断（A）	接通与分断（A）	常开	常闭			
JDZ1-44/44 A	5	0.5	0.14	4	4	≤4.5	≤9	≤16.5
JDZ1-62/62 A				6	2			
JDZ1-80/80 A				8	0			

7）JZX-22F/4Z（MY4J,HH54P）

触点形式：4a，4c

触点负载（阻性）：3 A，250VAC/28VDC

线圈电压（V）AC/DC6-220V

线圈功率：0.9 w（DC），1.2W（AC）
吸合电压（额定电压）：≤80%
释放电压（额定电压）：≥10%（DC） ≥30%（AC）
介质耐压：触点与触点间 1000VAC；触点与线圈间 1500VAC
触点接触电阻（mΩ）：≤50
绝缘电阻（mΩ）：≥100
环境温度（℃）：−25～55
机械寿命（次）：100 万次
电气寿命（次）：10 万次
外形尺寸：27.5 mm×21.0 mm×35.5 mm
重量（g）：≤35
安装方式：插座式，插针式
工作页内容见表 1-9。

表 1-9 工作页

认识拼装式氟利昂冷库					
一、基本信息					
学习小组		学生姓名		学生学号	
学习时间		学习地点		指导教师	
二、工作任务					
1．认识拼装式氟利昂冷库。 2．认识土建式冷库。 3．会识别拼装式氟利昂冷库库体结构、制冷系统主要组成设备。 4．会识别对氟利昂冷库的制冷系统、保温系统以及电气控制系统。					
三、制订工作计划（包括：人员分工、操作步骤、工具选用、完成时间等内容）					
四、安全注意事项（人身安全、设备安全）					

续表

五、工作过程记录
六、任务小结

1.1.5 任务评价

参考评价标准见表 1-10。

表 1-10 考核评价标准

序号	考核内容	配分	要求及评价标准	小组评价	教师评价
1	认识拼装式氟利昂冷库库体结构	25	认识氟利昂冷库的制冷压缩机要求：认识拼装式氟利昂冷库的整体结构、认识拼装式氟利昂冷库的库门、库板。 评分标准：正确选择得 5 分，每错一项扣 3 分		
2	认识拼装式氟利昂冷库制冷机组	25	认识拼装式氟利昂冷库制冷机组要求：认识活塞式制冷压缩机、螺杆式压缩机、认识机组换热装置等。 评分标准：正确选择得 5 分，每错一项扣 3 分		
3	认识氟利昂冷库保温系统	25	认识常见冷库隔热保温材料要求：认识材料分类、隔热保温材料的性能指标。 评分标准：选择正确得 10 分，选择一般得 5 分，选择错误不得分		
			认识拼装式冷库的隔热保温材料要求：认识夹芯板、挤塑聚苯乙烯保温板（XPS）。 评分标准：选择正确得 10 分，选择一般得 5 分，选择错误不得分		
			认识管道保温方式。 认识冷媒配管保温、冷凝水管保温和风管保温。 评分标准：选择正确得 15 分，选择一般得 5 分，选择错误不得分		
4	认识氟利昂冷库电气控制系统	25	认识电动机要求：认识三相异步电动机。 评分标准：选择正确得 10 分，选择一般得 5 分，选择错误不得分		
			认识控制电气元件要求：认识接触器、中间继电器、温度继电器、电磁阀、保护电器。 评分标准：选择正确得 15 分，选择一般得 5 分，选择错误不得分		

1.1.6 知识链接

认识制冷剂

（1）制冷剂的种类与编号表示方法

在制冷循环中工作的介质称为制冷工质，它在制冷机系统中循环流动，通过自身热力状态变化与外界发生能量交换，从而实现制冷，所以习惯上称制冷工质为制冷剂。可以作为制冷剂使用的物质很多，但工业上常用的不过十余种。目前使用较多的制冷剂按其化学成分可分为四类；无机化合物、氟利昂、碳氢化合物和混合制冷剂。

为了书写方便，我国国家标准 GB7778—87 规定了各种通用制冷剂的简单编号表示方法，以代替使用其化学名称、分子式或商品名称。标准中规定用字母 R 和它后面的一组数字及字母作为制冷剂的简写编号。字母 R 作为制冷剂的代号，后面的数字或字母则根据制冷剂的种类及分子组成按一定的规则编写。

1）无机化合物

属于无机化合物的制冷剂有氨、二氧化碳、水等。无机化合物用序号 7**表示，化合物的分子量取整数部分就得出无机化合物制冷剂的编号。例如，氨分子式为 NH 取分子量的整数部分 17，编号为 R717。二氧化碳和水的编号分别为 R744 和 R718。

2）氟利昂

大多数氟利昂本身无毒、无臭、不燃烧、与空气混合遇火也不爆炸，因而很适用于对环境有一定要求的制冷工程，特别是适用于直接蒸发式设备。同氨相比，氟利昂的等熵指数较小，压缩机的排气温度低。氟利昂的分子量比氨大，其蒸气的密度也大，适用于离心式制冷压缩机。但是，氟利昂的传热性能较差，它极易渗漏且不易发现。

氟利昂检漏可用肥皂水、卤素灯和卤素检漏仪。肥皂水适用于系统安装和有明显泄漏时的检查。少量泄漏可用卤素灯检查，随着泄漏量的增大，卤素灯火焰的颜色由微绿、淡绿变成深绿乃至紫色。微量泄漏可用卤素检漏仪，这种仪器有极高的灵敏度，每年几毫克的泄漏量都能检查出来。

氟利昂的品种较多，有 R12、R22、R11、R13 等。由于 R11、R12、R13 对大气臭氧层有破坏作用，是公害物质，现属于限制和禁止使用的制冷剂。

01. 01 033

R22储液罐

3）碳氢化合物

碳氢化合物作为制冷剂的共同特点是凝固温度低，与水不起化学反应，对金属没有腐蚀作用。碳氢化合物多为石油化学工业的副产品，所以价格低廉，易于获得，而且易溶于润滑油。一般碳氢化合物容易燃烧和爆炸，所以它们主要用于具有严格防火、防爆安全设施的石油化学工业的制冷装置中，而且使用这种制冷剂时，必须保持蒸发压力大于大气压力，以防空气渗入系统引起爆炸。

常用的碳氢化合物制冷剂有甲烷、乙烷、丙烷、乙烯、丙烯等。

- 甲烷

甲烷是低温（高压）制冷剂，标准蒸发温度-161.5℃，临界温度-82.5℃，只能用于复叠式制冷装置的低温部分。甲烷可以和乙烯、氨（或丙烷）组成三级复叠，获得-150℃左右的低温，用于天然气的液化。

- 乙烷

乙烷是饱和的碳氢化合物，它们难溶于水，也不发生水解作用，但易溶于醚、醇等有机

溶剂中。它们在常温下化学性质很不活泼，加热到+300℃以上才开始分解。乙烷所制取的温度与 R13 接近，丙烷能制取的温度与 R22 相当。

- 乙烯

乙烯是不饱和的碳氢化合物，在常温、常压下均为无色气体，在水中的溶解度极小，易溶于酒精和其他有机溶剂，它们的化学性质很活泼。乙烯是低温（高压）制冷剂，标准蒸发温度为-103.7℃，临界温度为 9.3℃，常温下无法液化，只能在复叠式制冷装置中的低温部分使用。

- 丙烯

丙烯是中温（中压）制冷剂，标准蒸发温度-47.7℃，临界温度 91.8℃，常温下的冷凝压力约为 1.5 MPa,丙烯可用于双级压缩制冷系统来获得较低的温度，也可用于复叠式制冷装置中的低温部分。

4）混合制冷剂

尽管纯制冷剂的种类众多，但从现有制冷机要求的压力及温度范围来看，使用纯制冷剂难以满足制冷机的性能和运行条件的要求。为了取长补短，达到优势互补和弥补纯制冷剂的不足，近年来发展了混合制冷剂。

混合制冷剂是由两种或两种以上的纯制冷剂以一定的比例混合而成的。按照混合后的溶液是否具有共沸的性质，混合制冷剂可分为两类：一类为共沸混合制冷剂，另一类为非共沸混合制冷剂。

- 共沸混合制冷剂

共沸混合制冷剂和单一的化合物一样，在一定压力下蒸发时保持一定的蒸发温度，而且其液相和气相具有相同的组成，它可以像纯制冷剂一样使用。共沸混合制冷剂的热力性质与组成它的组分相比具有一些特性，通常共沸混合制冷剂的标准蒸发温度低余其组分的标准蒸发温度；在一定的蒸发温度下，共沸制冷剂的单位容积制冷量比组成它的单一制冷剂大；采用共沸混合制冷剂可使压缩机的排气温度降低，共沸混合制冷剂的化学稳定性比组成它的单一制冷剂好。因此，在一定的情况下，采用共沸混合制冷剂可提高蒸发压力，制冷量增大、压缩机排气温度降低等。

共沸混合制冷剂按其标准蒸发温度可以分为高温、中温和低温三类，例如，R500、R502、R505、R506 等属于中温制冷剂，R503 和 R504 属于低温制冷剂，而 R114 / R21 则是高温制冷剂。

目前，使用较多的共沸混合制冷剂是 R502，它是由质量分数为 48.8%的 R22 和 51.2%的 Rll5 组成。R502 与 R22 相比具有更好的热力学性能，更适用于低温。R502 不燃烧、不爆炸、无毒，对金属无腐蚀作用，对橡胶和塑料的侵蚀性小。它的标准蒸发温度为-45.6℃，正常工作压力与 R22 相近。在相同工况下的单位容积制冷量比 R22 大，而且由于压力比较小，所以压缩机的排气温度比 R22 低得多。R502 用于单级压缩制冷时蒸发温度可低达-55℃。

- 非共沸混合制冷剂

为了不断地改善制冷机的性能，适应不同的使用条件和节约能源，可采用由两种或两种以上的制冷剂以适当的比例组成非共沸混合制冷剂。非共沸混合制冷剂不存在共沸点，在定压下蒸发时，气相与液相的组成不相同，而且在不断地变化，蒸发温度也逐渐升高。

由于相变过程不等温，非共沸混合制冷剂更适宜于变温热源的情况，这样可以降低冷凝过程和蒸发过程中的传热温差，减少不可逆传热所引起的能量损失。

非共沸混合制冷剂可采用分凝循环，降低制冷循环中的压力比，这样用单级压缩即可达到较低的蒸发温度，而且可以提高制冷机的制冷量。因此，在制冷机中使用非共沸混合制冷剂，无论从节约能源或是降低制冷温度方面都有十分明显的优点。

非共沸混合制冷剂的研究为寻找新的理想制冷剂开辟了新的途径，虽然纯制冷剂的热力性质不能改变，但如果把几种纯制冷剂混合在一起，会得到一种优良热力性能的制冷剂，例如，R142b 有可燃性，但它和 R22 以一定的比例混合时，混合物是不燃烧的。

非共沸混合制冷剂中含量较多的组分称为主要组分，含量少的称为加入组分。在一般情况下，少量的高沸点组分加入低沸点主要组分中所组成的混合制冷剂，与其主要组分比较，提高了制冷系数，节约了能耗，但是制冷机的制冷量有所减小；相反，将少量低沸点组分加入高沸点主要组分中，则降低了制冷系数，增加了压缩机的耗功率，但由于吸入蒸气的比容减小，制冷机的制冷量增大了。这样使用非共沸混合制冷剂可以使同一台制冷机获得较低的温度及较大的制冷量。

（2）制冷剂的分类

由于制冷剂的种类较多、性质各异，因而使用的条件也有所不同。通常可以按照制冷剂在标准大气压下的饱和温度（简称标准蒸发温度）或沸点 h_s 和常温下的冷凝压力的高低及适用温度范围将其分为低压、中压、高压三大类。

1）高温（低压）制冷剂

一般 t_s>0℃，冷凝压力<0.3 MPa，如 R11、R21、R113、R114 等，这类制冷剂多用于空气调节制冷系统的离心式压缩机。

2）中温（中压）制冷剂

通常 t_s 为 0～-60℃，冷凝压力 0.3～2 MPa，如 R12、R22、R717、R142b、丙烯、丙烷等。这类制冷剂适用的温度范围较广，一般的制冷系统以及-70℃以上的单级和双级压缩式制冷装置均采用。

3）低温（高压）制冷剂

这类制冷剂的 t_s<-60℃，冷凝压力 2～4 MPa，如 R13、R14、乙烯、乙烷等，它们多用于制取-70℃以下的低温制冷或复叠式制冷装置的低温部分。

（3）制冷剂的选用

制冷剂的选用是一个比较复杂的技术经济问题，需要考虑的因素很多，选择时必须根据具体情况进行全面的技术经济比较。

1）考虑制冷温度的要求

根据温度的不同，选择高、中或低温制冷剂。通常选择制冷剂的标准蒸发温度要低于制冷温度 10℃以上。例如，一般冷库、空调、冰箱等多选用 R717、R22、R134a、R600a；工业用低温箱选用 R22、R13；工厂高温车间行车司机室的降温设备选用 R142b、R152a 等。选择制冷剂还应考虑制冷装置的冷却条件、使用环境。使用中的冷凝压力不能过高，压缩机运行的压力比不应超过制冷压缩机安全使用条件的规定值。

2）考虑制冷装置的用途及制冷量大小

据此选择价廉易得的制冷剂，例如，大型冷藏库选用 R717 比较经济实用，而中小型冷库多选用 R22、R134a。对试验用的复叠式制冷机，通常多是选用 R22，R13 或 R14 为制冷剂。但氟利昂因价格较高，用于生产性的大型冷库就不合适了。在工业生产中，特别是食品类、禽肉类等方面所用的制冷系统，多选用廉价的制冷剂氨 NH_3。

3）考虑制冷剂的性质

根据制冷剂的热力性质、物理性质及化学性质等，尽可能选择那些无毒、不燃烧、不爆炸、不污染空气或食品的制冷剂。

4）考虑制冷压缩机的类型

制冷剂的种类很多，由于其性质的不同而适用于不同的制冷装置。表 1-11 列出了几种主要制冷剂的应用范围。

表 1-11　常见制冷剂的应用范围

制　冷　剂	使用温度范围	压缩机类型	用　　途
R717	中、低温	活塞式、离心式	冷库、制冰
R11	高温	离心式	空调
R12	高、中、低温	活塞式、回转式、离心式	冷库、空调
R13	超低温	活塞式、回转式	超低温
R22	高、中、低温	活塞式、回转式	冷库、空调、低温
R113	高温	离心式	空调
R114	高温	活塞式	特殊空调
R500	高、中温	活塞式、回转式、离心式	冷库、空调
R502	高、中、低温	活塞式、回转式	冷库、空调、低温

不同类型压缩机的工作原理有所不同，因此在选用制冷剂时，还应考虑制冷压缩机的类型。例如，容积式压缩机是通过缩小制冷剂蒸气的体积提高其压力的；离心式压缩机是通过对低压制冷剂蒸气以较大的速度，然后再将速度能转变为压力能，以提高制冷剂蒸气的压力。因此，一般离心式压缩机都应选用蒸气密度较大的制冷剂，同时冷凝压力和蒸发压力之差以较小为宜。

（4）制冷剂的化学性质和实用性质

1）制冷剂的热稳定性

热稳定性是指物质受热分解的性质。在一定条件下，物质受热分解的最低温度称为分解温度，它是物质稳定性的度量。

在制冷技术的温度范围内，制冷剂是热稳定的。它们的分解温度都高于工作温度，尤其氟利昂更是如此。氟利昂分子中氟原子数越多，热稳定性越好。通常氟利昂单独存在时，即使温度到达 500℃仍然稳定，但是在有金属存在或与润滑油、水、空气等接触时，分解温度会降低。

应该指出，表中所列的最高温度并不是防止热解，而是为了防止润滑油变稀，影响压缩机润滑的温度限制。同样，氨在 260℃以上时会分解成氨气和氢气。但是在制冷系统中，氨的压缩终温不允许超过 150℃。

2）制冷剂的毒性

根据豚鼠在制冷剂气体作用下的危害程度及作用时间，可对制冷剂的毒性进行分级，共分为六级。表 1-12 分别列出了制冷剂毒性等级及一些制冷剂毒性的比较。表中的毒性级别的数字越小，其毒性越大。为更准确地表示毒性的大小，在相邻两级之间还进行了更细的等级划分，毒性依次递减。有些制冷剂虽然无毒，但其在空气中的浓度过高也会对人造成伤害，这是由于缺氧窒息。另外，如 R11、R12、R21、R22、等，遇明火会分解出剧毒的光气，对人体有危害。

表 1-12 制冷剂的毒性等级及一些制冷剂毒性的比较

毒性等级	试验条件		危害程度
	制冷剂气体的体积分数（%）	作用时间（min）	
1	0.5～1	5	致死
2	0.5～1	60	致死
3	2～2.5	60	开始死亡或重创
4	2～2.5	120	开始死亡或重病
5	20	120	有一定危害
6	20	120	不发生危害

3）制冷剂与润滑油的溶解性

制冷剂与润滑油的溶解性和制冷剂的种类、润滑油的成分及所处的温度、压力条件有关，大致可以分为三种情况：

① 制冷剂难溶于润滑油；

② 与润滑油完全溶解；

③ 在一定范围内溶解。

R717、R13 等制冷剂难溶于润滑油，它们与润滑油共存时有明显的分层，润滑油很容易从制冷剂中分离出来。R11、R12、R21 等与润滑油完全溶解，形成均匀溶液，没有分层现象。R22、R502 介于前种两种情况之间，它们在高温时与润滑油完全溶解，在低温时与润滑油的混合溶液分离成两层，

制冷剂与润滑油互相溶解，在换热器表面不会形成油膜，避免了油膜对传热的不利影响。润滑油溶解于制冷剂中，可随制冷剂一道渗透到压缩机的各个部件，形成良好的润滑条件；而且制冷剂与润滑油溶解后，使润滑油的黏度和凝固点下降，这对于低温装置是有利的。如果因润滑油中溶解制冷剂而导致油膜太薄或形不成油膜时，应采用高黏度的润滑油。从热力性质考虑，制冷剂溶解了润滑油后，对热力性质稍有影响，例如，相同压力下的蒸发温度有所升高，而且由于沸腾时泡沫多，使蒸发器液面不稳定。

当制冷剂与润滑油不互溶时，其优点是蒸发温度比较稳定，同时在制冷设备中制冷剂与润滑油分成两层，因此易于分离。缺点是在蒸发器和冷凝器的传热表面会形成很难清除的油污层，影响传热。

4）制冷剂的溶水性

易溶于水的制冷剂会发生水解作用，生成的物质对材料有腐蚀作用。难溶于水的制冷剂，当其中的含水量超过溶解度时，游离态的水会在低温下结冰，堵塞节流阀通道，发生“冰塞”现象，影响制冷系统的正常工作。氨与水易溶，氟利昂和碳氢化合物与水难溶，如图 1-47 所示。

5）制冷剂对金属的作用

制冷剂对金属的作用有两种情况：一种是其本身对某些金属有腐蚀作用；另一种是制冷剂本身对金属无腐蚀作用。

氨对钢铁无腐蚀作用，对铝、铜或铜合金有轻微的腐蚀作用，但如果氨中含水，则对铜及铜合金（除磷青铜外）有强烈的腐蚀作用。

氟利昂对几乎所有金属都无腐蚀作用，只对镁和含镁 2%以上的铝合金例外。

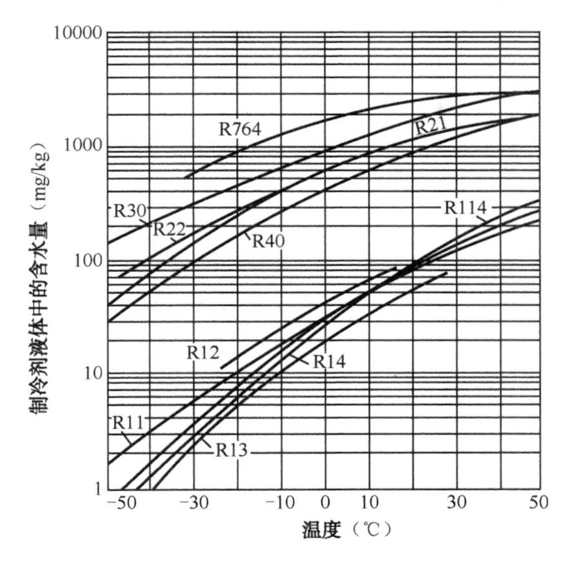

图 1-47　水在一些制冷剂中的溶解度

6）制冷剂对非金属材料的作用

氟利昂是一种良好的有机溶剂，很容易溶解天然橡胶和树脂，所以，在选择制冷机的密封材料和封闭式压缩机的电气绝缘材料时，不应使用天然橡胶、树脂化合物，而要用耐氟利昂腐蚀的氯丁橡胶、尼龙、氟塑料等材料。

氯化物制冷剂能吸收木材、纤维和一些电气绝缘物中的水分，使这些材料收缩，而且氯化物溶解和吸收的物质在低温时会析出沉淀，有可能堵塞制冷系统或使换热设备传热恶化。

7）制冷剂的环境特性

环境特性主要包括两个指标：一个是制冷剂对大气臭氧层损耗的潜能值，用 ODP 表示；另一个是制冷剂的温室效应潜能值，用 GWP 表示。一般 ODP 值和 GWP 值越小，则制冷剂的环境特性越好。根据目前的技术水平， ODP 值小于或等于 0.05 和 GWP 值小于或等于 0.5 的制冷剂的环境特性是比较好（可以接受）的。应该指出，目前广泛使用的一些制冷剂的 ODP 值与 GWP 值大大超过可以接受的值。

1.1.7　思考与练习

一、单选题

1．由“拼装式冷库库体：拼装式冷库库体由库底垫板、底板、墙板和顶板组成”引入，选择下列你认为对的选项。（　　）

习题

A．拼装式冷库库底垫板只起到调整地坪的水平的作用

B．拼装式冷库墙板分外墙、库内隔墙、库门三种

C．拼装式冷库顶板由凸边顶板和凹边顶板组成

D．每个完整的拼装式冷库有四个角板

2．聚氨酯保温板标准密度为（　　）。

A．22～32 kg/m^3　　B．32～42 kg/m^3　　C．25～35 kg/m^3　　D．35～45 kg/m^3

3．应用最早的一种压缩机是（　　）。

A．螺杆式压缩机　　B．活塞式压缩机

C．离心式压缩机　　D．涡旋式压缩机

4．电动机绝缘等级的允许温升，E 级为（　　）℃。

A．90　　B．105　　C．120　　D．130

5．氟利昂制冷剂的含水量应小于（　　）。

A．0.015%　　B．0.025%　　C．0.0015%　　D．0.0025%

6．冷库制冷系统所用压力容器的压力等级是（　　）。

A．$0.1\text{MPa} \leqslant P < 1.6\text{MPa}$　　B．$1.6\text{MPa} \leqslant P < 10\text{MPa}$

C．$10\text{MPa} \leqslant P < 100\text{MPa}$　　D．$100\text{MPa} \leqslant P$

7．冷库制冷系统压力容器的品种可分为（　　）。

A．冷凝压力容器　　B．蒸发压力容器

C．换热压力容器　　D．中间冷却压力容器

8．聚氨酯保温板吸水率是（　　）。

A．≤3%　　B．≤4%　　C．≤5%　　D．≤6%

9．聚苯乙烯保温板（EPS）的导热系数是（　　）。

A．≤0.029 W/K · m　　B．≤0.031 W/K · m

C．≤0.041 W/K · m　　D．≤0.051 W/K · m

二、多选题

10．冷库制冷的目的是（　　）。

A．将库内物体的热量转移到库外环境的水或空气中

B．使被冷却物的温度降到环境温度以之下，并维持特定的温度

C．摆脱气候的影响，延长冷库产品的保鲜期限

D．使冷库产品持续新鲜，颜色更鲜艳

E．冷库温度波动大，有利于产品的保鲜

F．增大冷库的湿度，可保证产品的含水量

11．由“压缩机可分类为：①开启式压缩机；②半封闭压缩机；③全封闭压缩机”这句话引入，选择下列你认为对的选项。（　　）

A．这种分类是按照压缩机不同的密封结构形式所分。

B．开启式压缩机可用于以氨为工质的制冷系统中。

C．开启式压缩机易拆卸修理，压缩机和电动机不可个别更换，噪声大。

D．半封闭压缩机比开启式结构更紧凑，噪声低。

E．全封闭压缩机继续使用传统曲轴箱结构，只是做了重大改革。

F．结构紧凑，密封性极好，振动小，噪声低。

12．拼装式冷库库体保温材料主要有哪些。（　　）

A．聚氨酯硬质泡沫塑料。　　B．聚苯乙烯泡沫塑料。

C．橡塑保温材料。　　D．岩棉芯材板。

E．矿渣棉。　　F．膨胀珍珠岩。

13．半封闭活塞式制冷压缩机的整体结构（　　）。

A．曲轴箱结构与开启式活塞制冷压缩机不同

B．多了电动机传动机构及接线

C．电动机壳体和压缩机机体是铸在一起内腔相通的，不需轴封

D．电动机的定子、转子间隙为吸入通道，改善冷却，降低能耗，取消了联轴器传动机构
E．相比全封闭压缩机，更易于检修
F．制冷剂不易泄漏
14．螺杆式制冷压缩机的优点是（　　　）。
A．体积小，重量轻，结构简单，零部件少
B．易损件少，使用维护方便
C．运转平稳，振动小
D．转子、机体等部件加工精度要求高，装配要求比较严格
E．润滑油系统比较简单
F．运转速度高，噪声小
15．在蒸发器和冷凝器之间的供液管路上设置电磁阀的功能是（　　　）。
A．压缩机启动，电磁阀自动开启
B．压缩机启动，电磁阀延时开启
C．压缩机停止运转，电磁阀自动关闭
D．压缩机停止运转，电磁阀延时关闭
E．冷库温度达到设定值时，电磁阀自动关闭
F．冷库温度高于设定值时，电磁阀自动开启
16．按冷却介质分，拼装式冷库冷凝器主要分为（　　　）。
A．风冷式　　B．自然冷却式　　C．水冷式
D．风冷水冷混合式　　E．中间冷却式　　F．复合式冷却
17．水冷式冷凝器按其形状可分为（　　　）。
A．水冷套管式冷凝器　　B．水冷壳管式冷凝器
C．水冷翅片管式冷凝器　　D．水冷板式冷凝器
E．水冷螺旋式冷凝器　　F．水冷蛇式冷凝器
18．氟利昂冷库常用的节流装置有（　　　）。
A．电磁阀　　B．浮球式膨胀阀　　C．手动式膨胀阀
D．热力膨胀阀　　E．毛细管　　F．节流管
19．制冷系统常用油分离器可以分为几种类型（　　　）。
A．过滤式油分离器　　B．洗涤式油分离器　　C．填料式油分离器
D．离心式油分离器　　E．旋风式油分离器　　F．油雾式油分离器
20．氟利昂制冷系统干燥过滤器主要由（　　　）组成。
A．金属壳体　　B．过滤器　　C．干燥剂
D．密封装置　　E．进出口紫铜管　　F．分子筛
21．拼装式冷库库体保温板材有（　　　）。
A．聚氨酯保温板　　B．岩棉保温板　　C．橡塑保温板
D．挤塑聚苯乙烯保温板　　E．膨胀珍珠岩　　F．玻璃棉

三、判断题

22．拼装式冷库为单层形式，所有构件均是按统一标准在专业工厂成套预制，在施工地现场组装，建设周期短。（　　）

23．冷凝器冷却水管上设置水量调节阀可调节冷却水量的大小。（　　）

24. 拼装式冷库常见的蒸发器有自然对流式冷却空气的蒸发器。（　　）

25. 风冷式冷凝器适用于小型冷库制冷系统使用。（　　）

26. 套管式冷凝器适用于小型高温冷库制冷系统使用。（　　）

27. 热力膨胀阀可以分为内平衡式膨胀阀和外平衡式膨胀阀。（　　）

28. 氟利昂冷库辅助设备主要包括贮液器、干燥过滤器、电磁阀等。（　　）

29. 离心式油分离器，应用于氟利昂制冷系统。（　　）

30. 过滤式油分离器的组成为：进气管、过滤网、排气管、筒体、浮球阀、手动回油阀、自动回油阀。（　　）

31. 制冷系统中的气液分离器用于动力供液系统。（　　）

32. 低压贮液器不用设置保温层。（　　）

33. 为预防制冷系统管道的杂质和水分存在，应安装干燥过滤器。（　　）

34. 氟利昂冷库保温系统主要包括库体保温、管道保温、制冷机房保温三个部分。（　　）

35. 氟利昂制冷系统为了避免发生“冰堵”现象，要设置气液分离器。（　　）

36. R22 是将被淘汰和禁止使用的制冷剂（　　）。

37. 为了防止冰堵，所有制冷系统都应安装干燥器。（　　）

任务二　认识土建式冷库

1. 任务描述

本任务以土建式氨冷库为主，认识土建式冷库的制冷系统，内容包括认识氨制冷压缩机、冷凝器、蒸发器、节流装置、保温系统及电气控制系统。

2. 任务目标

知识目标

① 认识土建式冷库的库体结构。

② 认识土建式氨冷库的制冷系统的特点。

③ 认识土建式氨冷库保温系统保温材料的特点与选用。

④ 认识土建式氨冷库电气控制系统的控制方式。

能力目标

① 能识别土建式冷库的库体构成。

② 能识别土建式氨冷库保温材料。

③ 能识别不同方式的冷库制冷电气控制系统。

3. 任务分析

认识土建式冷库的氨制冷系统，内容包括认识土建式冷库的建筑基础类型、结构，认识氨制冷系统中的压缩系统，认识土建式冷库的保温材料，了解冷库制冷电气控制系统的不同方式。

冷库的墙体是冷库建造中的重要组成部分。冷库外墙除了隔绝风雨的侵袭，防止温度变化和太阳辐射等影响外，还要求具有较高的隔热和防潮性能。土建式冷库的外墙只承受自重和风力影响，而不负担冷库的其他荷载。土建式冷库的内墙是指内衬墙和隔断墙，具有冷库保温和分隔房间的作用，分隔房间的内墙有隔热和不隔热两种。

土建式冷库的隔热外墙由维护墙体、隔气防潮钢层、隔热层和内保护层（或内衬墙）组成。围护墙体有砖砌围护墙、预制钢筋混凝土墙、现浇钢筋混凝土墙等。

图 1-48 是土建式冷库的外观图。

由于普通黏土砖可就地取材，施工又方便，故目前我国大部分土建式冷库的围护墙体均采用砖砌体。由于预制钢筋混凝土墙体可以在工厂预制，工程进度较快，在具备机械化施工条件的地区也可采用。

图 1-49 是土建式冷库的库体结构。

图 1-48 土建式冷库外观图

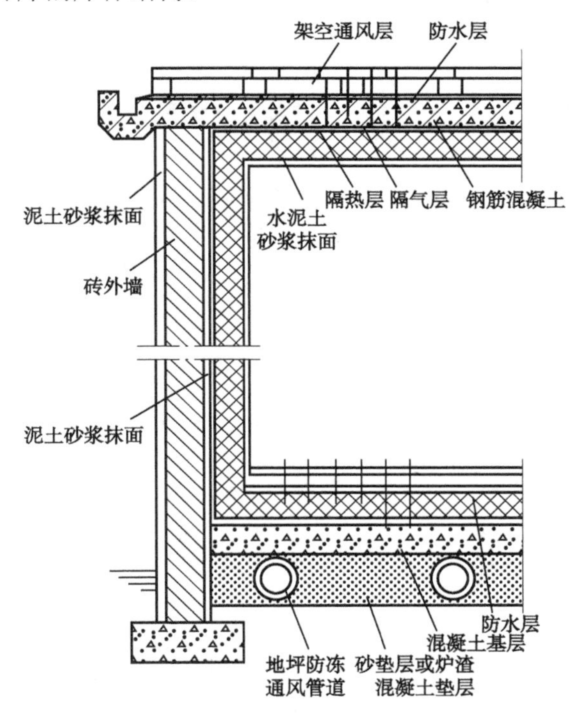

图 1-49 土建式冷库的库体结构

1.2.1 认识土建式冷库的建筑特点

土建式冷库的建筑不同于一般的工业与民用建筑，由于其特殊的低温储藏用途，冷库建筑不但要保证库内的低温环境，还必须解决围护结构隔热、防潮问题，对于某些特殊冷库，如气调库更要解决气密性问题。另外，冷库所处的环境温度、湿度都是变化的，而库内环境却要求恒定，所以建筑设计与建造时需要解决冷库库体始终存在冷热交替变化的问题。

（1）冷库既是仓库又是工厂

冷库是仓库，因此要求货物运输方便、快捷；冷库又是工厂，且以低温生产为主，所以冷库的建筑结构必须能满足低温生产工艺的要求。

（2）防潮隔气

由于冷库内外空气温差较大，必然形成与温差相应的水蒸气分压力差，进而使水蒸气从

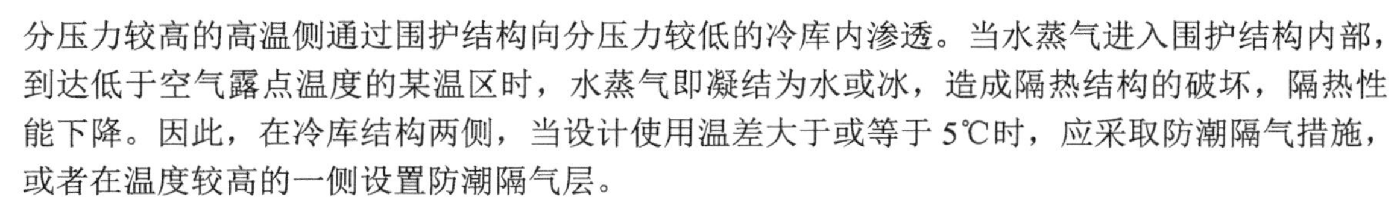

分压力较高的高温侧通过围护结构向分压力较低的冷库内渗透。当水蒸气进入围护结构内部，到达低于空气露点温度的某温区时，水蒸气即凝结为水或冰，造成隔热结构的破坏，隔热性能下降。因此，在冷库结构两侧，当设计使用温差大于或等于5℃时，应采取防潮隔气措施，或者在温度较高的一侧设置防潮隔气层。

（3）门、窗、洞

为了减少库内外温度和湿度变化的影响，冷库库房一般不开窗。孔洞尽量少开，生产工艺、水、电等设备管道尽量集中使用孔洞。库门是库房货物进入的必要通道，也是库内外空气热湿交换最显著的地方。由于热湿交换，门的周围会产生凝结水及冰霜，经过多次冻融交替作用，会使门附近的建筑结构材料受破坏。所以在满足正常使用的情况下，门的数量也应尽量少。同时，在门的周围应采取措施，如加设空气幕、电热丝等。

（4）减少热辐射

为减少太阳辐射热的影响，冷库表面的颜色要浅，表面应光滑平整，尽量避免大面积日晒。层顶可采取相应措施，如架设通风层，以减少太阳辐射直接通过屋面传入库内，影响库温。

（5）地坪防冻胀

土建式冷库建筑在地面上，由于地基深处与地表的温度梯度而形成热流，将造成地下水蒸气向冷库基础渗透。当冷库地坪温度降低至0℃以下时，会导致地坪冻胀，毁坏冷库地坪。冷库地坪要采取防冻胀处理措施，其方法有地坪架空、地坪隔热层下部埋设通风管道或对地坪预热等。

1.2.2 认识土建式冷库基础的类型和构造

冷库建筑物的基础主要是柱的基础，其次是外墙的基础及楼梯、电梯间、穿堂的基础。为了保证楼地板隔热层的连续性，冷库内墙做成不承重隔断墙，故无须建造基础。

1．认识桩基础

桩基础是冷库的主要基础部分，它们承载着整个冷库的全部荷载。

桩基础一般有以下四种形式。

（1）单独基础

它的优点是结构简单、施工方便、用料省和工期快，因此有条件时应尽量采用，冷库建筑物的单独基础一般采用毛石、混凝土和钢筋混凝土为材料。基础的断面形式是由基础所用材料本身的性能决定的。常用的基础材料（如砖、石、混凝土）的抗压强度很高，抗拉强度很弱。基础成锥体向下放大，放大部分如同悬臂一样，当它受到地基的反作用力后，悬臂长度越大，则基础纵截面受到的拉力就越大。如果此拉力超过材料的许用应力，基础将发生破裂。

毛石基础取较整齐的石料用水泥浆砌筑而成。在产石地区，就地取材用石砌基础，可以降低造价。由于毛石尺寸较大，为了便于砌筑和保证结构质量，桩下的毛石基础多做成阶梯形。

混凝土基础坚固耐用，不怕水，由于它的刚性角大，同样宽的基础改用混凝土就可做薄一些，它的形式有大块式、阶梯形和截锥形。

钢筋混凝土基础多用于多层冷库，当上部结构传至基础的荷载很大，而地基承载能力又较小时，则在基础底部产生拉力。采用钢筋混凝土基础时，因其抗拉强度较大，不受刚性角的限制，可以做得较薄。

当地基比较软弱，合适的持力层很深，而建筑物上部传下来的荷载又很大时，可采用桩基础，打桩的一种作用是把桩通过弱土层打到坚硬的土层上，使荷载支承到坚硬土层上（支承柱）；另一种作用是由于桩挤压四周土壤，靠桩与土壤的摩擦力来支承荷重（摩擦桩）。桩基础的优点是能够大大减少土方工程量，加快工程进度，又比较坚固可靠。常见的桩基础有下列几种：钢筋混凝土预制桩、爆扩短桩、钢筋混凝土灌注桩。

（2）条形基础

在多层冷库建筑中，桩间跨距一般为 6 m，截面形状接近方形。因此在土壤承载力较弱的地基上建冷库，没有条件做单独基础或需要加强基础的刚度以克服不均匀沉陷时，可以将桩下基础连续设置成为条形基础，进而形成柱下纵横排列的若干条相交的条形基础（每个桩下都成为十字交叉的基础）。这种形式的基础用钢筋混凝土制成，水泥和钢筋用量都较大，而且施工也较复杂，但在人工地基中，可以把条形基础与桩基础联合使用，所以条形基础在冷库建造中也是常用的基础方案之一。在有的冷库设计中，也有将四周的边桩基础连成条形，而中桩仍采用单独基础。

（3）板式基础

当冷库建在土质很坏（地基的承载力很小和沉陷性较大），而上部荷载很大，尤其是建有地下室而地下水位又较高时，单独基础或条形基础都不能满足地基的强度和稳定的要求，可以采用钢筋混凝土板式基础（俗名满堂基础）。它的形式像倒置的现浇钢筋混凝土楼盖，也分无梁式和有梁式两种。近年来兴建的冷库中，凡是用板式基础的一般都采用无梁式。

板式基础的优点是刚度大、稳定性和强度都较好，易于做防水处理；其缺点是结构较复杂，水泥和钢筋的用量也比条形基础为多。通常建造五层以下的冷库时采用板式基础是不经济的。

（4）箱形基础

对于软弱地基可以采用箱型基础。箱型基础系钢筋混凝土整体现浇，底面、四周墙、顶面全部现浇成箱式。其优点是刚度大、稳定性和强度较板式基础还好，由于其结构复杂、用料多，只有在特殊的情况下才采用。

2．认识墙基础

① 当冷库采用板式基础和箱形基础时，则冷库的外墙就不用另建基础，而将外墙直接砌在板式基础的四周边缘上。

② 当冷库采用单独桩基础时，冷库的外墙基础一般做成连续的条形。它施工简单，在其他建筑中也应用较广。它又分对称和不对称两种。对称连续墙基础主要用于承受中心竖向荷载的墙下，有毛石基础、毛石混凝土基础、碎砖三合土基础、灰土基础及混凝土基础。不对称连续墙基础主要用于承受偏心荷载的墙下。除用上述五种基础外，有时应用钢筋混凝土基础，以承受由于偏心作用而在基础底面产生的拉力。

当采用无梁楼板时，如用长悬臂方案宜采取冷库的桩基础和墙基础分开的做法，即桩基础为单独基础，墙基础为连续条形基础，均直接建造于地基上。在短悬臂方案中，宜采用桩基、墙基础联合在一起的做法，即墙基础不直接建在地基上而用钢筋混凝土做成基础梁架设于边桩的单独桩基础上面，或将墙基础直接落在边桩基础上。

（3）当冷库采用条形基础时，则视悬臂长度的大小决定外墙的基础方案，长悬臂冷库的条形基础与墙的条形基础可分别建造，而都直接建在地基上。在短悬臂方案中，则采用边桩的条形基础放宽，将外墙直接砌在上面而不另建基础。

3．认识穿堂、楼梯、电梯间的基础

穿堂、楼梯、电梯间的基础应与冷库基础方案一并考虑，一般可采用连续条形基础，站台两侧群房的墙可采用隔断墙而不用另建基础，在较软弱的地基上，穿堂、楼梯、电梯间的基础必须与冷库分开，并设置沉降缝。

4．识读土建式冷库的建筑结构

土建式冷库要具备如下性能：土建式冷库的结构应有较大的强度和刚度，并能承受一定的温度应力，在使用中不产生裂缝和变形；冷库的隔热层除具有良好的隔热性能并不产生“冷桥”外，还应起到隔气、防潮作用；冷库的地坪通常应进行防冻胀处理；冷库的门应具有可靠的气密性。

对土建式冷库建筑结构的识读过程如表 1-13 所示。

表 1-13　识读土建式冷库的建筑结构

序号	识读任务	建筑构成	结构功能	备注
1	识读冷库地坪与基础	地坪	承受全部载荷的土层，应有较大的承载能力及足够的强度	地坪上面是基础，基础上面还有防水层、隔热层、隔气层，应具有足够的抗潮湿、防冻胀能力。一般土建式冷库采用桩基础的较多
2		基础	直接承受冷库建筑自重并将冷库载荷均匀地传到地坪上，以免冷库建筑产生不均匀沉降、裂缝	
3	识读冷库的桩和梁	柱	冷库的主要承重物件之一。土建式冷库均采用钢筋混凝土桩，桩网跨度大。为施工方便和敷设隔热材料，冷库桩子的断面均取方形	一般冷库桩子的纵横间距为 6 m×6 m，大型冷库为 16 m×16 m 或 18 m×18 m
4		梁	冷库重要的承重物件，有楼板梁、基础梁、圈梁和过梁等形式	冷库梁可以预制或现场用钢筋水泥浇制
5	识读冷库墙体	围护封体、防潮隔热层、隔热层和内保护层	可以有效地隔绝外界风雨的侵袭和外界温度变化对库内的影响，以及太阳的热辐射，并有良好的防潮、隔热作用	围护外墙一般采用砖墙，厚度为 240～370 mm，外墙两面均以 1∶2（质量比）水泥砂浆抹面。外墙内侧依次敷设防潮隔气层、隔热层及内保护层
6	识读冷库屋盖、楼板	屋盖	满足防水、防火、防霜冻、隔热和密封牢固的要求，同时屋面应排水良好	主要由防水护面层、承重结构层和防潮隔热层等组成
7		多层冷库的楼板	货物和设备质量的承载结构应有足够的强度和刚度	楼板可采用预制板，但以现场钢筋混凝土浇制较多

1.2.3　认识土建式氨冷库制冷系统

冷库制冷系统是利用外界能量使热量从温度较低的物体（或环境）转移到温度较高的物体（或环境）的系统。制冷系统的类型很多，按所使用的制冷剂种类的不同，可分为氟利昂制冷系统、氨制冷系统；按照向蒸发器的供液方式不同，氨制冷系统可分为重力供液系统和氨泵供液系统；按照压缩机的配置方式不同，氨制冷系统可分为单级压缩供液系统和双级压缩供液系统；按照制冷剂的蒸发温度不同，氨制冷系统可分为−15℃制冷系统、−28℃制冷系统和−33℃制冷系统。

氨蒸气经高压机压缩后，排至油氨分离器；油分离后，经油氨分离器出气管进入冷凝器；氨气在冷凝器中和常温介质水进行热交换，冷凝成液体；液体经冷凝器的出液管进入高压储液桶，

再经其出液管，通过中间冷却器蛇形管冷却后至调节阀。还有一路液体可直接至调节阀。中冷器内的液体是由蛇形管前的高压管路接出的支管供给，以上是制冷剂在高压部分的流程。

氨液经手动调节阀或浮球阀到低压循环储液桶；储液桶的氨液经出液管供给氨泵，通过氨泵将液体送到液体分调节站，分别向各冷藏间的蒸发排管和冻结间的冷风机供液。液体吸热蒸发后的气体经气体分调节站，通过回气总管进入低压循环储液桶。经气、液分离后，气体被低压级吸入，经压缩后排入中冷器，经中冷器冷却的气体被高压级吸入。这样制冷剂在系统中完成循环过程。

图 1-50 是大型土建氨冷库制冷系统布置图。

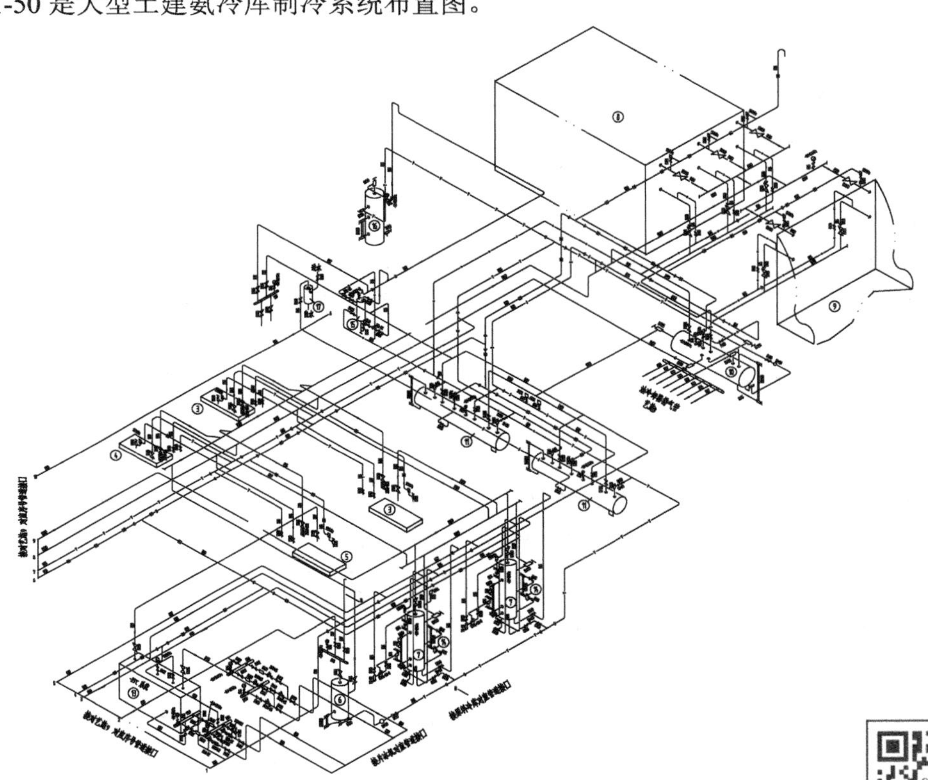

图 1-50　大型土建氨冷库制冷系统布置图

01.02
001

最基本的单级压缩制冷系统原理

1．认识单级压缩系统

所谓单级压缩，是指制冷工质在一个循环中只经过一次压缩。

（1）系统组成

单级压缩系统包括：压缩机、冷凝器、膨胀阀（或毛细管）、蒸发器、油分离器、储液器、气液分离器及各种控制阀等，如图 1-51 所示。

（2）工作原理

来自蒸发器内的低温低压蒸气，经气液分离器后，被压缩机吸入汽缸内压缩成高压、高温的过热蒸气，然后，经氨油分离器使其中所携带的润滑油分离出来，再进入冷凝器与冷却水进行热交换后凝结成高压中温的氨液并流入储液器。该高压液体通过调节站经膨胀阀节流降压后，再次进入气液分离器。从气液分离器出来的低压、低温液体，进入蒸发器吸热蒸发产生冷效应，使库房内的空气及物料的温度下降，从而完成一个制冷循环。

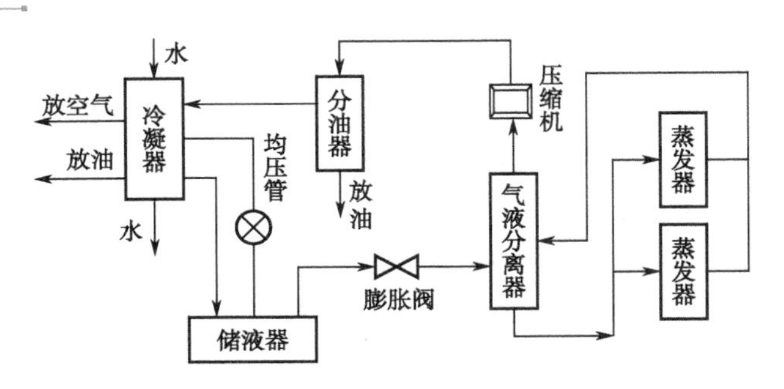

图 1-51　单级压缩系统结构和原理图

2．双级蒸气压缩式制冷循环

双级压缩制冷循环是在单级压缩制冷循环的基础上发展起来的。单级压缩制冷循环是把来自蒸发器的气体直接压缩至冷凝压力；而双级压缩则分两个阶段进行压缩，将来自蒸发器的低温、低压制冷剂蒸气先用低压级压缩机（或低压缸）压缩到适当的中间压力之后，进入高压级压缩机（或高压缸）再次压缩到冷凝压力，排入冷凝器中。因此，双级压缩可以由两台压缩机完成，组成的系统称为两机双级系统（又称配组式双级系统），其中一台为低压级压缩机，另一台为高压级压缩机。也可以由一台压缩机完成，组成的系统称为单机双级系统，其中部分汽缸作为高压缸，其余汽缸作为低压缸。

双级压缩系统制冷循环（见图 1-52），由于它们的节流级数及中间冷却方式不同造成双级压缩制冷循环的形式不同。节流级数分为一级节流和二级节流。中间冷却方式分为中间完全冷却、中间不完全冷却和中间不冷却三种。一级节流是指由冷凝压力到蒸发压力由一个节流阀来完成；二级节流是指由一个节流阀把冷凝压力节流到中间压力，再由另一个节流阀由中间压力节流到蒸发压力。中间完全冷却是将低压级压缩机的排气等压冷却成为中间压力下的饱和蒸气；中间不完全冷却是只将低压级压缩机的排气等压冷却降温，但并未达到饱和，仍是过热蒸气；中间不冷却则是指低压级压缩机的排气直接进入高压级压缩机，而不采用中间冷却的方式。

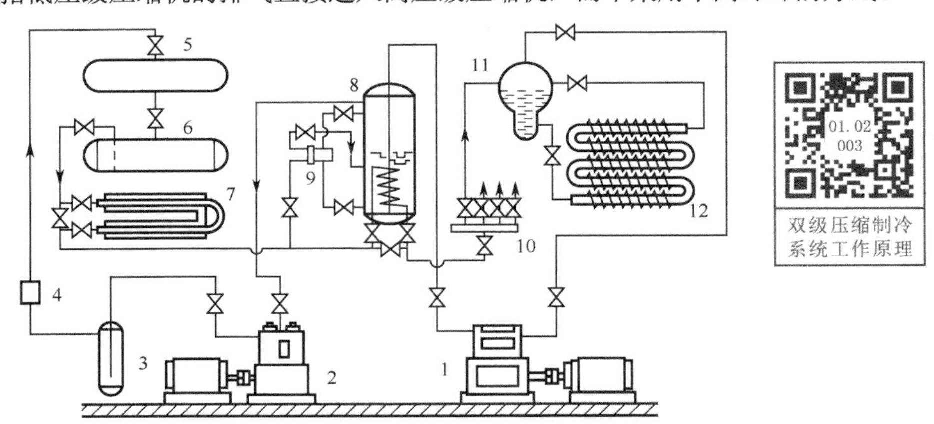

1—低压压缩机　2—高压压缩机　3—油分离器　4—单向阀　5—冷凝器　6—储液器　7—过冷器
8—中间冷却器　9=浮子调节阀　10—调节站　11—气液分离器　12—室内冷却排管（蒸发器）

图 1-52　双级压缩系统制冷循环原理图

因此，双级压缩制冷循环可组成五种形式：

① 一级节流中间完全冷却循环；

② 一级节流中间不完全冷却循环；

③ 一级节流中间不冷却循环；

④ 二级节流中间完全冷却循环；

⑤ 二级节流中间不完全冷却循环。

采用何种形式的双级压缩循环与制冷剂的种类、制冷装置的容量及运行的具体条件有关。一般来说，节流方式的选择主要与制冷系统的大小及设备的形式有关。一级节流方式简单、便于操作控制，应用十分广泛。二级节流的双级压缩制冷循环主要用于离心式制冷系统及具有多个蒸发温度的大型制冷系统中。这里介绍几种常用的形式。

（1）一级节流中间完全冷却循环

一级节流中间完全冷却的双级压缩制冷循环是目前活塞式、螺杆式等制冷机最常用的双级压缩制冷循环形式，使用氨制冷剂，其制冷循环原理图如图 1-52 所示。

一级节流中间完全冷却的双级压缩制冷循环的工作过程：来自蒸发器的制冷剂蒸气（状态 1 点）被低压级压缩机吸入，由蒸发压力 p_0 压缩至中间压力 p_m（状态 2 点），进入中间冷却器；在中间冷却器中与中间压力下的该制冷剂饱和液体混合，由过热蒸气冷却成为中间压力 p_m 下的饱和蒸气（状态 3 点），同时中间冷却器中部分饱和液体吸热汽化。冷却后的低压级排气，与中间冷却器内产生的制冷剂蒸气一起进入高压级压缩机，被压缩至冷凝压力 p_k（状态 4 点），排出后进入冷凝器，在冷凝器中被冷却冷凝成饱和液体（状态 5 点）。

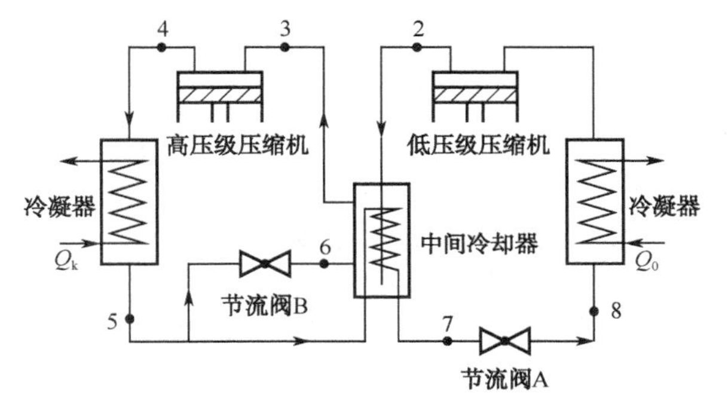

图 1-53　一级节流中间完全冷却制冷循环原理图

冷凝器出来的制冷剂液体分成两路：主要一路液体经中间冷却器的盘管内放出热量，过冷后（状态 7 点）经节流阀 A 直接节流至蒸发压力 p_0（状态 8 点），进入蒸发器汽化吸热制冷；另一路少部分液体（状态 5 点）经节流阀 B 由冷凝压力 p_k 节流至中间压力 p_m（状态 6 点）后进入中间冷却器，利用这部分制冷剂的汽化来冷却低压级压缩机排入中间冷却器的过热蒸气，使中间冷却器盘管中的高压制冷剂液体过冷，然后与低压级排气和节流时闪发的气体一起进入高压级压缩机。从以上循环过程可知，高、低压缩机的制冷剂循环量不相同，高压压缩机的流量大于低压压缩机的流量。这种循环虽然使高压压缩机的流量增加，但高压压缩机所吸入的不再是过热蒸气，而是饱和蒸气，因此，高压压缩机的排气温度不致过高，这对等熵指数较大的制冷剂（如氨）是有利的。

在蒸发温度较低的情况下，双级压缩循环比单级循环有很大的改善。

① 系统的压力比由单级压力比 p_k/p_0 降为高压级 p_k/p_m 和低压级 p_m/p_0，大大降低了压力比。

② 压缩机的排气温度由单级压缩的 t_4 降低到高压级 t_4 和低压级 t_2。

③ 由于进入蒸发器的制冷剂节流前在中间冷却器中已充分预冷，所以节流后产生的闪发

蒸气减少，单位质量制冷量提高。

（2）一级节流中间不完全冷却循环

一级节流中间不完全冷却的双级压缩制冷循环一般使用氟利昂制冷剂，主要用于中、小型制冷系统，其制冷循环原理图如图 1-54 所示。

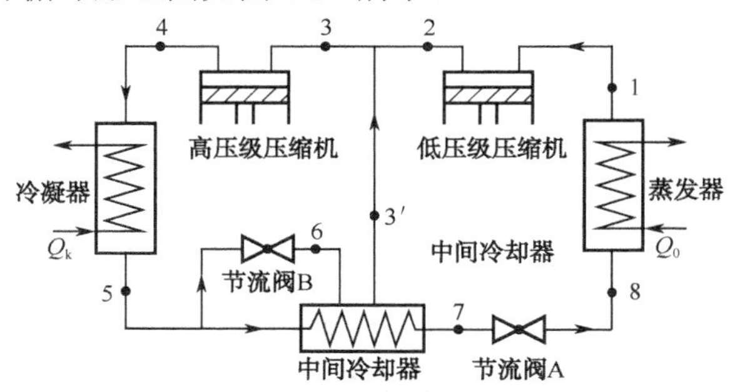

图 1-54　一级节流中间不完全冷却制冷循环原理图

其循环与图 1-53 所示的循环主要区别在于：低压级压缩机排出的中压蒸气（状态 2 点）不进入中间冷却器中冷却，而是与中间冷却器出来的制冷剂蒸气（状态 3 点）在管道中相互混合被冷却，然后一起（状态 3 点）进入高压级压缩机压缩。理论循环一般认为中间冷却器出来的制冷剂状态为饱和蒸气，因此与低压级排气混合后得到的蒸气具有一定的过热度，高压级压缩机吸入的是中间压力 p_m 下的过热蒸气，这就是所谓的"中间不完全冷却"。这种制冷循环特别适用于 R22、R134a 等氟利昂制冷系统。

（3）一级节流中间不冷却制冷循环

所谓中间不冷却是指在两级压缩循环中不采用中间冷却的方式。

在冷藏运输装置（如冷藏车、冷藏船等）及某些特定的生产工艺制冷工段的制冷装置中，既要达到低温又要简化制冷系统，这时常采用一级节流中间不冷却双级压缩制冷循环。这种循环和前面所述的双级压缩比较，取消了中间冷却器，因而系统进一步简化。这种循环实际上与一个单级压缩制冷循环很相似，只不过一个压缩过程由高压级压缩机和低压级压缩机分开完成，如图 1-55 所示。

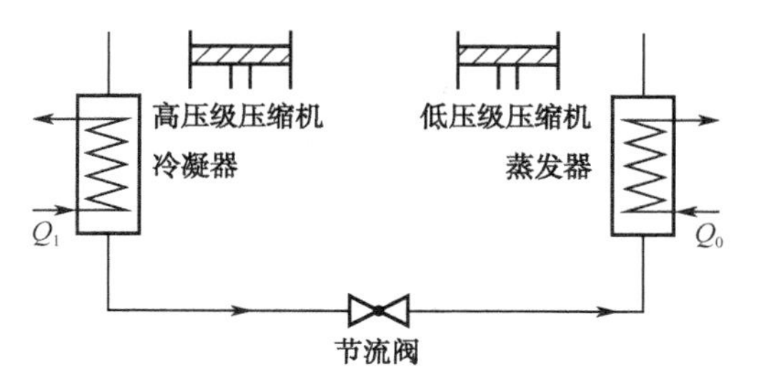

图 1-55　一级节流中间不冷却制冷循环原理图

显然一级节流中间不冷却的双级压缩循环不能提高循环的制冷量和制冷系数，但在实际循环中是有利的，因为分级压缩可降低每一级的压力比，改善每一级制冷压缩机的工作性能，提高制冷压缩机的输气系数、指示效率，相应提高循环的实际输气量，降低了轴功率，从而在一定程度上提高了制冷量和制冷系数。

（4）二级节流中间完全冷却制冷循环

二级节流中间完全冷却的双级压缩制冷循环一般适宜于氨离心式双级压缩制冷系统，其

工作原理图如图 1-56 所示。

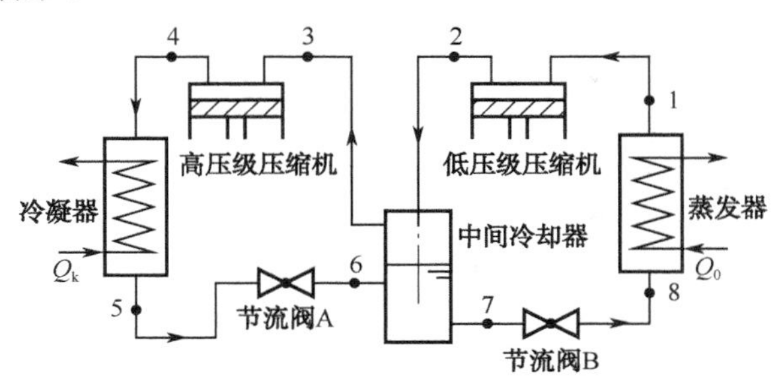

图 1-56　二级节流中间完全冷却制冷循环原理图

二级节流中间完全冷却的双级压缩制冷循环的工作过程：来自蒸发器的制冷剂饱和蒸气（状态 1 点）被压缩机低压级吸入，并压缩到中间压力 p_m（状态 2 点），排入中间冷却器，被其中的制冷剂液体冷却成为饱和蒸气（状态 3 点），同时中间冷却器中的一部分液体制冷剂吸热变为饱和蒸气，两者一起进入压缩机高压级，再次被压缩到冷凝压力 p_k（状态 4 点），进入冷凝器并冷凝成饱和液体（状态 5 点），经节流阀 A 降压到中间压力 p_m（状态 6 点），并进入中间冷却器分离成蒸气和液体两部分。在中间冷却器中，液体制冷剂的一小部分用于冷却低压级的排气使之变成蒸气，并随同低压排气、节流产生的蒸气一同被高压级吸回；液体制冷剂的大部分（状态 7 点）则经节流阀 B 节流到蒸发压力 p_0（状态 8 点），并进入蒸发器制取冷量，如此循环，周而复始地进行。

二级节流中间完全冷却的优点是可以消除一级节流中间冷却器盘管的传热温差。因此，在其他参数相同时，循环的制冷系数比一级节流略高。它的缺点是当压缩机排气中含油时，特别是对氨制冷机，会在中间冷却器中积油，对活塞式、螺杆式制冷系统不太适合，而较适合于氨离心式制冷系统。

（5）二级节流中间不完全冷却循环

这一循环适合于氟利昂离心式制冷机。二级节流中间不完全冷却制冷循环的系统如图 1-57 所示。进入蒸发器的制冷剂先由节流阀 A 节流到状态 6，再由节流阀 B 节流到状态 8。进入压缩机高压级的制冷剂蒸气是由中间冷却器出来的状态 3 的饱和蒸气和压缩机低压级排出的（状态 2）过热蒸气相混合，其状态 3 为中间压力下的过热蒸气。

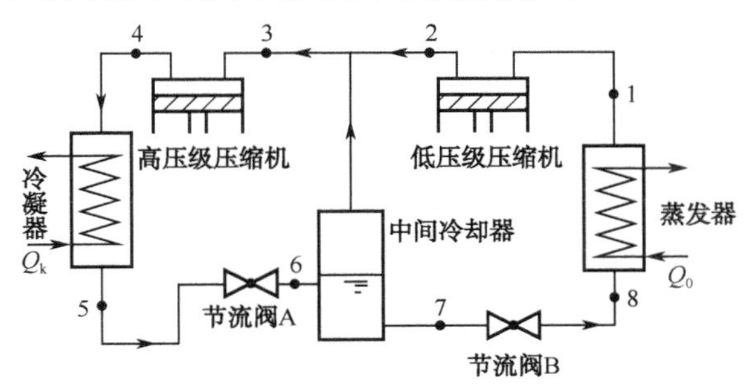

图 1-57　二级节流中间不完全冷却制冷循环的系统

3. 氨泵供液的双级压缩制冷循环

在大中型氨制冷装置中，常采用氨泵将低压循环桶中的低温制冷剂液体强制送入蒸发器，以增加制冷剂在蒸发器内的流动速度，提高传热效率，缩短降温时间，其中一级节流循环的应用更为广泛。

氨泵供液的一级节流中间完全冷却制冷循环的系统原理图如图 1-58 所示。

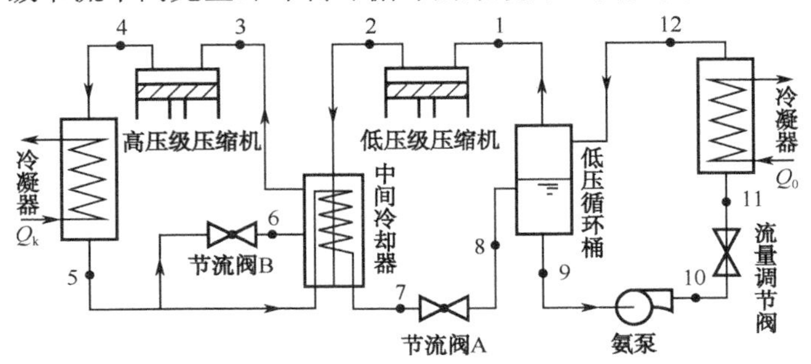

图 1-58 氨泵供液的一级节流中间完全冷却制冷循环的系统原理图

氨泵供液的一级节流中间完全冷却制冷循环与一级节流中间完全冷却制冷循环不同之处在于给蒸发器供液的方式。后者，从冷凝器流出制冷剂液体通过中间冷却器盘管达到过冷，再经节流阀 A 节流降压后，依靠冷凝和蒸发压力差直接给蒸发器供液。前者节流降压后的制冷剂去了低压循环桶，通过低压循环桶给蒸发器供液。由于低压循环桶和蒸发器均为低压，因此需要利用氨泵提供动力克服管路的流动阻力向蒸发器供液，而不再是利用制冷剂的压力差。氨泵供液系统非常适合蒸发器多且系统管路较长的大型制冷系统。低压循环桶起到的第二个作用是分离节流后闪发性气体。即湿蒸气（状态点 8）中的饱和蒸气经低压循环桶直接被低压级压缩机抽走，保证了蒸发器供液均匀。低压循环桶起到的第三个作用是使吸热蒸发完毕后的制冷剂（状态点 12）气液分离（氨泵供液量是蒸发量的 3～6 倍），避免制冷压缩机的“湿冲程”。

氨泵供液制冷循环后半段的工作过程：中间冷却器盘管出来的制冷剂液体（状态点 7）通过节流后（状态点 8）进入低压循环桶内，气液分离为饱和液体（状态点 9）及闪发性饱和蒸气（状态点 1）两部分。其中饱和液体被氨泵增压（氨泵的扬程取决于氨泵与低压循环桶之间的管路与阀门的流动阻力大小）后（状态点 10），再经流量调节阀节流（状态点 11），进入蒸发器汽化制冷。蒸发器出来的气液混合制冷剂（状态点 12）返回低压循环桶再次进行气液分离。在低压循环桶中先后两次分离出的低压蒸气（状态点 1）进入低压级压缩机压缩，后面的循环过程与一级节流中间完全冷却制冷循环（压差式）一样。

4．双级蒸气压缩式制冷循环的比较分析

比较上述各类双级蒸气压缩式制冷循环，当制冷剂、蒸发温度 t_0，冷凝温度 t。及中间温度 t_m 分别相同的前提下：

① 中间不完全冷却循环的制冷系数要比中间完全冷却循环的制冷系数小，这是因为在其他条件相同的情况下，中间不完全冷却循环的功耗大。

② 在相同的冷却条件下，一级节流循环要比二级节流循环的制冷系数小：这是因为，一级节流循环中，中间冷却器盘管具有传热温差 t，而使循环的单位质量制冷量减小。通常中间冷却器盘管出液端传热温差比较小（t=3～7℃），因此一级节流循环和二级节流循环实际的经济性差别是很小的。除多级离心式压缩制冷循环外，目前冷负荷变化较大的活塞式、螺杆式制冷机采用一级节流循环形式较多，其原因在于：

① 一级节流可依靠高压制冷剂本身的压力供液到较远的用冷场所，适用于大型制冷装置。

② 盘管中的高压制冷剂液体不与中间冷却器中的制冷剂相接触，减少了润滑油进入蒸发器的机会，可提高热交换设备的换热效果。

③ 蒸发器和中间冷却器分别供液，便于操作控制，有利于制冷系统的安全运行。

5. 认识氨冷库冷却水系统

冷却水系统用于制冷系统的水冷式冷凝器的散热，利用水来吸收冷凝器中制冷剂蒸气的热量。通常冷却水系统由水冷式冷凝器、冷却塔、循环水泵、水池等组成。

（1）工作原理

冷水流过需要降温的生产设备（常称换热设备，如换热器、冷凝器、反应器），使其降温，而冷水温度上升。冷却水系统分为直流冷却水系统和循环冷却水系统。如果冷水降温生产设备后即排放，此时冷水只用一次，此称直流冷却水系统；使升温冷水流过冷却设备使水温回降，用泵送回生产设备再次使用，此称循环冷却水系统。循环冷却水系统的冷水用量大大降低，可节约 95%以上。冷却水占工业用水量的 70%左右，因此，循环冷却水系统起了节约大量工业用水的作用，如图 1-59 所示。

01. 02 010
DBNL3-80T圆形玻璃钢冷却塔

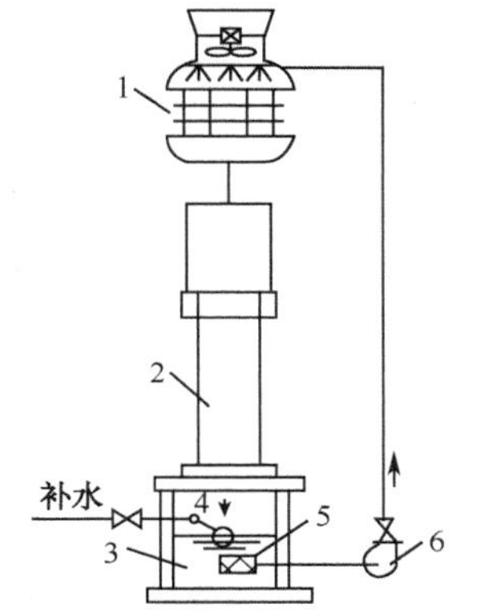

GD型管道式离心泵

1—冷却塔　2—立式冷凝器　3—水池　4—浮球阀　5—过滤网　6—冷却水泵

图 1-59　循环冷却水系统原理图

（2）分类

冷却设备有敞开式和封闭式之分，因而循环冷却水系统也分为敞开式和封闭式两类。敞开式系统的设计和运行较为复杂。

1）敞开式

冷却设备有冷却池和冷却塔两类，主要依靠水的蒸发降低水温。再者，冷却塔常用风机促进蒸发，冷却水常被吹失。故敞开式循环冷却水系统必须补给新鲜水。由于蒸发，循环水浓缩，浓缩过程将促进盐分结垢（见沉积物控制）。补充水有稀释作用，其流量常根据循环水浓度限值确定。通常补充水量超过蒸发与风吹的损失水量，因此必须排放一些循环水（称排污水）以维持水量的平衡。

在敞开式系统中，因水流与大气接触，灰尘、微生物等进入循环水，此外，二氧化碳的逸散和换热设备中物料的泄漏也改变循环水的水质，因此，循环冷却水常需处理，包括沉积物控制、腐蚀控制和微生物控制。处理方法的确定常与补给水的水量和水质相关，与生产设备的性能也有关。

2）封闭式

封闭式循环冷却水系统采用封闭式冷却设备，循环水在管中流动，管外通常用风散热。除换热设备的物料泄漏外，没有其他因素改变循环水的水质。为了防止在换热设备中造成盐垢，有时冷却水需要软化。为了防止换热设备被腐蚀，常加缓蚀剂，采用高浓度、剧毒性缓蚀剂时要注意安全，检修时排放的冷却水应妥善处置。

1.2.4 认识土建式冷库保温系统

1. 认识土建式氨冷库建筑的保温结构

1980 年以前，中国冷链的发展十分缓慢，随着人民生活质量的不断提高，膳食结构不断丰富，对冷链的需求越来越迫切。随之发展的冷链基础工程——冷库也发生了巨大的变化，从之前的规模小、形式单一、自动化低逐步发展成目前的大规模、形式多样、自动化高的现代冷藏库，甚至冷链物流园。

目前，国内冷库形式主要分为土建库和装配库两种，土建冷库多采用内保温形式，主要保温材料有现场喷涂聚氨酯（PU），挤塑聚苯乙烯保温板（XPS），模压聚苯乙烯保温板（EPS）；装配库使用夹芯板作为主要的屋顶和墙体保温形式，地面多采用高抗压的挤塑聚苯乙烯保温板。

冷库建筑围护结构保温系统的确定与建筑结构形式密不可分，1980 年以前我国冷库保温材料大多采用稻壳、软木、憎水性膨胀珍珠岩等，80 年代后期聚氨酯喷涂在冷库中开始应用，包括 EPS 的应用，90 年代后期挤塑聚苯板进入中国，并在冷库地坪中大量使用。冷库建筑围护结构保温隔热材料的选用主要依据 GB50072—2001《冷库设计规范》第 4.4.1 条，隔热材料的选择应符合下列要求：

① 导热系数小。

② 不散发有毒或异味等对食品有污染的物质。

③ 难燃或不燃烧，且不易变质。

④ 块状材料随温度变形小，易于在施工现场分割加工，且便于与基层黏结。

⑤ 地面、楼面采用的隔热材料，其抗压强度不小于 0.25 Mpa。

冷库围护结构的单位面积热流量要求是衡量冷库围护结构节能与否的一个重要指标，目前，我国设计规范推荐的单位面积热流量 q 值偏大，总热阻值偏低。表 1-14 列举了部分欧美国家数值供比较。

表 1-14　部分国家单位面积热流量 q 推荐值（W/m^2）

中国	日本（节能型）	法国	美国
10	7.2	8	6.31

减少冷库围护结构单位面积热流量即减少冷库的围护散热，直接降低温度。在相同的热阻值的要求下，冷库的保温材料热导率越大，所需保温材料厚度越厚，占用有效使用面积则越大，这势必影响冷库的存储利用率。另外，由于保温隔热材料的材质不同，其施工方法、施工周期、对环境的污染也不同。

因此，冷库建筑围护结构保温系统的选择要综合考虑各方面原因，从而达到经济节能的双效果。近年来，随着冷链行业的大力发展，冷库的保温材料已经从稻壳和软木逐步发展到以硬质聚氨酯和聚苯乙烯保温板（EPS，XPS）等保温材料为主流产品。

2. 认识氨冷库的保温材料

冷库隔热对维持库内温度的稳定，降低冷库热负荷，节约能耗及保证食品冷藏储存质量有着重要作用，必须对冷库墙体、地板、屋盖及楼板进行隔热处理，隔热层内应避免产生冷桥，且要具有持久的隔热效能，冷库隔热层内壁设有保护层，以防装卸作业时损坏隔热材料。

下面介绍常用的氨冷库保温材料。

（1）认识硅酸盐聚苯颗粒

硅酸盐聚苯颗粒是一种新型墙体外保温材料，该材料分为保温层和抗裂防护层。保温层材料采用混合干拌轻骨料分装技术，由专用无毒胶粉和聚苯颗粒轻骨料组成。施工时只需要将胶粉料加水搅拌成胶浆，再掺加聚苯颗粒混合成膏状体，而后将膏状体涂抹于墙上，自然干燥后，可形成性能良好的保温层。抗裂防护层材料由抗裂水泥砂浆、耐碱玻纤网格布、柔性耐水腻子配套组成，可长期有效地防止裂缝的产生。可广泛用于工业、民用建筑的各类外墙外保温及屋面保温工程。

1）材料特点

它是一种高效节能的保温浆料，可代替墙体抹灰的各种抹灰砂浆，涂抹于建筑物墙体外侧形成外保温层，也可用于屋顶内外保温及管道保温。可与砖、水泥产品等墙体实行黏结，表面装饰层可与瓷砖、各种涂料乳胶漆配合使用，具有质量轻、强度高、隔热防水、抗雨水冲刷能力强、水中长期浸泡不松散、导热系数低、保温性能好、无毒无污染等特点，抗压和黏结强度均可达到抹灰要求。

2）技术指标

硅酸盐聚苯颗粒的技术指标如表 1-15 所示。

表 1-15 硅酸盐聚苯颗粒技术指标

胶粉聚苯颗粒复合保温材料		
检测项目	技术要求	实测值
湿表观密度（kg/m^3）	≤420	382
干表观密度（kg/m^3）	≤230	220
导热系数 W/（m·K）	≤0.065	0.058
压缩强度（kPa）	≥250	262
抗拉强度（kPa）	≥100	108
压剪黏结强度（kPa）	≥50	79
线性收缩率	≤0.3%	0.1
软化系数	≥0.7	0.7

（2）认识抗裂聚苯板

该保温材料是以自熄型聚苯板为保温材料，采用华联保温黏结剂将其牢固地粘贴在墙体外表面，然后涂抹华联柔性抗裂砂浆并压入耐碱玻纤网格布，从而形成一个优良的抗裂面层。

该保温工艺作为一个系统，能够完美地适应多种类型建筑节能的要求。它适用于混凝土浇筑墙、砌块墙、黏土砖等高层的外墙保温。

1）材料特点

保温效果显著，无冷桥，保护墙体，施工简便。

2）主要技术指标

① 自熄型聚苯板

规格：600 mm×1200 mm

密度：18～20 kg/m^3

导热系数：≤0.041 w/m.k

压缩强度：≥50 kpa

吸水率：≤6%

② 耐碱玻纤网格布

网孔规格：5 mm×5 mm 和 4 mm×4 mm（厚质网格布 6×6 mm）

单根纱线径向断裂强度≥120 N

抗拉强度：径向纬向>1250 N/50 mm

③ 锚固钉

为带垫圈的膨胀螺栓，规格一般有 10 mm×100 mm 和 10 mm×120 mm 不等。

1.2.5 认识氨冷库电气控制系统

电气控制系统是最基本的控制与调节系统，其作用在于：对冷库制冷系统进行控制与调节，能够保证冷库正常安全工作并达到所要求的工艺指标，按照制冷工艺的具体要求对各种制冷设备进行启动、停止操作，并对各类热工参数（如温度、湿度、压力、流量和液位等）进行调节。

冷库电气控制是通过电气控制线路实现的，一个完整的冷库电气控制线路除了要按工艺要求启动与停止压缩机、冷风机、氨泵、冷却水泵、融霜电热器等设备外，还要能实现温度、压力、液位等参数的控制与调节，并且必须具有短路保护、失压保护（零电压保护）、断相保护、设备过载保护等保护功能，同时还能反映制冷系统工作状况，进行事故报警，并指示故障原因。

图 1-60 所示为冷库的电气控制电路原理图，该电路由主电路和辅助电路组成。主电路为压缩冷凝机组、冷风机和除霜加热器提供电源，由相序断相保护器、交流接触器、热继电器等组成。辅助电路的主要作用是根据使用要求，自动控制压缩机组、冷风机和除霜加热器的开停，调节制冷剂流量，还可进行库温、除霜控制，并对电路实施相序与断相保护，对压缩机组、冷风机和除霜加热器实施自动保护，以防烧坏设备。控制电路包括指示灯与库房灯回路、机组控制回路、低温库温控与运行回路及高温库温控与运行回路。

工作页内容见表 1-16。

表 1-16　工作页

<table>
<tr><td colspan="6">认识土建式氨冷库</td></tr>
<tr><td colspan="6">一、基本信息</td></tr>
<tr><td>学习小组</td><td></td><td>学生姓名</td><td></td><td>学生学号</td><td></td></tr>
<tr><td>学习时间</td><td></td><td>学习地点</td><td></td><td>指导教师</td><td></td></tr>
<tr><td colspan="6">二、工作任务</td></tr>
<tr><td colspan="6">1. 认识土建式氨冷库制冷系统的建筑类型和构造。
2. 认识土建式冷库的压缩系统。
3. 掌握土建式氨冷库保温系统保温材料的特点与选用。
4. 认识土建式氨冷库电气控制系统的控制方式。
5. 会识别土建式氨冷库的一些保温材料。</td></tr>
<tr><td colspan="6">三、制订工作计划（包括人员分工、操作步骤、工具选用、完成时间等内容）</td></tr>
<tr><td colspan="6"></td></tr>
</table>

续表

四、安全注意事项（人身安全、设备安全）
五、工作过程记录
六、任务小结

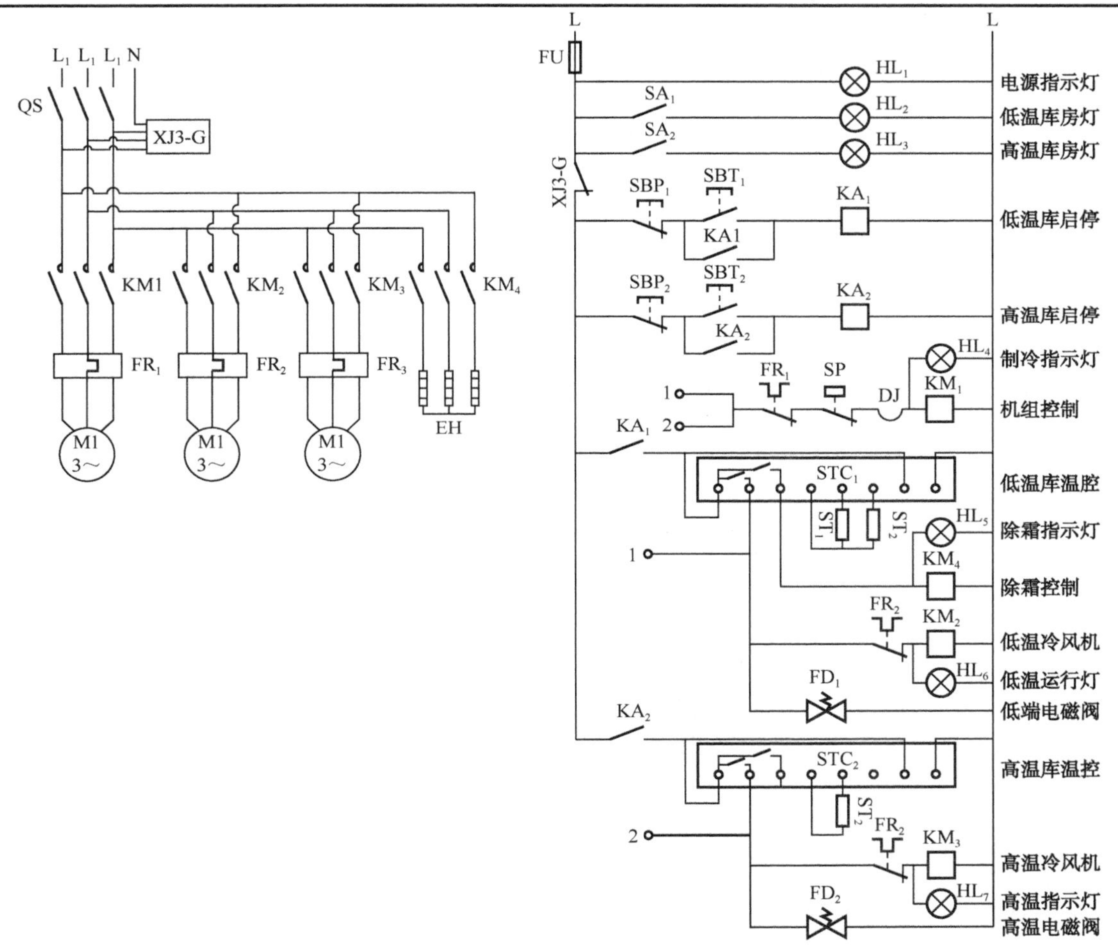

QS—自动开关　XJ3-G—相序断相保护器　KM_1～KM_4 —交流接触器　FR_1～FR_3 —热继电器　EH—融霜加热器

FU—熔断器　SA_1、SA_2 —灯开关　SBP_1、SBP_2 —停止按钮　SBT_1、SBT_2 —启动按钮　SP—压力继电器

KA_1、KA_2 —中间继电器　DJ—电子保护器　STC_1、STC_2 —微电脑温控器　ST_1、ST_2 —库房温度传感器

ST_2 —化霜温度传感器　FD_1、FD_2 —电磁阀

图 1-60　冷库的电气控制电路原理图

1.2.6　任务评价

表 1-17 是考核评价标准。

表 1-17　考核评价标准

序号	考核内容	配分	要求及评价标准	小组评价	教师评价
1	认识土建冷库氨冷库的库体结构	20	认识土建冷库氨冷库的库体结构要求：认识土建冷库氨冷库的墙体结构、建筑基本类型等。 评分标准：正确选择得 20 分，每错一项扣 3 分		
2	认识氨冷库制冷压缩系统	20	认识氨冷库压缩系统要求：认识单级压缩系统、双级蒸气压缩式制冷循环、 氨泵供液的双级压缩制冷循环。 评分标准：选择正确得 20 分，选择一般得 5 分，选择错误不得分		
3	认识土建冷库保温系统	10	认识土建冷库保温系统要求：认识氨冷库的保温材料等。 评分标准：正确选择得 10 分，每错一项扣 3 分		
4	认识氨冷库电气控制系统	20	认识手动式电气控制系统要求：认识点动正转控制线路、接触器自锁正转控制线路。 评分标准：选择正确得 10 分，选择一般得 5 分，选择错误不得分		
			认识自动式电气控制系统要求：认识自动式电气控制系统的定义、特点。 评分标准：选择正确得 10 分，选择一般得 5 分，选择错误不得分		
5	工作态度及组员间的合作情况	10	① 积极、认真的工作态度和高涨的工作热情，不等待老师安排指派任务。 ② 积极思考以求更好地完成任务。 ③ 好强上进而不失团队精神，能准确把握自己在团队中的位置，团结学员，协调共进。 ④ 在工作中团结好学，时时注意自己的不足之处，善于取人之长补己之短。 评分标准：四点都做到得 10 分，一般得 10 分		
6	安全文明生产	20	① 遵守安全操作规程。 ② 正确使用工具。 ③ 操作现场整洁。 ④ 安全用电、防火，无人身、设备事故。 评价标准：违反一项扣 5 分，扣完为止，因违纪操作发生人身和设备事故，此项按 0 分计		

1.2.7　知识链接

1．冷库的分类

冷库是用人工制冷的方法让固定的空间达到规定的低温，便于储藏物品的建筑物。冷库主要用作对食品、水产、肉类、禽类、果蔬等物品的恒温储藏，广泛应用于食品厂、果蔬仓库、禽蛋仓库、肉品厂等。

冷库的分类标准很多，常见的有以结构形式、规模大小、库温要求、使用性质、使用储藏特点、制冷设备选用工质等方式进行分类。

（1）按库体结构分类

冷库可分为土建式冷库、拼装式冷库。

1）土建式冷库

土建式冷库是目前建造较多的一种冷库，可建成单层或多层。建筑物的主体一般为钢筋混凝土框架结构或者砖混结构。土建式冷库的围护结构属重体性结构，热惰性较大，室外空气温度的昼夜波动和围护结构外表面受太阳辐射引起的昼夜温度波动，在围护结构中衰减较大，故围护结构内表面温度波动较小，库温易于稳定。其隔热保温材料以稻壳、软木等土木结构为主。

2）拼装式冷库

拼装式冷库为单层形式，库板为钢框架轻质预制隔热板装配结构，其承重构件多采用薄壁型钢材制作。库板的内、外面板均用彩色钢板（基材为镀锌钢板），库板的芯材为发泡硬质聚氨酯或粘贴聚苯乙烯泡沫板。由于除地面外，所有构件均是按统一标准在专业工厂成套预制，在工地现场组装，建设周期短，其隔热保温材料常采用硬质聚氨酯泡沫板或硬质聚苯乙烯泡沫板等。

（2）按容量规模分类

一般来讲，冷库可分为大、中、小型。大型冷库的冷藏容量在 10 000 t 以上，中型冷库的冷藏容量在 1000～10 000 t，小型冷库的冷藏容量在 1000t 以下，如表 1-18 所示。

表 1-18 不同容量规模冷库的冷藏能力

冷 库 规 模	冷藏容量（t）	冷藏冻结能力（t/d）①	
		生产性冷库	分配性冷库
大型冷库	10 000 以上	120～160	40～80
中型冷库	1000～10 000	40～120	20～40
小型冷库	1000 以下	40 以下	20 以下

① d 为时间单位天的符号。

（3）按设计温度分类

冷库可分为高温、中温、低温和超低温四大类冷库。

① 高温冷库的设计温度为-2～+8℃；

② 中温冷库的设计温度为-10～-23℃；

③ 低温冷库的温度为-23～-30℃；

④ 超低温冷库的温度为-30～-80℃。

（4）按使用性质分类

冷库可分为生产性冷库、分配性冷库和零售性冷库。

生产性冷库通常是鱼类加工厂、肉类联合加工厂、禽蛋加工厂、乳品加工厂、蔬菜加工厂等企业的一个重要组成部分。这类冷库配有相应的屠宰车间、理鱼间、整理间，具有较大的冷却、冻结能力和一定的冷藏容量，食品在此进行冷加工后经过短期储存即运往销售地区，直接出口或运至分配性冷库做较长时期的储藏。它主要建在食品产地附近、货源较集中的地区和渔业基地。

分配性冷库专门储藏经过冷加工的食品，供调节淡旺季节、保证市场供应、提供外贸出口和长期储备之用。它的特点是冷藏容量大并考虑多品种食品的储藏，其冻结能力较小，仅用于长距离调入冻结食品在运输过程中软化部分的再冻结及当地小批量生鲜食品的冻结。它主要建在大中城市、人口较多的工矿区和水陆交通枢纽一带。

零售性冷库一般建在工矿企业或城市的大型副食商店、农贸市场内，供临时储存零售食品之用，其特点是库容量小、储存期短，其库温则随使用要求不同而异。

（5）按使用储藏特点分类

冷库可分为恒温恒、湿冷库和气调冷库。

恒温、恒湿冷库是对储藏物品的温度、湿度有精确要求的冷库。气调冷库是目前国内外较为先进的果蔬保鲜冷库，它既能调节库内的温度、湿度，又能控制库内的氧气、二氧化碳等气体的含量，使库内果蔬处于休眠状态，出库后仍保持原有品质。

（6）按制冷设备选用工质分类

冷库可分为氟利昂冷库和氨冷库。

氟利昂冷库制冷系统使用氟利昂作为制冷剂。氨冷库制冷系统使用氨作为制冷剂。

2．认识温度继电器

温度继电器是用来控制冷库温度的一种控制开关。在单机单库场合，可用温度继电器直接控制压缩机停、开，使库温稳定在所需的范围内。在单机多库的制冷装置中，温度继电器和电磁阀配合使用，对各库的温度进行控制。

当库温上升到上限温度值时，温度继电器把电磁阀线圈电路接通，电磁阀开启，制冷剂进入库房蒸发器蒸发降温；当库温下降到下限值时，它把电磁阀线圈电路切断，电磁阀关闭，制冷剂停止进入蒸发器，从而把库温稳定在所要求的范围内。继电器在电子电路图中的符号是“FC”，具有体积小、重量轻、控温精度高等特点。

温度继电器实际上是双位调节器。下面介绍几种常用的温度继电器。

（1）WT-1226 型温度继电器

它是温包式温度继电器，主要由温包、毛细管、波纹管、定值弹簧、差动弹簧、杠杆等部件组成，其中温包，毛细管和波纹管构成感温机构。在密封的感温机构中充以 R12 或 R40（氯甲烷）工质，供不同的使用场合选用。温包感受被测介质温度后，工质的饱和压力作用于波纹管上，使顶杆产生向上的顶力，此顶力矩与定值弹簧所产生的力矩对刀口支点达到力矩平衡，其受力分析如图 1-61 所示。

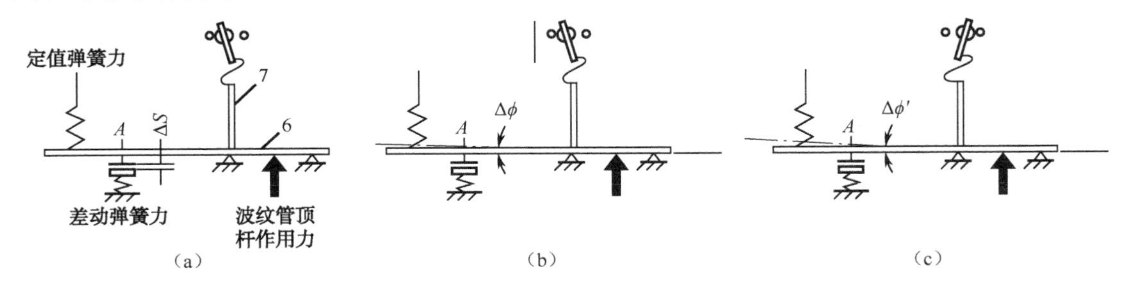

图 1-61　WT-1226 型温度继电器受力分析图

当被测介质温度变化时，温包和波纹管中的饱和蒸气压力亦产生相应的变化，使波纹管的顶力矩和定值弹簧所产生的力矩失去平衡，使杠杆转动。杠杆转动角度后，差动弹簧才开始作用在杠杆上，此时，波纹管的顶力矩需克服定值弹簧作用力矩和差动弹簧作用力矩，使

杠杆继续转动。当杠杆再转动一个角度后，拨臂拨动触头，使之迅速动作。旋转差动旋钮，改变差动弹簧作用力，可调整继电器和差动范围。

在制冷技术中，WT 温度继电器普遍用于冷库库温控制，感温机构感受冷库室内温度，控制制冷剂供液电磁阀的开与关。当动触头与定触头闭合时，电磁阀导通，制冷剂进入冷库，蒸发器降温。当冷库温度下降到规定的下限值时，温包压力下降，通过波纹管杠杆的作用，使动触头脱离定触头，同定触头闭合，电磁阀断路，制冷剂停止进入冷库。

（2）WJ3.5 型温度继电器

它的结构与 WTl26 有明显的区别，但就其工作原理来说是大致相仿的。

WJ3.5 型温度继电器的工作原理如图 1-62 所示。由感温包、毛细管、波纹管所组成的感温机构，对杠杆产生一个顶力，此顶力矩与弹簧产生的拉力矩相平衡，若被测介质的温度低于调定值时，由于顶力矩小于拉力矩而使杠杆以 *O'* 为支点逆时针方向转动，杠杆将微动开关按下，可以切断电源，停止电磁阀供液；反之，当被测介质温度上升，则动作过程相反，使微动开关复位，使电磁阀电路导通，电磁阀开通供液。温度调定值的调整是由偏心轮来控制的。当转动偏心轮推动曲杆向左移动时，由于曲杆以 *O'* 点为支点顺时针方向转动，把弹簧的拉力矩增大，使温度调定值升高；反之，则可使温度调定值降低。

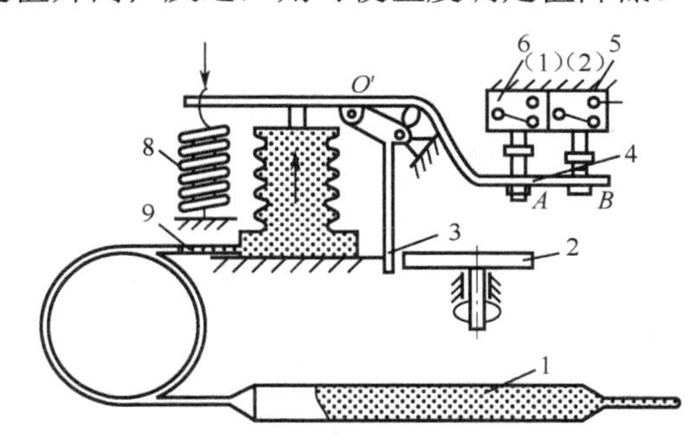

1—感温包　2—偏心轮　3—曲杆　4—杠杆　5、6—微动开关　7—波纹管　8—弹簧　9—毛细管

图 1-62　WJ3.5 型温度继电器工作原理图

差动温度钮的动作温度差是固定的，不能自行调整，一般为 1～2℃。

它有两只微动开关。一只用于制冷工况控制，另一只用于制热控制。

（3）WTQ288 型电接点-压力式温度计

WTQ288 型电接点-压力式温度计（图 1-63）适用于测量 20 m 之内的对铜和铜合金不起腐蚀作用的液体、气体的温度，并能在工作温度达到和超过预定值时发出电的信号和警铃，它也能作为温度调节系统内的电路接触开关。温包、毛细管和弹簧管组成一个密闭的感温系统。借助于弹簧管自由端相连的传动杆，带动齿轮传动机构，使装有示值指示针的转轴偏转一定的角度，于标盘上指示出被测介质的温度值。

温度计电接点装置的上、下限接点，可以按需要借助专用钥匙调整上、下限接点指示针的位置，动接点是随示值指示针一起移动的。当被测介质的温度达到和超过最大（最小）预定值时，动触点便和上限接点（或下限接点）接触，发出电信号或警铃，或闭合（断开）控制电路，如图 1-64 所示。

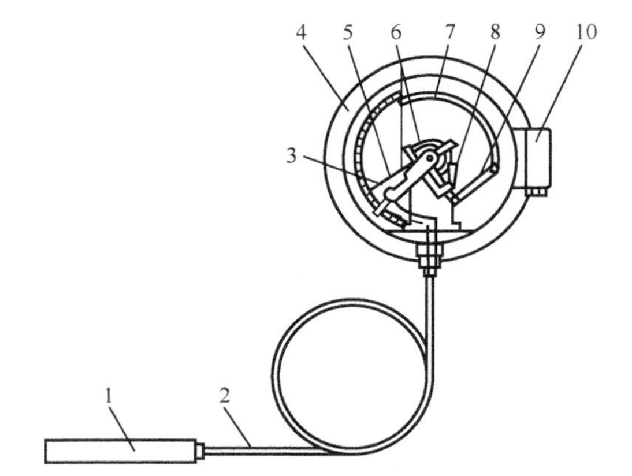

1—温包　2—毛细管　3—接点指示针　4—表壳　5—示值指示针　6—游丝　7—弹簧管

8—齿轮传动机构　9—传动杆　10—接线盒

图 1-63　WTQ288 型电接点-压力式温度计结构图

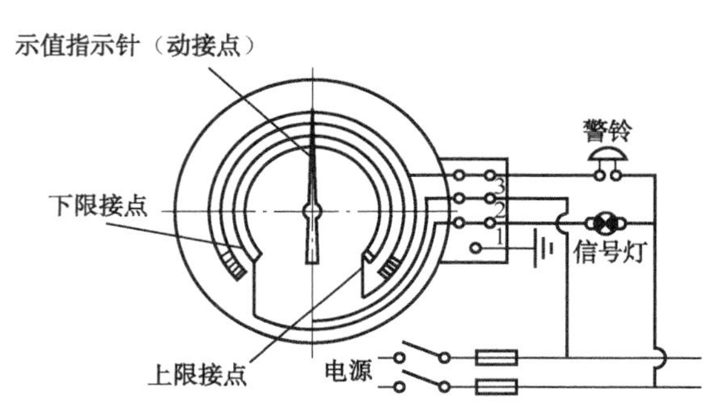

图 1-64　压力式温度计的控制原理图

接点的装置方式：一个作为最小极限（下限）接点，一个作为最大极限（上限）接点，当被测介质的温度下降到下限值时，示值指示针（动接点）就和下限接点相接，信号灯就亮；当被测介质的温度上升达到上限值时，动接点就和上限接点相接，警铃响。由于 WTQ288 型温度计的接点功率容量小于 10V · A，一般只能串联在控制线路中，不能直接串接在动力线路中进行“断开”与“闭合”的动作，所以需要通过中间继电器在动力线路中执行“断开”与“闭合”的控制，否则触点易烧坏。

（4）电磁阀

电磁阀一般由电磁头外壳、线圈、芯铁簧、膜片或活塞、阀体、密封环等主要部件组成。目前，国产的电磁阀虽有多种形式，但就其动作原理来说，基本上是两种，一种是直接动作的一次开启式，另一种是间接动作的二次开启式。它的工作原理：当接通电源时，线圈通电产生磁场，芯铁被磁力吸起，阀口被打开，流入端与流出端相通；当线圈电源被切断时，磁力消失，芯铁在弹簧力和自重的作用下关闭阀门。

FD 型电磁阀是通径为 25 mm 的二次开启式电磁阀，其工作原理：当线圈接通电源时，产生磁场，吸起芯铁，小阀口被打开，使活塞上部空间与阀后相通，此空间内的压力迅速下降至阀后压力，由于阀后压力低于阀前压力，故在活塞上下形成了一个压力差，从而使活塞向上移动，阀门被打开；当线圈电源被切断时，磁力消失，芯铁在弹簧力和自重的作用下落下关闭小阀口，此时阀前介质通过活塞上的平衡小孔进入活塞上部空间，使上部空间压力等于阀前压力，活塞在弹簧力和自重的作用下，下移关闭阀门。

二次开启式电磁阀的优点：电磁阀线圈仅仅操纵尺寸及重量甚小的芯铁，由于小阀口的打开，利用管道中液（或气）体介质的压力进行自给放大，形成压差，推动活塞打开阀门，

因此不论电磁阀的通径大小如何，其电磁头包括线圈均可做成一个通用尺寸，因而减轻了重量尺寸，并便于系列化生产。

二次开启式电磁阀除了采用活塞结构外，还有其他多种形式。如 DF 型是采用膜片式结构的电磁阀，它适用于淡水或海水介质。

（5）热继电器

热继电器在控制电路中作为长期过载保护之用，常用的热继电器包括 JR10、R15 系列等多种。图 1-65 所示为 JR10-10 型热继电器，现以它为例说明热继电器的结构和符号，如图 1-66 所示。

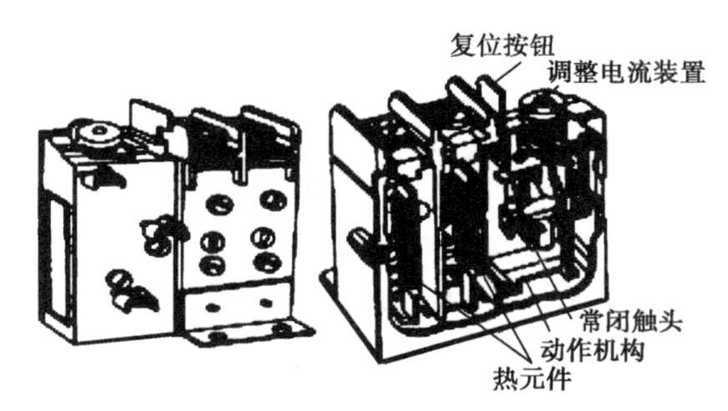

图 1-65　JR10-10 型热继电器

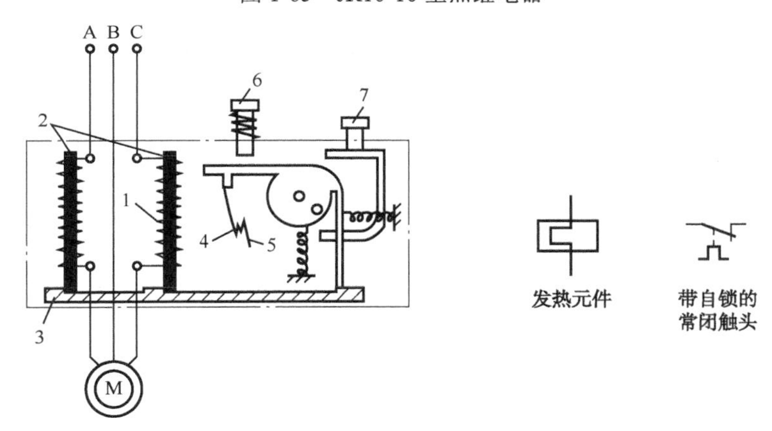

图 1-66　JR10 热继电器结构及符号

JR 型热继电器发热元件是一段电阻不大的电阻丝，串接在电动机主电路中，双金属片由两种具有不同热膨胀系数的金属（通常用钢和黄铜）片碾压而成。图中双金属片上部固定，下部可以自由伸张，左边一层金属的热膨胀系数比右边一层金属的热膨胀系数小。

当电动机过载，电流超过热继电器的额定电流以后，电阻丝发热，温度升高，双金属片受热向左弯曲，推动导板，使常闭的动触头和静触头脱开，这个常闭触头的开断，就使控制电动机的接触器线圈失电，从而使电动机主电路断电停车。热继电器动作以后，要待双金属片冷却，恢复原状。压下复位按钮才能使常闭触头闭合复位，用工具手动复位装置，转动调节螺钉可调节推杆松紧，调节热继电器的整定电流，通常调节整定电流与电动机的额定电流相一致。当过载电流超过整定电流 1.2～1.6 倍时，热继电器便要动作。

1.2.8 思考与练习

一、单选题

01.02
014

习题

1. 制冷剂氨的含水量应小于（　　）为最佳。

A. 0.2%　　B. 0.3%　　C. 0.4%　　D. 0.5%

2. 制冷系统中与润滑油完全溶解性的制冷剂有（　　）。

A. R717　　B. R13　　C. R114　　D. R12

3. 活塞式氨制冷压缩排出的制冷剂气体首先进入（　　）。

A. 冷凝器　　B. 蒸发器　　C. 油分离器　　D. 储液器

4. 与活塞式压缩机具有相似的工作过程压缩机是（　　）。

A. 滚动转子式压缩机　　B. 涡旋式压缩机

C. 螺杆式压缩机　　D. 斜板式压缩机

5. 制冷压缩机冷冻油的主要特点是（　　）。

A. 耐高温不凝固　　B. 耐高温不汽化

C. 耐低温不凝固　　D. 耐低温不汽化

6. 下列制冷剂中，（　　）属于非共沸溶液制冷剂。

A. R717　　B. R12　　C. R134a　　D. R407c

7. 单级活塞式制冷压缩机工作循环经过四个过程，它们依次是（　　）。

A. 蒸发→冷凝→节流→压缩　　B. 蒸发→节流→冷凝→压缩

C. 蒸发→压缩→节流→冷凝　　D. 蒸发→压缩→冷凝→节流

8. 活塞式压缩机活塞在气缸中由上止点至下止点之间移动的距离称为（　　）。

A. 气缸直径　　B. 活塞位移　　C. 活塞行程　　D. 余隙容积

9. 氨冷库制冷系统中，油分离器应安装在（　　）之间。

A. 蒸发器与压缩机　　B. 压缩机与冷凝器

C. 冷凝器与高压储液器　　D. 冷凝器与节流装置

10. 氨制冷系统中，将不能在冷凝器中液化的的气体分离掉的辅助设备是（　　）。

A. 油分离器　　B. 气液分离器　　C. 空气分离器　　D. 过滤器

11. 氨冷库制冷系统以水冷却冷凝器高温高压制冷剂时，冷凝压力（　　）。

A. 降低　　B. 升高　　C. 波动　　D. 不变

12. 制冷系统正常运行时，冷库内热负荷和蒸发器供液量的变化情况是（　　）。

A. 热负荷增大供液量减少　　B. 热负荷增大供液量不变

C. 热负荷增大供液量增加　　D. 热负荷减少供液量增加

13. 采用双级压缩制冷循环的主要目的是（　　）。

A. 提高制冷系数　　B. 降低压缩比

C. 减少压缩机的功耗　　D. 提高性能比

14. 下列制冷剂中对环境污染最小的是（　　）。

A. 氨　　B. 氟利昂　　C. 水　　D. 碳氢化合物

15. 制冷系统中高压排气管的颜色为（　　）。

A. 绿色　　B. 黄色　　C. 红色　　D. 蓝色

16. 氨冷库制冷系统油分离器应（　　）放油一次。

A．每周　　B．每月　　C．每季度　　D．每半年

17．氨制冷系统冷库氨的含水量大于 2%时，会造成（　　）高于正常值，导致出现制冷量下降等不良现象。

A．冷凝压力　　B．饱和压力　　C．临界压力　　D．蒸发压力

18．压力表表面显示的压力是（　　）。

A．绝对压力　　B．真空压力　　C．相对压力　　D．大气压力

二、多选题

19．属于无机化合物的制冷剂有（　　）。

A．氨　　B．一氧化碳　　C．二氧化碳

D．水　　E．R22　　F．R12

20．中温制冷剂沸点范围为-60～0℃，一般用于冷藏、冷库、制冰等制冷系统，下列属于中温制冷剂的是（　　）。

A．R12　　B．R717　　C．R13

D．R14　　E．R22　　F．R11

21．下列不属于速度型制冷压缩机的是（　　）。

A．活塞式压缩机　　B．螺杆式压缩机　　C．回转式压缩机

D．离心式压缩机　　E．滑片式压缩机　　F．涡旋式压缩机

22．下列制冷方法中，不属于液体汽化法的是（　　）。

A．蒸汽压缩机式制冷　　B．气体膨胀式制冷　　C．热电式制冷

D．蒸汽喷射式制冷　　E．吸收式制冷　　F．涡旋式制冷

23．氨冷库制冷剂冷却水系统由（　　）组成。

A．冷凝器　　B．蒸发器　　C．冷却塔

D．节流阀　　E．冷却水泵　　F．储水池

24．氨冷库制冷系统低压循环桶至蒸发器的供液方式是（　　）。

A．自然供液　　B．重力供液　　C．一泵供液

D．压差供液　　E．二泵供液　　F．节流供液

25．活塞式制冷压缩机整体结构可分为（　　）。

A．开启式压缩机　　B．螺杆式压缩机　　C．离心式压缩机

D．半封闭式压缩机　　E．吸收式压缩机　　F．全封闭式压缩机

26．冷库隔热材料的选择应符合（　　）要求。

A．密度小　　B．导热系数小　　C．吸水性高

D．难燃或不燃烧，且不易变质

E．不散发有毒或异味等对食品有害的物质

F．易于施工现场加工，且便于粘贴

27．氨制冷压缩机必须设置（　　）等安全保护装置。

A．高压保护装置　　B．中压保护装置　　C．低压保护装置

D．油压保护装置　　E．温度保护装置　　F．湿度保护装置

三、判断题

28．土建式冷库的地坪应设置防冻胀保温措施。（　　）

29．活塞式制冷压缩机润滑油调节范围在 0～100%之间实现无级调节。（　　）

30．压缩机吸入制冷剂蒸汽的体积小于排出制冷剂蒸汽的体积。（　　）

31．单级氨活塞式压缩机和螺杆式压缩机极限工作条件冷凝温度相同。（　　）

32．制冷循环中应用液体过冷对改善制冷循环的性能总是有利的。（　　）

33．制冷循环中应用蒸气过热是为了提高制冷循环的制冷系数。（　　）

34．若制冷剂中含有水，则压缩机压缩过程为湿压缩（　　）。

35．回热循环中的过热属于蒸气有效过热。（　　）

36．温度控器的设定温差过小，会导致压缩机频繁启动和停止。（　　）

37．氨制冷系统中的制冷剂管道可以用铜管。（　　）

项目二

冷库的安装与调试

1．项目概述

在本项目任务中，主要学习冷库的安装与调试，其内容包括拼装式氟利昂冷库和土建氨冷库中制冷系统设备的安装，保温系统的安装，电控系统的安装，熟练掌握安装位置的正确选择、安装具体步骤、安装后的试运行及调试技能。

2．学习目标

知识目标

① 掌握氟利昂冷库的安装与调试注意事项。

② 掌握氨冷库的安装注意事项和步骤。

③ 掌握冷库试运行的注意事项。

能力目标

① 能完成氟利昂冷库的主要安装与调试操作。

② 能完成氨冷库制冷系统的主要部件的安装与调试操作。

③ 能完成冷库的试运行操作。

任务一　拼装式冷库的安装

1．任务描述

拼装式冷库的安装主要包括库体、制冷机组设备、管路系统、电气控制系统的安装。安装之前要做好冷库的平面布置，安装时要注意场地环境及各设备安装的规范要求。

2．任务目标

知识目标

① 熟悉拼装式冷库库体平面布置和安装步骤及规范要求。

② 熟悉制冷系统管道系统安装与调试的操作步骤及注意事项。

能力目标

① 能正确完成拼装式冷库库体平面布置和安装。

② 能正确完成制冷系统管道系统安装与调试的操作。

3．任务分析

拼装式冷库安装前，必须具有合理、规范的平面设置，安装时遵循安装规范，如安装库体前应注意环境的干燥、平整等；制冷系统管道与不同制冷设备连接有不同的要求等，本任务要求掌握拼装式冷库安装的基本操作技能。

下面具体介绍任务实施。

拼装式氟利昂冷库安装主要包括以下几项工程：

① 库体部分安装工程。

② 制冷设备安装工程。

③ 管道安装工程。

④ 电气控制安装工程。

2.1.1 冷库平面布置

1．布置室内拼装式冷库

拼装式冷库安装—现场勘察

在布置室内拼装式冷库时，应注意下列问题：

① 必须有合适的安装间隙。在需要进行安装操作的地方，冷库的墙板外侧离墙的距离不小于 400 mm；在不需要进行安装操作的地方，冷库的墙板外侧离墙的距离应为 50～100 mm。冷库地面隔热板底面应比室内地坪垫高出 100～200 mm；冷库顶面隔热板外侧离梁底应有不小于 400 mm 的安装间隙；冷库门口侧离墙需要有不小于 1200 mm 的操作距离。

设备、材料和工具的准备

② 应有良好的通风、采光条件。

③ 安装场地及附近场所应清洁，符合食品卫生要求，并要远离易燃、易爆物品，避免异味气体进入库内。

④ 冷库门的布置应当便于冷藏货物的进出。

⑤ 库内地面应放置垫仓板，货物需要堆放在垫仓板上。

⑥ 制冷设备的布置必须考虑振动、噪声对周围场所的影响，也应考虑设备的操作维修、接管长度等。

⑦ 应根据预制板的宽度、高度模数、安装场地的实际情况综合考虑冷库的平面布置。

图 2-1 是室内拼装式冷库。

02.01 003

设备材料和工具的运输与入场

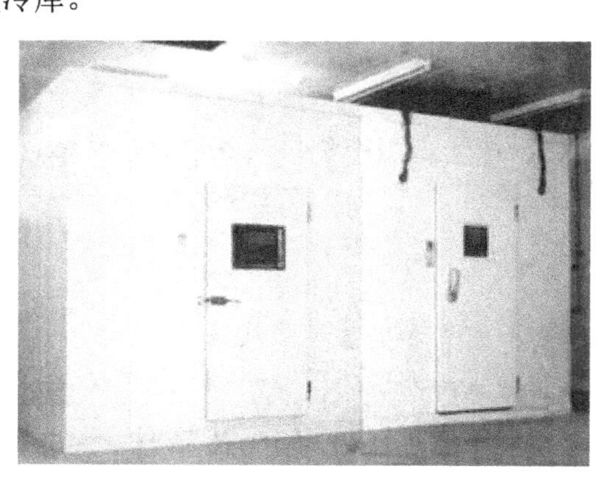

图 2-1　室内拼装式冷库

2．布置室外拼装式冷库

在布置室外拼装式冷库时，除了食品卫生要求、安全要求、制冷设备布置要求与室内冷库相同外，还应满足土建式冷库平面布置的一些要求。另外，还有下列几点特别要求：

① 只设常温穿堂，不设高、低温穿堂。冷库门可设不隔热门斗和薄膜门帘，并设空气幕。

② 门口设防撞柱，沿墙边设 600～800 mm 高的防护栏。

③ 冻结间、冻结物冷藏间应设平衡窗。

④ 朝阳的墙面应采取遮阳措施，避免阳光直射。

⑤ 轻型防雨棚下应设防热辐射装置并应考虑顶棚通风。

⑥ 机房、设备间也可采用预制板装配而成，与冷库成为一体。

图 2-2 是室外拼装式冷库。

图 2-2　室外拼装式冷库

2.1.2　安装库体

现场放线校核冷库底板安装位置

1．库体部分安装

（1）地面防潮隔气保温层

① 检验到货的材料与图纸标注是否一致，检查材料的合格证是否齐全。

② 根据施工图纸的施工顺序铺设，保温块之间错缝铺设，达到保温隔气的目的。

（2）库板安装

冷库内防潮层根据要求施工完毕后，进行保温板的安装，铺设采用逐张竖立，逐张固定的方法，直到安装完毕为止。

拼装式冷库库体的安装或处理

（3）质量控制点

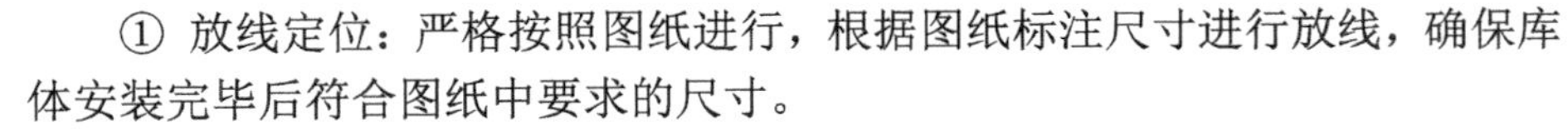

① 放线定位：严格按照图纸进行，根据图纸标注尺寸进行放线，确保库体安装完毕后符合图纸中要求的尺寸。

② 保温板之间的接缝采用硅酮密封胶粘贴，粘贴时不准有偏移、离位的现象，而且接缝必须严实、均匀。板与板之间的接缝尺寸控制在 3 mm 内，板间的错位不大于 1 mm。

③ 安装到位的库板必须保证板的垂直度与平整度，板与板之间的连接件应连接紧密，库板固定牢固。

④ 板与板之间的压型件、包角、铆钉等应按有关规定固定，保证质量。

⑤ 现场浇注的聚氨酯必须浇注充足，但不得使板面有突出，也不得有气孔或浇注不满，应使两种化工原料充分混合。

（4）检查库体安装平面

安装冷库库体的场地必须干燥、平整，其平整度不大于 5 mm。如果选址在室外，要在库体上方搭建防雨棚，不能受到其他热辐射和雨水的影响。安装位置必须充分考虑通风、排水、维修空间等各项因素。检查库体安装平面是否平整的方法如下：

① 用水平仪检查安装库体地面的水平度。

② 用细绳索检查对角线，注意绳索要绷紧。

（5）安装地板

① 安装地板前在板接缝处打玻璃胶。

② 边与边对齐，并按编号依序用六角匙顺时针锁紧地板。

③ 用水平尺检查水平，不平整时要垫平，并保证长宽尺寸符合图样要求。

④ 地板安装完后，将地板上表面擦干净。

⑤ 将地板库内侧表面接缝打上发泡料。

图 2-3 是库体安装图。

图 2-3 库体安装图

（6）安装墙身板

① 在靠门一侧的任一角墙身板安装封身板，以求稳固，要求与地板平齐，如图 2-4 所示。

图 2-4 墙身板安装图

② 使用铅垂线，检查墙身板的垂直度，如图 2-5 所示。

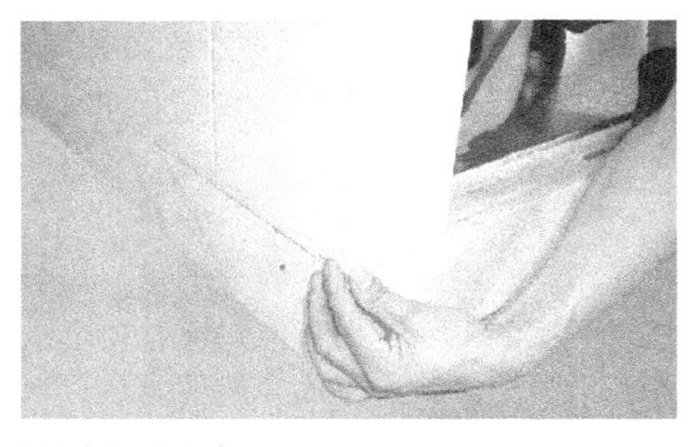

图 2-5 检查墙身板垂直度

③ 按顺时针方向，安装其余墙身板和间隔堵板。

④ 要检查墙身板与地板是否对齐。由于库板的积累误差，墙身与地板之间可能会有几毫米的不平齐，如墙身短、地板长，则先锁连接地板的锁钩，再锁墙身之间的锁钩；反之，先锁墙身之间的锁钩，再锁连接地板的锁钩。也可将墙身整体平移，尽可能保证靠门一侧平齐。

⑤ 再次检查墙身板的垂直度。

（7）安装顶板

如果有隔墙板，应首先安装隔墙板上的一块顶棚，再向两侧安装。顶棚与墙身对齐，如有推拉门导轨座安装在顶棚上，还需要注意墙身板与顶棚的对准线，如图 2-6 所示。

对于需要吊顶的冷库，可采用专配的吊钩安装在锁钩处，用来吊住顶棚，每个吊钩可承受 980 N 拉力（吊钩自行用调节码调整 ），亦可用大 T 字铝-铝梁吊顶，每米可承受 3920～5880 N 拉力。

图 2-6　拼装式冷库顶板安装图

（8）板缝密封

如果材料使用不当或在安装施工时密封做得不好，会增大冷库的冷耗，严重时会造成隔热板外侧严重结冰或库板内结冰。板缝的密封材料必须做到无毒、无臭、耐老化、耐低温，有良好的弹性和隔热、防潮性能。

2．安装库体的注意事项

① 将全部锁钩锁紧，仔细检查板与板是否密封，不密封的地方打玻璃胶，最后盖上所有胶塞。库体连接要牢固，连接机构不得有漏连、虚连现象，其拉力不低于 1470 N。

② 库体板涂层要均匀、光滑、色调一致，而且无疤痕、无泡孔、无皱裂和剥落现象。

③ 库体要平整，接缝处板间错位不大于 2 mm，板与板之间的接缝应均匀、严密、可靠。

④ 吊项的冷库顶部不可超载。

⑤ 每个冷库要配有适当的平衡窗，否则易使冷库变形，影响密封。

⑥ 一定要确保冷库地坪平整。地板一定要打玻璃胶，以防渗水。

图 2-7 是库板密封示意图。

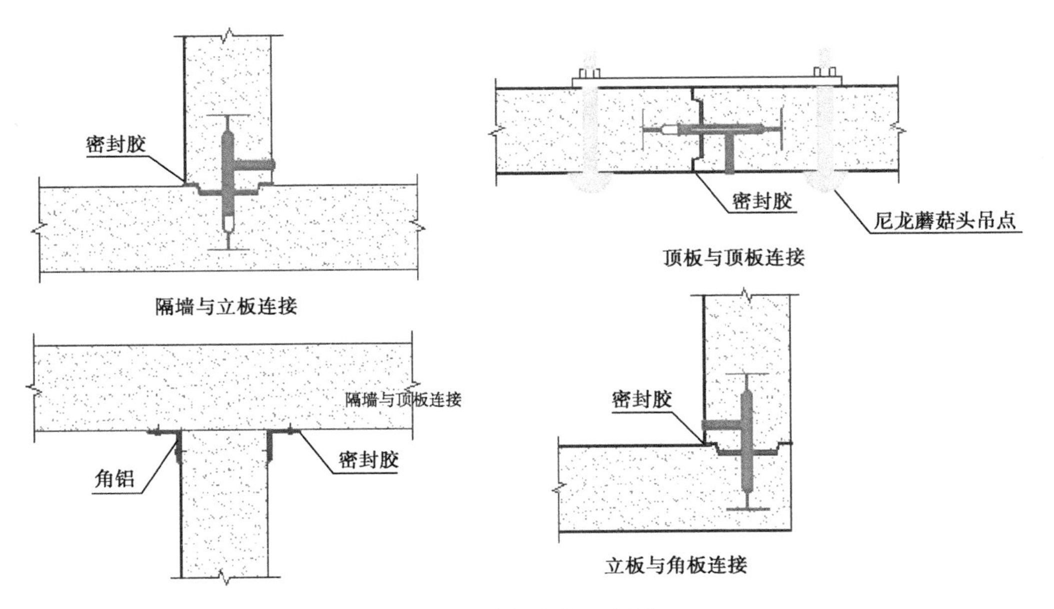

图 2-7　库板密封示意图

2.1.3　安装库门

拼装式冷库的门框架固定在预制板上，既要牢固，又要轻巧，还要考虑防撞、防冻。门框架大都采用工程塑料、不锈钢板或硬质木料。库门应装配门锁和把手，并且应有安全脱锁装置，使工作人员在库内外都能开启。门开启应灵活，关闭时密封条应紧贴门框四周。在冻结间与冻结物冷藏间的门或门框上，应安装电压不大于 24 V 的电加热器，以防止凝露和结冰。

拼装式冷库库门的施工安装

1．冷库门安装注意事项

① 应在混凝土地面施工前放置好冷藏门所用的预埋件，位置要准确，预埋件要进行防腐处理。

② 冷藏门安装与土建、保温墙板施工紧密配合，门表面无划痕、物锈蚀现象。

③ 门安装完毕后，从门内观看，无亮光为合格；所有电动门的开启要灵活，无异常声响。安装好的拼装式冷库库门如图 2-8 所示。

库灯的安装固定

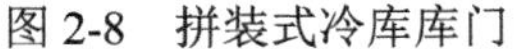
图 2-8　拼装式冷库库门

2．安装外贴式单开门

外贴式单开门与墙身板的安装基本相同，只是一定要打铅垂线，否则可能自闭性能差。门框顶有发热丝和灯开关线，应穿过顶棚上的孔。

外贴式单开门的安装步骤如下：

① 将门框架固定在门框上。

② 在门板上安装铰链，并把门板固定在门框架上。

③ 安装门锁和把手。

④ 将L形的脚踏板拆下来，盖在单开门的U形槽上，并打拉钉固定。

2.1.4 安装冷库制冷管道

铜管的切割

安装冷库管道的基本流程如下所述。

1．切割管道

切割管道有锯割、刀割、气割几种方式。

① 将门级板（亦可打水泥台）固定在门体下。

② 将导轨座和导轨用蘑菇头螺杆固定在墙身。

③ 将门体装进导轨。

④ 将导轨插进导轨座内，用蘑菇头螺杆固定。

⑤ 装后导向座，再将前导轨座穿进导向板并固定在门级板或水泥台上。

⑥ 装好外拉手挡块、门锁。

⑦ 调节门锁螺母，确保锁孔对齐，同时保证门洞左、右到门体距离为50 mm。

⑧ 同时调节前导向座、后导向座及其螺母，确保门体与门框密封，注意门体下部胶边与门板（或水泥台）密封，推拉门开关灵活。

⑨ 将发热丝装在门框边的铝槽内，下部发热丝在地板的凹槽内（如地板打水泥应在水泥地上留有凹槽安装发热丝）。

三种管道切割方法如下所述。

① 锯割是一种较为常见的切割方法，适用于大部分金属管材，锯割操作方便，锯口平整，可锯不同角度的管口。

② 刀割一般采用手动割管器，适合切割4～12 mm的铜管或钢管，而较细的毛细管宜用剪刀在毛细管上来回转动，在毛细管上划出一定深度的刀痕后，再用手轻轻折断。

③ 气割是采用氧气-乙炔气焊设备，使用氧化焰进行切割的方法，适用于管径较大的碳素钢和低合金钢管的切割。

2．弯曲管道

02. 01
010
徒手弯管工具

（1）冷弯

一般管径在D57以下的管道采用冷弯，对于D25～D57的管道，采用电动或液压弯管机弯曲，D25以下的管道使用手动弯管机弯曲。冷弯的管道不会脆，加工方便，而且管道内壁干净。冷弯管道的弯曲半径为公称直径的3.5～4倍为宜。在冷弯钢管时，因钢的弹性作用，弯曲时应比所需的角度多弯3°～5°，弯曲半径应比要求半径小3～5 mm，以便回弹。

（2）热弯

管径为57 mm以上的管道弯曲时可采用热弯。热弯工序为干砂、充砂、划线、加热弯管、检查校正和除砂。在向管道内充干砂时，边用锤子敲击管壁振实砂子，当充进的砂子不再下降为合格，将管端用木塞堵实。热弯管道的弯曲半径为公称直径的 3.5 倍。管道加热温度一般为 950～1000℃，管道呈现橙黄色为宜，在弯曲中温度降到 700℃时（樱红色），应重新加热。

4分铜管弯管器

3. 设置支架

（1）支架的两种形式

① 吊架是悬吊排管和系统管道的支架，用于安装顶面楼板下的排管或管道。

② 托架是利用墙面作为固定支点的支架，用于安装沿墙面敷设的管道。

管道支架的安装

（2）支架设置注意事项

支架一般用角铁作为支撑材料，用 U 形双头螺栓管卡固定，用扁钢或角铁作为吊杆。支架是承托管道的主要构件，必须在土建工程进行预留、预埋。在预埋支架或吊点时，应严格按照设计图样施工，安装前应对支架的材料、尺寸和支架间的跨度尺寸进行核对，防止管道安装呈下弧线或管架下沉。正常间距为最大间距的 80%，若管道上有附件（或弯管处）应增加吊点。排气管管径 $D \geqslant 108$ mm 时，间距取 3 m；$D < 108$ mm 时，间距取 2 m。

4. 连接管道

（1）法兰连接

凡设备和阀门带有法兰（见图 2-9）的管道一律采用法兰连接。法兰盘采用 Q235 钢制作，当工作温度低于-20℃时，法兰盘应选用 16 Mn 钢。法兰盘表面应平整并相互平行，不能有裂纹，要求有良好的密封性，采用凹凸式密封面。在法兰盘与管道装配时，盘内孔与管道外壁的间隙不超过 2 mm，管道插入法兰盘内，管端与法兰盘平面不能齐平，至少应留出 5 mm 的距离，但不得超过管壁厚的 3 mm。

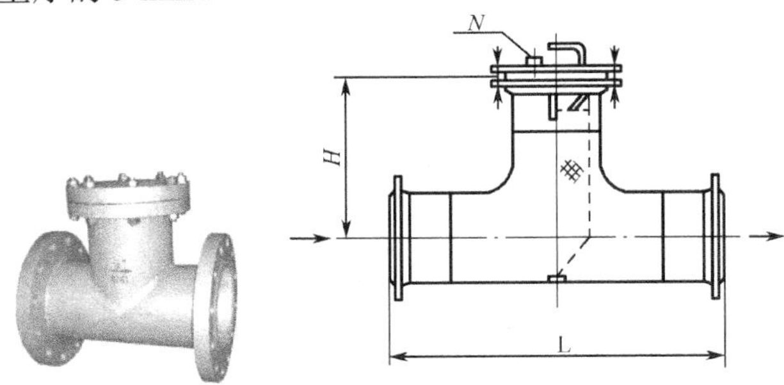

图 2-9　法兰

管道与法兰盘采用双面焊接，焊接时必须保持平直，其密封面与管道轴线的垂直偏差最大不允许超过 0.5 mm，法兰焊接的尺寸要求见表 2-1。

表 2-1　法兰连接的尺寸要求

管道外径（mm）	伸入余量（mm）	焊接高度（mm）	管道壁厚（mm）	焊条直径（mm）	间隙（mm）
17～38	5	4	3	3～4	0.5～0.8
45～57	5	4	3.5	3～4	0.5～0.8
76	6	5	4	3～4	0.5～0.8
89～133	6	5	4	4～5	0.7～1.0
159	6	5	4.5	4～5	0.8～1.2
219	8	7	6	4～5	0.8～1.2

两片法兰盘之间的密封应用厚度 1.5～2.5 mm（根据法兰盘凹槽深度选用）的石棉纸板作为垫圈，其尺寸与法兰盘密封面尺寸相同。纸板垫圈不得有开口或厚度不均等缺陷，每对法兰盘之间只能用一个垫圈。垫圈放在法兰盘上时，应在法兰盘表面涂上一层润滑脂。连接法兰时，应使加垫圈后的法兰盘保持平行，螺孔对齐，凹凸相配，然后插入连接螺栓，螺母处于同一侧，应对称地逐步拧紧螺母。拧紧后螺栓露出螺母的长度不应大于螺栓直径的一半，但也不应少于两个螺距。

（2）螺纹连接

如图 2-10 所示是管道的螺纹连接示意图。

半接头连接左面铜管用螺纹连接，右面铜管则与接头连接。全接头连接两头均为螺纹连接，接头部分要先扩出喇叭口，用螺纹接头和螺母连接起来。

02.01
013

铜管杯形口制作

被加工管扩杯形口后与配合铜管内表面配合连接，如图 2-11 所示。

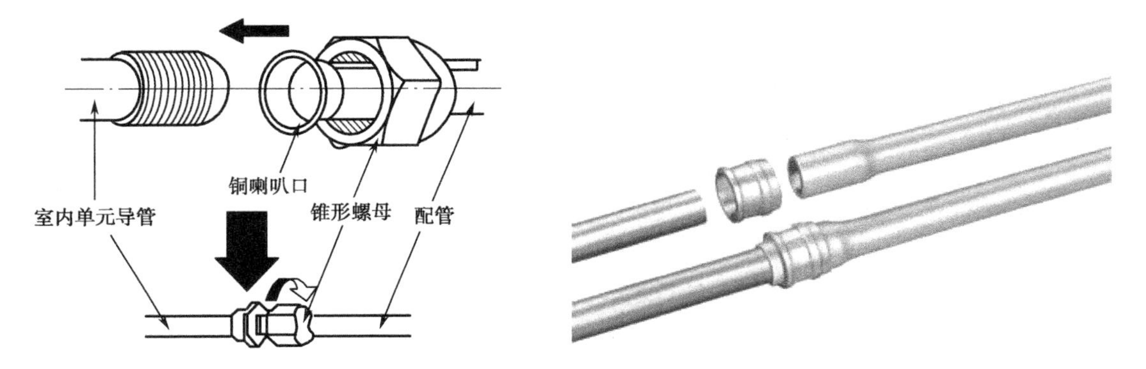

图 2-10　管道的螺纹连接示意图

图 2-11　杯形口连接示意图

（3）喇叭口连接

喇叭口连接用于制冷剂管道连接。一般需要在连接的铜管端部扩制喇叭口，然后用专用的力矩扳手和呆扳手连接，如图 2-12 所示。喇叭口接口实物图如图 2-13 所示，铜管扩喇叭口尺寸见表 2-2。

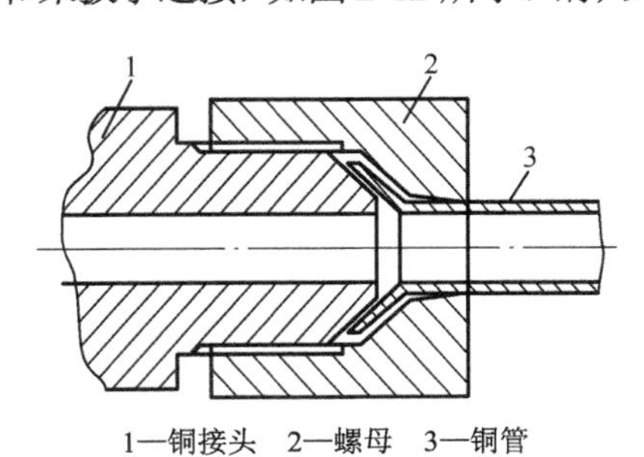

1—铜接头　2—螺母　3—铜管

图 2-12　喇叭口连接示意图

图 2-13　喇叭口接口实物图

表 2-2　铜管扩喇叭口尺寸

d_1（mm）	6	9.53	12	16	19
d_2（mm）	8.0～8.4	12.1～12.4	14.7～15.1	19.0～19.4	22.1～22.5

连接时一定要将管子清洗干净（用汽油纱布擦拭），并将两管对正。操作时，一只手用力矩扳手旋转紧固，一只手用呆扳手将管接头固定。旋转力矩扳手时，当听到咔咔声时即为紧好，不可再用力。不同粗细的管子，选用不同的力矩扳手，选用时可参见表2-3。

铜管喇叭口制作

表2-3 选用不同的力矩扳手

管外径（mm）	扳手力矩（N·m）	管外径（mm）	扳手力矩（N·m）
ϕ6.35	11.8～19.6	ϕ16	47.0～60.8
ϕ9.52	29.4～34.3	ϕ19.05	67.6～97.0
ϕ12.7	39.2～44.1		

（4）焊接

铜管的焊接

制冷系统管道的焊接方法有气焊、电焊两种。

氟利昂制冷系统的管道连接一般采用氧气—乙炔气焊设备或氧气—液化石油气气焊设备进行焊接。铜与铜的焊接可选用磷铜焊料或含银量低的磷铜焊料，如2%或5%的银基焊料。采用填缝和润湿工艺，不需要焊剂。铜管与钢管或者钢管与钢管的焊接可选用银铜焊条或者铜锌焊条，需要活性化焊剂，焊剂熔化后附着在焊料上，但焊后必须将焊口附近的残留焊剂刷洗干净，以防产生腐蚀。

焊接时应严格按步骤进行操作，否则，将会影响焊接的质量。

1）准备与配管

① 检查氧气瓶和乙炔瓶内的量是否足够。

② 核对图纸要求，保证各部件齐全，功能完好。

③ 保证管路横平竖直，注意各阀件的方向性。

④ 根据图纸要求的尺寸和管径，用卷尺量取相应的长度，并用线号笔记下位置。

⑤ 较粗的铜管固定后，再用割刀拆下，要保证割口平齐，不变形。

⑥ 用锉把割口毛边锉平，并用抹布擦拭干净。

⑦ 将要焊接管件表面清洁或扩口，扩完的喇叭口应光滑、圆正、无毛刺和裂纹，厚度均匀，用砂纸将要焊接的铜管接头部分打磨干净，最后用干布擦干净。否则，将影响焊料流动及焊接质量。

紫铜管

⑧ 除紫铜与紫铜焊接外，所有管件在焊接前都应用纱布或不锈钢丝刷清理，露出光亮金属表面（内外表面均要清理，金属屑及砂粒应清除干净）。

⑨ 对将要焊接的铜管互相重叠插入（注意尺寸）并对准圆心。

⑩ 铜管之间焊接间隙及铜管插入深度见表2-4（插入深度约等于管径）。

表2-4 铜管接头与铜管插入深度及间隙表

铜管规格	1/4″	3/8″	1/2″	5/8″	3/4″	7/8″	11/8″	13/8″	15/8″
最小间隙	0.002″	0.002″	0.002″	0.002″	0.002″	0.002″	0.002″	0.002″	0.002″
最大间隙	0.006″	0.006″	0.006″	0.006″	0.006″	0.006″	0.007″	0.007″	0.008″
插入深度	5/16″	5/16″	3/8″	1/2″	5/8″	3/4″	29/32″	31/32″	13/30″

2）保护

① 焊接时应在被焊管内通低速氮气，防止氧化。

② 乙炔气应通过无氧化焊接发生器，防止焊接物件外表面氧化。

3）焊接

① 焊接时，必须对被焊件进行预热。将火焰烤热铜管焊接处，当铜管受热至紫红色时，移开火焰后将焊料靠在焊口处，使焊料熔化后流入焊接的铜件中，受热后的温度可通过颜色来反映温度的高低，暗红色：600℃左右；深红色：700℃左右；橘红色：1000℃左右。

② 焊接时，气焊火焰不得直接加热焊条。

③ 对于高温条件下易变形、损坏的部件应采取相应保护措施。如角阀、蒸发器，冷凝器等要用湿纱布包扎接口后再进行焊接，对于电磁阀、膨胀阀、液镜、四通阀，能拆开的一定要拆开后焊接，不能拆开的同样采取以上措施。

热力膨胀阀的安装固定

④ 焊接时，在焊完后将铜管进行退火时，退火温度不低于300℃。

⑤ 焊接完毕后，冷却，用干燥氮气清理管内氧化物和焊渣。

4）补焊

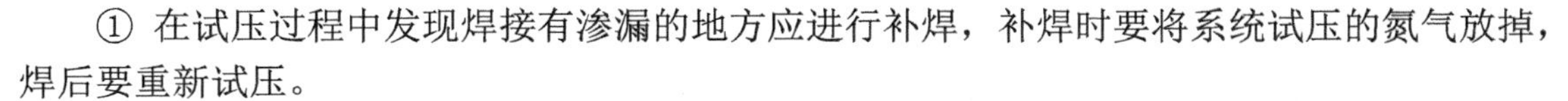

① 在试压过程中发现焊接有渗漏的地方应进行补焊，补焊时要将系统试压的氮气放掉，焊后要重新试压。

② 补焊前要将表面的氧化层用纱布擦净。补焊后，要将氧化皮清除干净，在水中淬火后，应将铜管烘干，不得有水滴存在。

③ 全部焊完后，要用氮气将系统吹净。

无缝钢管管道焊接的注意事项如下所述。

① 焊条成分与焊件成分相同，常用的气焊丝为钢丝（0.8 mm），电焊条用T422焊条。焊条直径应按壁厚选择，见表2-5；气焊丝直径应按壁厚选择，见表2-6。

表2-5　焊条直径与壁厚的关系

管道壁厚（mm）	3～5	5～10	10以上
焊条直径（mm）	3	4～6	4～7

表2-6　气焊丝直径与壁厚的关系

管道壁厚（mm）	3以下	3	4
气焊丝直径（mm）	2～3	3	4

② 焊接管道间要有一定间隙，使铁液渗入，增强焊接强度，焊接间隙与壁厚的关系见表2-7。

表2-7　焊接间隙与壁厚的关系

焊接方法 / 管道壁厚（mm）	手工气焊	焊条电弧焊
2.75以下	0～1	0.5～1
2.75～3.5	0.5～1	1～1.5
3.5～6	1～1.5	1.5～2

③ 壁厚4 mm以下的管道对焊一般不开坡口，直接对齐管口进行焊接，而壁厚4mm以上的管道对焊需要开坡口，坡口可用砂轮机或气割加工。V形坡口接头要求尺寸见表2-8。

④ 管道焊接时，应当对准管口，管口偏差不应超过以下数值：管道壁厚小于6 mm，偏

差不超过 0.25 mm；管道壁厚 6～8 mm，偏差不超过 0.5 mm。

⑤ 管道呈直角焊接时，管道应按制冷剂流动方向弯曲，机房吸入总管接出支管时，应从上部或中部接出，以避免压缩机开机时液体突然进入压缩机而引起倒霜。压缩机的排气管接入排气总管时，支管应顺制冷剂流向弯曲，并从总管的侧面接入，以减少阻力。

表 2-8　V 形坡口接头要求尺寸

管道厚度（mm）	间隙（mm）	钝边（mm）	坡口角度
5～8	1.5～2	1～1.5	60°～70°
8～12	2～3	1.5～2	60°～70°

⑥ 每个接头焊接不得超过两次，如超过两次就应锯掉一段管道，重新焊接。在焊接弯管接头时，接头距弯曲起点不应小于 100 mm。

⑦ D38 以下的管道呈直角焊接时，可用一段较大管径的无缝钢管作为过渡连接。

⑧ 不同管径的管道焊接时，应将大管径的管口滚圆缩小到与小管径相一致时再焊接。

⑨ 液体管上接出支管时，支管保证有充足的液量，支管应从液管的底部接出。

5. 制冷管道的敷设

1）架空敷设

① 架空管道除设置专用支架外，一般应沿墙、支柱、梁布置，人行通道不应低于 2.5 m。

气囊和液囊的形成

② 制冷压缩机的吸气管与排气管布置在同一支架，吸气管应放在排气管的下部，多根平行的管道间应留有一定的间距，一般间距不小于 200 mm。

③ 为防止吸气管道与支架接触产生“冷桥”现象，在管道与支架之间设置用油浸处理过的木块。

④ 在敷设制冷管道时，液体管道不能有局部向上凸起的管段，气体管道不能有局部向下凹陷的管段，避免由此而产生的“液囊”和“气囊”，使液体和气体在管道内流动阻力增加，影响系统的正常运转。

⑤ 从液体立管接出支管时，一般应从立管的底部接出，从气体立管接出支管时，一般应从立管的上部接出。

⑥ 制冷管道的三通接口不允许使用 T 形三通，应制作成顺流式三通。

⑦ 制冷管道穿墙或穿楼板时应设套管，套管与管道间应留有 10 mm 的间隙，所留的间隙除保温墙外，不应填充材料。

⑧ 制冷管道的弯管应尽量采用冷煨法煨制，防止热煨弯生成的氧化皮或嵌在管壁上的砂子增加系统的污物。弯管的曲率半径一般不小于管子外径的 2.5 倍。

⑨ 制冷管道不能使用压制弯管和焊接弯管。

2）地下敷设

① 可分为通行地沟敷设、半通行地沟敷设及不通行地沟敷设。

② 通行地沟一般净高不小于 1.8 m，如地沟为多管敷设时，应将低温管道敷设在下部，并远离其他管道。

③ 半通行地沟的净高一般为 1.2 m，一般不能冷热管道同沟敷设，其他非热管道可以同沟敷设。

④ 不通行地沟常采用活动式地沟盖板，制冷管道单独敷设，不与其他管道同沟敷设。

6. 冷媒配管安装的注意事项

① 安装步骤：按图纸要求配管→管路敷设→焊接→吹净→试漏→干燥→保温。

② 原则上冷媒配管应严守配管三原则：干燥、清洁、气密性。

干燥首先是安装前铜管内禁止有水分进入，其次配管后要吹净和真空干燥。清洁是施工时应注意管内清理，再者是焊接时氮气置换焊，最后是吹净。气密性试验一是保证焊接质量和喇叭口连接质量，二是最后的气密性试验。

③ 替换氮气的方法：

冷媒管钎焊时必须采用氮气保护，焊接时把微压（3～5 kg/cm^2）氮气充入正在焊接的管道内，这样会有效防止管内氧化皮的产生。

④ 冷媒管封盖：

冷媒管的封盖十分重要，要防止水分、脏物、灰尘等进入管内，冷媒管穿墙一定要将管头包扎严密，暂时不连接的已安装好的管子要把管口包扎好。

⑤ 冷媒管吹净：

冷媒管吹净是一种把管内废物清除出去的最好方法，具体方法是将氮气瓶压力调节阀与室外机的充气口连接好，将所有室内机的接口用盲塞堵好保留。一台室内机接口作为排污口，用绝缘材料抵住管口，压力调节至 5 kg/cm^2 向管内充气，至手抵不住时快速释放绝缘物，脏物及水分即随着氮气一起被排出。这样循环进行若干次，直到无污物水分排出为止（每台室内机都要做），对液管和气管要分别进行。

⑥ 冷媒管钎焊：

冷媒管钎焊前：钎焊条要符合质量标准，焊接设备要准备好，铜管切口表面要平整，不得有毛刺、回凸等缺陷，切口平面允许倾斜，偏差为管子直径的 1%。

冷媒管钎焊应采用磷铜焊条或银焊条，焊接温度为 700～845℃，钎焊工作容易在向下或水平侧向进行，尽可能避免仰焊，接头的分支口一定要保持水平。

水平管（铜管）支撑物间隔标准如表 2-9 所示。

表 2-9 水平管（铜管）支撑物间隔标准

标称直径（mm）	ϕ20 以下	ϕ25～40	ϕ50
间隔（m）	1.0	1.5	2.0

注意： 铜管不能用金属支托架夹紧，应在自然状态下，通过保温层托住铜管，以防冷桥产生。

在焊接气体管操作阀时，必须进行冷却处理（用湿布包裹阀体），否则会导致泄漏。

⑦ 直径小于ϕ19.05 mm 的铜管一律采用现场煨制、热弯或冷弯专用弯制工具，椭圆率不应大于 8%，并列安装配管其弯曲半径应相同，间距、坡向、倾斜度应一致。大于ϕ19.05 mm 的铜管应采用冲压弯头。

⑧ 扩口连接：

冷媒铜管与室内机连接采用喇叭口连接，因此要注意喇叭口的扩充质量，其中喇叭口的扩口深度不应小于管径，扩口方向应迎冷媒流向，切管采用切割刀，扩口和锁紧螺母时在扩口的内表面涂少许冷冻油，扩口尺寸和螺母扭力对应表见表 2-10。

表 2-10　扩口尺寸和螺母扭力对应表

标称直径（mm）	管外径（mm）	铜管扩口尺寸（mm）	扭矩（kgf·cm）
1/4	φ6.35	9.1～9.5	140～180
3/8	φ9.52	12.2～12.8	340～420
1/2	φ12.7	15.6～16.2	340～420
5/8	φ15.88	18.8～19.4	680～820
3/4	φ19.05	23.1～23.7	1000～1200

所有冷媒管保温管一定要用包扎带包扎，过楼板时要用钢套管。

管道保温系统的安装

⑨ 排水管的安装：

排水管采用 PVC 或 PPR 工程塑料管。

① 基本步骤：连接水管→敷设加热丝→检查水泄漏→绝热。

② 管道安装前必须将管内的污物及锈蚀清除干净，安装停顿期间对管道开口应采取封闭保护措施。

③ 排水管在库内有效距离越短越好，水平管坡向排水口坡度为 1/100～1/50。

④ 库内机托盘排水口与排水管之间最好有一段软连接，且库内机冷凝水托盘排水口应高于排水管接口，PVC 管路采用专用 PVC 胶连接。排水系统的渗漏试验可采用充水试验，无渗漏为合格。

⑤ 管道安装后应进行系统冲洗，系统清洁后方可连接。

7．氟利昂制冷系统管道排污

制冷管道吹污操作

整个制冷系统是一个密封而又清洁的系统，不得有任何杂物存在，必须采用洁净干燥的空气对整个系统进行吹污，将残存在系统内部的铁屑、焊渣、泥沙等杂物吹净。

① 制冷系统管道安装完成后，应用 0.8 Mpa（表压）的压缩空气对制冷系统管道进行分段排污，空气压缩机将空气压入系统中，等到一定压力后将每台设备最低处的阀门或系统最低点的排污阀迅速开启（反复数次）。

② 排污前，应将系统内的仪表、安全阀、测量元件等加以保护，并将电磁阀、止回阀的阀芯及过滤器的滤网拆下，待抽真空试验合格后再重新安装复位。

③ 吹污前应选择在系统的最低点设排污口。用压力 0.5～0.6 MPa 的干燥空气进行吹扫；如系统较长，可采用几个排污口进行分段排污。

④ 在距排污口 150 mm 处置一干净白纸，当纸上无污点出现时，可认为系统已吹干净。

⑤ 冷库制冷系统管道以无缝钢管作为材料，使用前应清洗。为了使油污溶解，便于排出，对于管径较小的钢管、弯头等配件，可用干净的抹布蘸上煤油将其内壁擦净，如残留的氧化皮等污物不能完全除净时，可用 20%的硫酸溶液，在温度 40～50℃的条件下进行酸洗，一般 10～15 min 可将氧化皮完全除净。

⑥ 对钢管进行光泽处理，经过光泽处理后的钢管必须先冲洗，再用 3%～5%的碳酸钠溶液中和，再次冲洗后，加热吹干。

⑦ 对于管径大的钢管，常用人工或者机械法除污，人工除污使用钢丝刷往复拖拉，机械除锈则使用钢丝刷在钢管内旋转，污物清除后，用干净抹布蘸上煤油擦净，然后用经干燥后

的压缩空气吹除钢管内部，此项工作按次序连续反复进行多次，用白布检查吹出的气体无污垢时为合格。

⑧ 系统排污洁净后，应拆卸可能积存污物的阀门，并将其清洗干净然后重新组装。

2.1.5 安装氟利昂冷库电控系统

1．基础型钢埋设的方法

操作前准备事项：将槽钢调直，然后按图纸要求预制加工基础钢架，并刷好防锈漆。

埋设方法有下列两种：

（1）直接埋设法

这种埋设法是在土建打砼时直接将基础型钢埋设好，埋设前先将型钢调直，除去铁锈，按图纸尺寸下好料并钻好孔，再按图纸的标高尺寸测量其安装位置，将型钢放在所测量的位置上，并用水平尺调好水平，水平误差每米不超过 1 mm，全长不超过 5 mm。配电柜的基础型钢一般为两根，埋设时应使其平行，并处于同一水平上。埋设的型钢可高出地表面 5～10 mm，水平调好后，可将型钢固定牢固。全部工作做完后，应再仔细检查安装尺寸和水平情况是否有变化，如不符合要求，应及时处理。

（2）预留槽埋设法

这种方法埋设型钢是在土建打砼时根据图纸的要求，在埋设位置预埋好用钢筋做成的钢筋钩，并且预留出型钢的空位。预留空位的方法是在浇注砼地面的时候，在地面埋入比型钢略大的木盒（一般大约在 30 mm 左右），待砼凝固后，将埋入的木盒取出，再埋设基础型钢。埋设型钢时，应先将预留的空位清扫干净，按上述要求将型钢加工好，然后将型钢放入埋设位置，并按上述方法和要求调好水平。水平调好后，把预埋的钢筋钩焊在型钢上，使其固定牢固，并用砼填充捣实。

埋设的基础型钢应做好接地，接地方法是在型钢两端各焊一段扁钢与接地网相连，型钢露出地面部分应涂一层防锈漆。

基础型钢埋设的要求：基础型钢安装后，其顶部宜高出抹平地面 10 mm。基础型钢安装完毕后还应与室内接地网做可靠明显的连接。

2．接地网的制作安装

① 接地网的制作安装应严格按照《GB 50169—2006 电气装置安装工程接地装置施工及验收规范》进行。

② 室内明敷在墙上的接地线为 40 mm×4 mm 的镀锌扁钢，敷设前，先在距地面 300 mm 处墙上每隔 1m 安装支持件，支持件可用一段 40 mm 中间穿孔的 30 mm×3 mm 角铁和膨胀螺栓制作，安装的支持件应保持在同一水平线上，然后将事先调直的 40 mm×4 mm 镀锌扁钢焊接在支持件上，并与预埋的接地体可靠焊接，扁钢与墙的距离应保持一致，不能有明显的起伏弯曲。在接地线可能遭受机械损伤的地方，应用钢管或角铁加以保护。

③ 接地线通过建筑物的伸缩缝时，如采用焊接固定，应将通过伸缩缝的一段地线做成弧形。

④ 接地体之间应确保焊牢，接地线之间或接地线与电气装置之间在搭焊时，除应在其接触两侧进行焊接外，还应焊上由钢带弯成的弧形（或直角形）与钢管（或角钢）焊接。

⑤ 钢带距钢管（或角钢）顶部应有 100 mm 的距离。明敷的接地体应先涂上防锈漆，待防锈漆干后再涂上黑色油漆。

3. 配电柜的安装

（1）弱电部分

1）信号线材料

① 通信线必须使用 0.75 mm^2 以上的三芯屏蔽线。

② 信号线材料必须通过国家验证，有相关合格证。

2）信号线安装

① 电源电缆线和控制电缆线不能捆扎在一起进行敷设，电源电缆线和控制电缆之间应有适当的间距（见表 2-11）。

② 通信线连接时，应采用屏蔽措施，屏蔽网两端必须牢固接地。

③ 通信信号是有极性性的，连接时必须对应连接。

表 2-11　电源电缆线与控制电缆之间的间距

电　压	电源配线容量	电源配线与控制线的间距
220 V 或以上	10 A 或以下	300 mm 或以上
220 V 或以上	50 A 或以下	500 mm 或以上
220 V 或以上	100 A 或以下	1000 mm 或以上

（2）强电部分

1）强电施工注意事项

① 电源应根据制冷设备所用的额定电压为基准，所使用的电源频率为 50 Hz。要求单相 220 V 或三相 380 V 交流电的允许电压波动范围为±10%。三相 380 V 交流电的各相间电压波动范围为±2%。

② 要设置制冷设备专用电源，匹配要符合制冷设备的功率，并单独安装相应容量空气开关等保护装置。

③ 电气工程必须有可靠接地系统。

2）电线施工要求

① 敷设线路时，根据规定要求，对线路相线、零线、保护接地（接零）线应采用不同颜色的线。

② 单相电源的相线宜用红色线，也可用蓝、黄线，接地线用黄绿双色线。

③ 三相电源的三根相线（U、V、W）应分别使用红、绿、蓝颜色的线，零线用黄色线，接地线用黄绿双色线。

④ 接地导线的截流量不应小于相线截流量的 50%，个别用电设备的接地支线的截流量不应小于相线截流量的三分之一。

⑤ 源线必须使用接线端子与设备的连接排连接（如图 2-14 所示）。

3）施工方法

① 隐蔽工程的电源线不能和制冷剂管捆绑在一起布线，电线管必须分开单独布置。

② 导线穿线管可根据其敷设的环境选用。

a. 金属穿线管适用于室内、室外场所，不宜用在对金属管有腐蚀的环境。

b. 硬质塑料管一般用于室内场所、有酸碱腐蚀的环境，不宜用在有机械损伤的环境。

③ 导线穿线管安装要求。

a. 穿管敷设的导线，其绝缘强度不应小于 500 V。

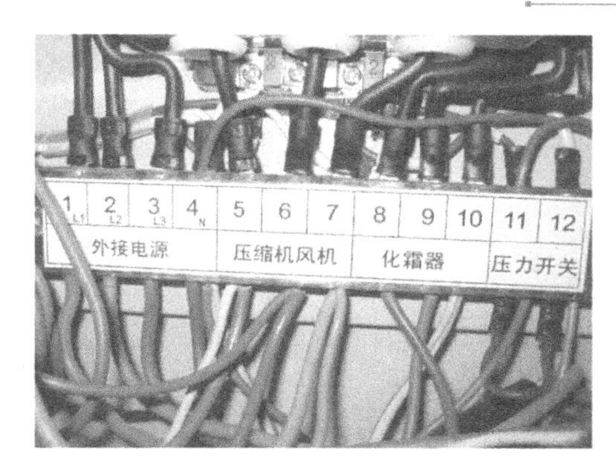

图 2-14　源线连接示意图

b．穿管导线不得采用接头形式，如有接头时，应在相应位置加装接线盒。

c．不同电压、不同电源的导线不得穿在同一根电线管内。

d．穿线管内部导线（包含绝缘层）的总截面积不得超过穿线管有效面积的 40%。

e．线管固定间距见表 2-12。

表 2-12　线管固定间距

线管公称直径（mm）	线管固定点的最大间距（m）	
	金属穿线管	硬质塑料管
15～20	1.5	1
25～32	2	1.5
40～50	2.5	2

4．控制柜的安装

（1）控制柜安装要求

电气控制箱如图 2-15 所示，具体要求如下所述。

图 2-15　电气控制箱

① 必须遵守机电设备安装的通用规程。

② 选择通风、干燥、太阳不直射的安装环境。

③ 不得靠近冷凝器或其他热源。

④ 尽量避开强磁场或其他干扰源。

⑤ 机箱固定可采用膨胀钉进行安装。

⑥ 严格按照接线端子图连接有关线路。

⑦ 传感器应单独布线，且尽量远离其他强电控制线，探头建议安装在距蒸发器背后 20 cm 左右且回风良好的位置。

⑧ 应保证电气控制柜壳体良好接地。

（2）控制柜安装注意事项

① 电气控制柜配用机组不得大于最大允许负载。

② 使用前应将电动机综合保护器的整定电流值根据实际负载大小分别调整为合适值。

③ 自动运行状态：将电气控制柜内各开关置于“自动”位置。

④ 手动下状态：将电气控制柜内自动/手动开关置于“手动”位置，调整

电控系统的
连接、安装

制冷、风机、化霜开关，以实现对单项负载的调整。

工作页内容见表 2-13。

表 2-13　工作页

<table>
<tr><td colspan="6">拼装式冷库的安装</td></tr>
<tr><td colspan="6">一、基本信息</td></tr>
<tr><td>学习小组</td><td></td><td>学生姓名</td><td></td><td>学生学号</td><td></td></tr>
<tr><td>学习时间</td><td></td><td>学习地点</td><td></td><td>指导教师</td><td></td></tr>
<tr><td colspan="6">二、工作任务</td></tr>
<tr><td colspan="6">1. 熟悉拼装式冷库库体平面布置和安装的步骤及规范要求。
2. 熟悉制冷系统管道系统安装与调试的操作步骤及注意事项。
3. 能正确完成拼装式氟利昂冷库库体平面布置和安装的步骤。
4. 能正确完成制冷系统管道系统安装与调试的操作步骤。</td></tr>
<tr><td colspan="6">三、制订工作计划（包括人员分工、操作步骤、工具选用、完成时间等内容）</td></tr>
<tr><td colspan="6"></td></tr>
<tr><td colspan="6">四、安全注意事项（人身安全、设备安全）</td></tr>
<tr><td colspan="6"></td></tr>
<tr><td colspan="6">五、工作过程记录</td></tr>
<tr><td colspan="6"></td></tr>
<tr><td colspan="6">六、任务小结</td></tr>
<tr><td colspan="6"></td></tr>
</table>

2.1.6　任务评价

表 2-14 是考核评价标准。

表 2-14　考核评价标准

<table>
<tr><th>序号</th><th>考核内容</th><th>配分</th><th>要求及评价标准</th><th>小组评价</th><th>教师评价</th></tr>
<tr><td rowspan="2">1</td><td rowspan="2">熟练掌握氟利昂冷库的平库体安装</td><td rowspan="2">20</td><td>能完成布置室内型氟利昂冷库要求：熟练掌握室内型氟利昂冷库库体平面布置的设置要求。
评分标准：正确选择得 10 分，每错一项扣 3 分</td><td></td><td></td></tr>
<tr><td>能完成布置室外型氟利昂冷库要求：熟练掌握室外型氟利昂冷库库体平面布置的设置要求。
评分标准：正确选择得 10 分，每错一项扣 3 分</td><td></td><td></td></tr>
</table>

续表

序号	考核内容	配分	要求及评价标准	小组评价	教师评价
2	正确完成拼装式氟利昂冷库库体的安装	25	检查库体安装平面要求：能正确完成检查库体安装平面的操作。 评分标准：选择正确得 5 分，选择一般得 3 分，选择错误不得分		
			安装底板要求：能正确完成冷库底板的安装。 评分标准：选择正确得 5 分，选择一般得 3 分，选择错误不得分		
			安装墙身板要求：能正确完成冷库墙身板的安装掌握其操作的注意事项。 评分标准：选择正确得 5 分，选择一般得 3 分，选择错误不得分		
			安装顶棚要求：能正确完成冷库顶棚的安装，掌握其操作的注意事项。 评分标准：选择正确得 5 分，选择一般得 3 分，选择错误不得分		
			板缝密封要求：能熟练掌握板缝密封操作的注意事项。 评分标准：选择正确得 5 分，选择一般得 3 分，选择错误不得分		
3	正确完成拼装式氟利昂冷库库门的安装	20	安装外贴式单开门要求：能正确完成外贴式单开门的安装，掌握其操作的注意事项。 评分标准：选择正确得 10 分，选择一般得 5 分，选择错误不得分		
			安装手动平移门（推拉门）要求：能正确完成手动平移门（推拉门）的安装，掌握其操作的注意事项。 评分标准：选择正确得 10 分，选择一般得 5 分，选择错误不得分		
4	正确完成冷库制冷管道的安装	25	能正确完成管道的切割。 评分标准：选择正确得 5 分，选择一般得 5 分，选择错误不得分		
			能正确完成管道弯曲的要求：能正确操作冷弯、热弯两种方法。 评分标准：选择正确得 5 分，选择一般得 3 分，选择错误不得分		
			能正确完成设置支架：掌握支架的两种形式和设置的注意事项。 评分标准：选择正确得 5 分，选择一般得 3 分，选择错误不得分		
			能正确完成连接管道要求：能正确完成法兰连接、螺纹连接、喇叭口连接、连接快速接头、管道焊接的操作步骤。 评分标准：选择正确得 5 分，选择一般得 3 分，选择错误不得分		

续表

序号	考核内容	配分	要求及评价标准	小组评价	教师评价
4	正确完成冷库制冷管道的安装	25	能正确完成制冷管道的敷设要求：能正确完成架空敷设、地下敷设的操作步骤，掌握其操作的注意事项。 评分标准：选择正确得 5 分，选择一般得 3 分，选择错误不得分		
5	工作态度及组员间的合作情况	5	① 积极、认真的工作态度和高涨的工作热情，不等待老师安排指派任务。 ② 积极思考以求更好地完成任务。 ③ 好强上进而不失团队精神，能准确把握自己在团队中的位置，团结学员，协调共进。 ④ 在工作中团结好学，时时注意自己的不足之处，善于取人之长补己之短。 评分标准：四点都做到得 5 分		
6	安全文明生产	5	① 遵守安全操作规程。 ② 正确使用工具。 ③ 操作现场整洁。 ④ 安全用电、防火、无人身、设备事故。 评价标准：每项扣 5 分，扣完为止，因违纪操作发生人身和设备事故，此项按 0 分计		

2.1.7 知识链接

1. 认识硬钎焊操作

（1）气体的性质

1）氧气的性质

氧在常温、常压下是一种无色、无味、无毒的气体，比空气稍重。高压氧气在常温下能和油脂发生化学变化，引起发热、自燃或爆炸。使用中氧气瓶和嘴、氧气表、焊炬及连接胶管内切不可沾污油脂。

2）乙炔气的性质

乙炔是一种无色的碳氢化合物，乙炔气中含有 93%的碳与 7%的氢。由于乙炔气中含有硫化氢和有毒的碳化氢等杂质，所以带有刺鼻的异味。乙炔气本身不能完全燃烧。当与适当的氧混合后，点火即可产生 3200℃的高温火焰，是气焊理想的可燃气体。

（2）钎焊的设备与工具

1）氧气钢瓶

它是储存和运输氧气的一种高压容器。一般气瓶的容积为 40 L，标准压力为 14.7 MPa。

2）减压阀（氧气表）

减压阀的作用是将瓶内高压气体调节成工作需要的低压气体（0.2MPa），并保证气体的压力和流量稳定不变。

3）乙炔气钢瓶

乙炔气钢瓶的最高工作压力为 0.2 MPa，需配置专用的减压器。

4）焊炬（焊枪）

焊炬的作用是将可燃气体（乙炔或液化石油气）和氧气按需要的比例混合，并由一定孔径的焊嘴喷出燃烧，产生符合焊接要求的、燃烧稳定的火焰。

（3）焊料和焊剂

① 常用的焊料有银铜焊料、铜磷焊料及铜锌焊料等。为有效地保证焊接质量，要正确地选择适宜的焊料。紫铜管之间的焊接一般选用铜磷焊料，这种焊料具有流动性（慢流）好、填缝和温润性强、价格便宜等优点，而且不需要焊剂。

② 焊剂：焊剂也称焊药。在钎焊过程中，焊剂的作用主要是防止被焊工件金属及焊料的氧化。钎焊时若不使用焊剂，焊缝中夹杂的氧化物会使焊接处的强度降低，产生泄漏。

③ 焊剂分非腐蚀性和活化性两种。非腐蚀性焊剂对钎焊温度在 800℃以上的金属有效。活化性焊剂具有较强的清除氧化物和杂质的能力，但溶剂的残渣对金属有腐蚀作用，焊完后全应部清除。

④ 钎焊时要根据焊件的材料、焊料选用焊剂。铜管与铜管的焊接，使用铜磷焊料可不用焊剂，若使用银铜焊料或铜锌焊料可选用非腐蚀性焊剂，如硼砂、硼酸或两者混合的焊剂。铜管与铜管或钢管与钢管的焊接用银铜焊料或铜锌焊料时，要选用活化性焊剂。

（4）焊接的结构形式

① 相同管径铜管的对焊。两根直径相同的紫铜管相对焊接时，应采用插入式焊接结构，紫铜管的一端用扩管器扩成圆柱形口，接口部分内外表面用纱布清整擦亮，不可有毛刺、锈蚀或凹凸不平，另一根紫铜管也按此方法清理干净，然后插入扩口内压紧，以免焊接时焊料从间隙流进管内。插焊时要注意紫铜管插入圆柱形口的深度和间隙。

② 如果插焊受到管路长度限制，可采用短套管结构和扩喇叭形口的结构。

③ 压缩机导管与制冷剂管的焊接结构。制冷剂管插入压缩机导管的深度必须大于 10 mm，若小于 10 mm，在加热时插入管易变位（向外移动），导致焊料堵塞管口。制冷剂管插入压缩机导管的间隙要掌握在 0.05～0.2 mm。间隙过大，焊料难以均匀地渗入，出现气孔，导致漏气；间隙过小，则流进间隙的焊料太少，造成强度不够或虚焊。

④ 毛细管与干燥过滤器焊接结构。焊接时要特别注意毛细管的插入深度，一般为 15 mm，毛细管插入端面距滤网端面为 5 mm。如插入过深，会触及过滤网，杂质容易进入过滤网，增大堵塞的可能性；如插入过浅，焊料会流进毛细管端部，使阻力加大，造成堵塞。

干燥过滤器的安装

⑤ 毛细管与管径不同的紫铜管焊接结构。焊接前要用钳子把大于毛细管管径的紫铜管口夹扁。夹扁时将毛细管插入管内，插入长度为 25～30 mm。外管夹扁长度为 15～20 mm，即毛细管伸入外管内距夹扁边缘至少 10 mm，夹时不得将毛细管夹扁，以免造成堵塞。

⑥ 铜管的对焊可采用电弧焊，也可用气焊。所焊管子端部应加工成适当坡口再进行焊接。

视液镜的安装

（5）焊接操作方法

1）焊接前的准备工作

① 检查高压气体钢瓶。气瓶的喷气口不得朝向人的身体，连接胶管不得有损伤，减压器周围不能有污渍、油渍。

② 检查焊炬火嘴前部是否有弯曲和堵塞，气管口是否被堵住，有无油污。

③ 调节氧气减压器，控制低压出口压力为 0.15～0.2 MPa。

④ 调节乙炔气钢瓶出口压力为 0.01～0.02 MPa。如使用液化石油气气体则无须调节减压器，只需稍稍拧开瓶阀即可。

⑤ 检查被焊工件是否修整完好，摆放位置是否正确。焊接管路采用平放并稍有倾斜的位置，并将扩管的管口稍向下倾，以免焊接时熔化的焊料进入管道造成堵塞。

⑥ 准备好所要使用的焊料、焊剂。

⑦ 调整焊炬的火焰：通过控制焊炬的两个针阀来调整焊炬的火焰。首先打开乙炔阀，点火后调整阀门使火焰长度适中，然后打开氧气阀，调整火焰，改变气体混合比例，使火焰成为所需的火焰，一般认为中性焰是最佳火焰，几乎所有的焊接都可使用中性焰。调节的过程如下所述。

a．由大至小：中性焰（大）→减少氧气→出现羽状焰→减少乙炔→调为中性焰（小）。

b．由小至大：中性焰（小）→加乙炔→羽状焰变大→加氧气→调为中性焰（大）。

2）焊枪的操作（见图 2-16）

焊枪的拿握方法：用右手中指、无名指、小拇指以及掌心轻轻地握住焊枪，用右手大拇指、食指夹住氧气阀门。

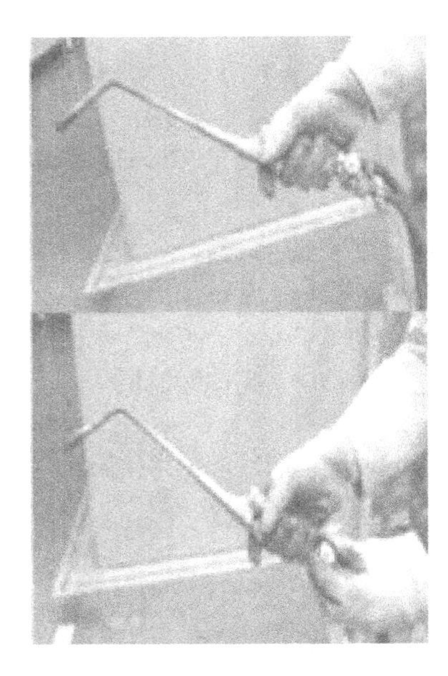

图 2-16　焊枪的拿握示意图

阀门操作：用右手大拇指、食指打开或关闭氧气用阀门，用左手大拇指、食指打开或关闭乙炔气阀门。

3）火焰的调节

点燃前先按操作规程分别开启氧气瓶和乙炔气瓶的阀门，使低压氧气表指示在 0.2～0.5 Mpa，乙炔气的压力表指示在 0.05 Mpa 左右，然后微开焊枪的氧气阀。再微开焊枪上的乙炔气阀，同时从焊嘴的后面迅速点火。切不可在焊嘴正面点火，以免喷火烧手。点燃后即可调节，两阀的调节就是调节氧气与乙炔气浸入焊枪混合气的比例，从而得到不同的火焰。

4）具体操作

点火：乙炔气阀门转动 1/4 圈，打开氧气阀门 1/2 圈，用点火枪在喷火口处点火。

火力调整的基准：火焰芯长 30～40 mm，将火焰长度调整至与母材一致。

① 要对被焊管道进行预热。预热时焊炬火焰焰心的尖端离工件约 2～4 mm，并垂直于管道，这时温度最高。加热时要对准管道焊接的结合部位，全长均匀加热。加热时间不宜过长，以免结合部位氧化。

② 加热的同时在焊接处涂上焊剂，当管道（铜管）的颜色呈暗红色时，焊剂被熔化成透明液体，均匀地润湿在焊接处，立即将涂上焊剂的焊料放在焊接处继续加热，直至焊料充分熔化，流向两管间隙处，并牢固地附着在管道上时，移去火焰，焊接完毕。然后先关闭焊枪的氧气调节阀，再关闭乙炔气调节阀。要特别注意在焊接毛细管与干燥过滤器的接口时，预热时间不能过长，焊接时间越短越好，以防止毛细管加热过度而熔化。

③ 焊接后的清洁与检查

焊接时，若焊料没有完全凝固，绝对不可使铜管动摇或振动，否则焊接部位会产生裂缝使管路泄漏。焊接后必须将焊口残留的焊剂、熔渣清除干净。焊口表面应整齐、美观、圆滑、无凹凸不平，并无气泡和夹渣现象。最关键的是绝无泄漏，这需要通过试压捡漏来判别。

5）不正确的焊接会造成以下不良后果

① 焊接不足一周：由于接头部分有油污或温度不够、加热不均匀、焊料或焊剂选择不当、不足等原因造成的结果。

② 结合部开裂：由于未焊牢，铜管被碰撞、振动所致。

③ 焊接时被焊铜管开裂：因为温度过高所致。

④ 焊接处外表粗糙：因为焊料过热或焊接时间过长、焊剂不足等引起。

⑤ 焊接处有气泡、气孔：因接头处不清洁造成。

（6）焊接安全事项

① 安全使用高压气体，开启瓶阀应平稳缓慢，避免高压气体冲坏减压阀。调整焊接用低压气体时，要先调松减压器手柄再开瓶阀，然后调压；工作结束后，先调松减压器再关闭瓶阀。

② 氧气瓶严禁靠近易燃品和油脂。搬运时要拧紧瓶阀，避免磕碰和剧烈振动。接减压器之前，要清除瓶嘴上的污物。要使用符合要求的减压器。

③ 氧气瓶内的气体不允许全部用完，至少要留 0.2～0.5 MPa 的剩余气量。

④ 乙炔气钢瓶的放置和使用与氧气瓶的方法相同，但要特别注意高温、高压对乙炔钢瓶的影响，一定要放置在远离热源、通风干燥的地方，并且要求直立放置。

⑤ 焊接操作前要仔细检查瓶阀、连接胶管及各个接头部分，不得漏气。焊接完毕要及时关闭钢瓶的阀门。

焊接工件时，火焰方向应避开设备中的易燃、易损部件，远离配电装置。

⑦ 焊炬应存放在安全地点。不要将焊炬放在易燃、腐蚀性气体及潮湿的环境中。

⑧ 不得无意挥动点燃后的焊炬，避免伤人或引燃其他物品。

2.1.8 思考与练习

一、单选题

02.01
024
习题

1．活塞式制冷压缩机活塞环中的气环的作用是（　　）。

A．吸油　　B．刮油　　C．密封　　D．滤油

2．螺杆式压缩机运行过程的特点是（　　）。

A．运行转速低，工作平稳　　B．运行转速高，震动大

C．连续运行，无液击现象　　D．存在余隙容积，压缩效率低

3．R22 制冷系统冷凝器的安全阀，当压力达到（　　）MPa 时，能自动开启。

A．1.5　　B．1.6　　C．1.8　　D．2.0

4．新建冷库制冷系统的第一次充注量为设计量的（　　），然后在系统运行调试中加以补充。

A．50%　　B．60%　　C．70%　　D．80%

5．冷库吸、排气管道敷设时，其管道外壁之间的间距应大于（　　）。

A．100 mm　　B．150 mm　　C．200 mm　　D．250 mm

6．R22 冷库制冷管道安装完成后，必须进行气密性实验，试验压力为（　　）。

A．≥1.4 MPa　　B．≥1.6 MPa　　C．≥1.8 MPa　　D．≥2.0 MPa

7．R134a 制冷剂冷库管道焊接完成后，要进行气密性实验，试验压力为（　　）。

A．≥1.0 MPa　　B．≥1.2 MPa　　C．≥1.4 MPa　　D．≥1.6 MPa

8．R22 制冷系统中制冷剂含有水分会起化学反应，可生成（　　）。

A．氢气　　B．氧气　　C．盐酸　　D．沉淀物

9．不是压缩机零配件的清洗剂为（　　）。

A．肥皂水　　B．无水酒精　　C．煤油　　D．柴油

10．R22 制冷系统内有不凝性气体，将会使系统（　　）。

A．冷凝压力降低　　B．蒸发压力降低

C．冷凝压力升高　　D．排气温度降低

11．氨制冷压缩机启动后，应缓慢打开吸气阀，目的是防止（　　）。

A．排气压力高　　B．回气阀片液击

C．吸气压力高　　D．油温度低

12．冷库内采用自然对流（　　）的蒸发器通常称为蒸发排管。

A．水　　B．盐水　　C．蒸汽　　D．空气

二、多选题

13．冷库库房布置应符合下列规定（　　）。

A．应满足生产工艺流程要求，运输线路宜短，应避免迂回和交叉

B．当采用氟利昂制冷机时可设置于库房穿堂内

C．冻结间、冻结物冷藏间应设平衡窗

D．机房、设备间与冷库连成一体

E．冷间应按不同的设计温度分区分层布置

F．冷间建筑应尽量减少其隔热维护结构的外表面积

14．冷库库体库板安装要点是（　　）。

A．放线定位

B．库板接缝采用密封胶密封

C．保证库板的垂直度和平整度

D．库板拐角防止“冷桥”出现

E．库板地脚不用固定，因为地面要加保温层和混凝土

F．对接库板不用加保温材料

15．冷凝器的选用应符合下列规定（　　）。

A．采用水冷式冷凝器时，其冷凝温度不应超过 39℃

B．采用蒸发式冷凝器时，其冷凝温度不应超过 36℃

C．冷凝器冷却水进出口的温差，对立式壳管式冷凝器宜取 1.5℃～3℃；对卧室壳管式冷凝器宜取 4℃～6℃

D．冷凝器的传热系数和热流密度应按产品生产厂家提供的数据选取

E．对使用氢氟烃及混合物为制冷剂的中、小型冷库，宜选用风冷式冷凝器

F．冷凝器必须配置安全阀

16．制冷系统的附属设备在现场安装时，应符合下列要求（　　）。

A．安装的位置、标高和进、出管口方向，应符合工艺流程、设计和随机技术文件的规定

B．低压循环桶应高于氨泵 0.5m 的距离

C．油分离器进液口标高，宜低于冷凝器出液口标高

D．不用应安装压差控制器保护氨泵

E．带有集油器的设备，集油器的一端应稍低一些

F．高压储液器不应安装板式液位计

17．制冷系统蒸发器制冷量的大小与（　　）有关。

A．蒸发器面积的大小　B．制冷剂蒸发温度的高低

C．蒸发器供液量的多少　D．蒸发器盘管管径和壁厚大小

E．油分离器　F．电磁阀

18．冷冻油变质的原因是（　　）。

A．冷冻油中混入水分　B．凝固点过低　C．蒸发温度过高

D．冷冻油被氧化　E．冷凝温度高　F．冷冻油混用

19．为保证水冷冷凝器正常供水，冷却水系统应安装（　　）。

A．流量控制器　B．压力控制器　C．温度控制器

D．断水保护装置　E．断电保护装置　F．备用水泵

20．在氟利昂制冷系统中设置电磁阀的作用是（　　）。

A．节约制冷剂　B．防止失油　C．防止液击

D．防止排气压力高　E．提高制冷效率　F．提高蒸发温度

21．压缩机能量调节是指调节制冷压缩机的制冷量，使它（　　）。

A．与外界冷负荷保持平衡　B．减少无用的损耗

C．提高运行的经济性　D．提高冷却塔处理水量

E．提高电功率的消耗　F．减少冷却水流量

22．在压缩机缸数和转速不变的情况下，可以根据吸气压力的变化来调整（　　）。

A．冷却塔风量　B．冷却塔的水量

C．制冷机的能量　D．制冷机的功率

E．使之与外界冷负荷匹配　F．冷却塔的效率

23．冷库控制箱的安装要求为（　　）。

A．必须遵守机电设备安装通用规程

B．不得靠近冷凝器或其他热源

C．应保证控制箱有良好的接地装置

D．控制箱增加散热风机，保证通风干燥

E．严格按照接线图纸连接相关线路

F．控制箱配用机组不得大于最大允许负载

三、判断题

24．拼装式冷库的门框架固定在预制板上，库门装配有门锁和把手。（　　）

25．低温冷藏间的门框与门板利用密封条紧贴门框四周，防止凝露和结冰。（　　）

26．在库房内严禁设置与库房生产、管理无直接关系的其他用房。（　　）

27. 氨冷库连接制冷系统设备的管道，必须采用无缝钢管。（　　）

28. 氨冷库制冷压缩机进气水平管以≥3/1000 坡度坡向蒸发器。（　　）

29. 在液体管上接支管，应从主管的底部或侧部接出。（　　）

30. 氟利昂冷库制冷压缩机进气水平管以≥1/100 坡度坡向压缩机。（　　）

31. 在制冷系统回气主管上接支管，应从主管下部或侧部接出。（　　）

32. 制冷管道焊接三通接口时，应采用 T 形三通配件焊接。（　　）

33. 两根相同管径的紫铜管对接焊接时，应采用圆柱形扩管器扩口焊接。（　　）

34. 防止低温低压吸气管道与支架接触产生“冷桥”现象，应设置垫木间隔，垫木必须经过防腐处理。（　　）

任务二　土建式冷库的安装

1. 任务描述

冷库安装过程中，部件的安装与调试前的准备工作至关重要。本任务以氨冷库的安装为例，要求熟练掌握土建式冷库安装与调试的具体操作，如氨制冷系统部件的安装与调试、电气控制系统的安装及保温系统的安装等。

2. 任务目标

知识目标

① 熟悉氨冷库各部件的安装步骤与注意事项。

② 熟悉制冷系统管道的布置规范。

③ 熟悉的保温系统的安装步骤和注意事项。

④ 熟悉制冷系统的电气控制系统的安装与注意事项。

能力目标

① 能正确完成氨冷库各部件的安装步骤。

② 能正确完成制冷系统管道的规范布置与安装。

③ 能正确完成制冷系统的保温系统的安装步骤。

④ 能正确完成制冷系统的电气控制系统的安装。

3. 任务分析

在冷库部件安装前，必须做好各项准备工作，防止制冷剂泄漏，确保冷库安装的人员安全、电气安全、机械安全等。本任务要求掌握氨冷库部件及保温、电气系统的安装与调试的基本操作技能。

2.2.1　安装氨冷库的制冷系统

制冷设备安装注意事项如下所述。

① 制冷压缩机的安装应符合现行国家标准《制冷设备、空气分离设备安装工程施工及验收规范》GB 50274—2010 的相关规定。

② 所有压力容器（如冷凝器、高/低压循环储液器、中间冷却器等）应由有资质的单位制造。安装前应检查制造厂产品质量证明书、竣工图及其他技术文件，并及时到当地特检中心进行登记和检验。

③ 机械设备安装前，地脚螺栓间距尺寸应与基础预留孔间距尺寸匹配，对于不合格的设

备基础应通知建设单位处理。机座采用斜铁校平，二次灌浆，合格后方能安装。

④ 设备安装除图纸要求外，一般均要求平直牢固，易振动的容器地脚螺栓应采用双螺帽或增加弹簧垫圈。

⑤ 低温容器安装时应增设垫木以尽量减少冷桥，垫木应预先在热沥青中煮过，防止腐蚀。

⑥ 设备安装时必须弄清每一个管子的接头，严禁接错。

⑦ 设备上的玻璃管液面指示器两端连接应用扁钢加固，玻璃应设护罩。

⑧ 低温容器与阀门相连接时，应按设计要求预留隔离层厚度，防止阀门埋入隔热层。

1．安装氨冷库制冷压缩机

（1）氨冷库制冷压缩机安装要求

① 收集制冷装置、系统设计的原始资料、技术文件，熟悉全部内容。

② 检查所有进场设备的完整性、配件数量等细节，备齐各类安装工具、校正垫铁等材料。

③ 根据施工图样要求，对制冷压缩机组进行开箱清点和外观检验（如对包装、设备名称、规格型号、检验证书、使用说明书、配件以及设备表面的检查等），并做好检查记录。

④ 对于整机出厂的制冷压缩机组，要在规定的保证期内安装完毕，且其油封、气封应良好，无锈蚀，内部不可拆洗。当机组超过防锈保质期或有明显缺陷时，应对其进行拆卸、清洗，并参考制冷机组出厂资料和技术文件对其进行检验。

⑤ 安装压缩机组时，应在基地、底座的基面找平和调整，有减振要求的应按设计要求安装。

氨制冷压缩机机组包括氨液分离器、油分离器、管壳式冷凝器及其附属设备、储氨器、经济器、蒸发器、主辅油泵、油冷却器、空气分离器、集油器、紧急泄氨器等设备。

名　称	型号与规格	单　位	数　量	备　注	二 维 码
油分离器	YF-100 洗涤式	个	1	3D 模型	01.01 025 YF-100洗涤式油分离器
储氨器	ZA-0.5	个	1	3D 模型	02.02 002 ZA-0.5储氨器
集油器	JY-150	个	5	3D 模型	02.02 003 JY-150集油器

续表

名　　称	型号与规格	单　　位	数　　量	备　　注	二　维　码
空气分离器	KF-32	个	4	3D 模型	02.02 004 KF-32 空气分离器
紧急泄氨的工作流程	-	-	-	flash	02.02 005 紧急泄氨器的工作流程

机组布置为多层，管壳式冷凝器、氨液分离器安放在二层平台，主机和其他辅机布置在一层。

螺杆制冷压缩机为双螺杆，主要由机体、转子、滑阀、轴封等组成。转子是两个相互啮合的螺杆，螺杆啮合转动过程中，形成的封闭空间逐渐减小，其中的气体被压缩，直至排出。转子采用圆弧摆线、带密封筋沟槽结构。转子的径向轴承为滑动轴承，推力轴承为 SKF 滚动轴承。为平衡轴向力，阳转子上装有平衡活塞。转子间的密封靠转子上的密封筋沟槽，轴端密封为单端面机械密封。

油分离器的安装

压缩机运行中，向压缩机腔内喷入占气体体积流量的 0.5%～1%的润滑油，对压缩机起冷却、密封和润滑的作用。这部分润滑油随气体一起排到油分离器中，经分离后循环使用。

（2）氨用螺杆制冷压缩机组主要技术数据

表 2-15 中列出了氨用螺杆制冷压缩机组的主要技术数据。

表 2-15　氨用螺杆制冷压缩机组主要技术数据表

压 缩 介 质	氨气（R717）
型号	JJZLG20-B
理论排气量（m^3/h）	1154
质量流量（kg/h）	2892
入口压力（MPa）	0.35
入口温度（℃）	0
出口压力（MPa）	1.690
出口温度（℃）	82
蒸发温度（℃）	-5
冷凝温度（℃）	43

续表

压缩介质	氨气（R717）
工作转速（r/min）	2960
轴功率（kW）	262
制冷量（kW）	980
转子公称直径（mm）	200
转子长度（mm）	330
制冷量调节范围	10%～100%的名义制冷量
调节方式	自动

（3）安装螺杆式氨制冷压缩机

压缩机施工基本流程如下：

基础验收处理→设备开箱检验→机组拆检、组装→机组整体就位→机组初步找正、找平→垫铁正式配制→螺杆制冷压缩机安装就位→机组精找正、找平→机组轴系对中调整→二次灌浆→辅助设备安装→机组油循环→机组试运。

1）基础验收

施工前应具备下列技术资料。

- 压缩机组出厂合格证书，出厂合格证书必须包括下列内容：

① 重要零、部件材质合格证书；

② 随机管材、管件、阀门等质量证书；

③ 机壳及附属设备水压试验记录；

④ 机器装配记录；

⑤ 机器试运转记录。

- 机组安装平、立面布置图，基础图、装配图、系统图及配管图，安装、使用、维修说明书。

① 机组的装箱清单；

② 基础中间交接资料；

③ 有关的规范、技术要求、施工方案等。

施工前必须组织图纸会审及技术交底，并应有相应的记录。

2）机组吊装与运输

① 机组的吊装与运输，应执行现行行业标准《HG 20201—2000 化工工程建设起重规范》的有关规定。

② 机组的吊装和运输，应根据包装标记或设备重心确定受力点，作业过程中应使机组及主要部件保持水平状态。

③ 机组及零部件吊装、运输时，不得将钢丝绳、索具直接绑扎在机械加工面上，绑扎部位应适当衬垫，或将索具用软材料包裹，并严禁撞击。

④ 吊装转子时，应使用制造厂提供的专用工具。

主要器具及材料如下所述。

① 机具：空气压缩机、电焊机、砂轮机、导链、千斤顶、钳工移动操作台、联轴节定心

卡具、钢丝绳、手电筒、铜棒、各种钳工工具及专用工具。

② 材料：钢板、橡胶板、道木、木板、铜皮、铅丝、煤油、汽油、氮气、砂布、金相纸、苫布、塑料布、钢丝布、二硫化钼、硅脂、白布、棉纱、尼龙绳、脱脂液等。

③ 仪器仪表：水准仪、千分表、外径千分尺、内径千分尺、游标卡尺、水平仪、塞尺、钢板尺、卷尺、转速表、测振仪、电流表、湿度计。图 2-17、图 2-18 为现场吊装示意图。

图 2-17　现场吊装示意图

图 2-18　现场吊装示意图

3）开箱验收及保管

① 机组开箱验收及安装期间的保管，应按现行行业标准《化工机器安装工程施工及验收规范》的有关规定执行。

② 查看机组型号是否与合同中所订机组相符。

③ 检查机组及出厂附件是否损坏、锈蚀。

④ 开箱后必须注意保管，放置平整。法兰必须封盖，各接口、要扎紧，防止雨水、灰沙浸入。

4）外观检查

基础外观不应有裂纹、蜂窝、空洞、露筋等缺陷；基础中心线、标高、沉降观测点等应标记齐全、清晰；预埋螺栓的螺纹部分应无损坏，预留地脚螺孔应清理干净，螺母、垫圈齐全；按土建机器图对机器的外形尺寸、坐标位置进行复测检查，其允许偏差应符合表 2-16。

表 2-16　机器基础尺寸和位置的允许偏差表

机器基础尺寸和位置的允许偏差（mm）		
项　次	项　目	允 许 偏 差
1	坐标位置（纵横轴线）	±20
2	不同平面的标高	0～-20
3	平面外形尺寸	±20
4	凸台上平面外形尺寸	0～-20
5	凹穴尺寸	+20～0
6	基础上平面的水平度	5 mm/m，且全长 10

续表

<table>
<tr><th colspan="4">机器基础尺寸和位置的允许偏差（mm）</th></tr>
<tr><th>项 次</th><th colspan="2">项 目</th><th>允许偏差</th></tr>
<tr><td>7</td><td colspan="2">垂直度</td><td>5 mm/m，且全长 10</td></tr>
<tr><td rowspan="2">8</td><td rowspan="2">预埋地脚螺栓</td><td>标高（顶高）</td><td>+20～0</td></tr>
<tr><td>中心距（在根部和顶部测量）</td><td>±2</td></tr>
<tr><td rowspan="3">9</td><td rowspan="3">预留地脚螺栓孔</td><td>中心位置</td><td>±10</td></tr>
<tr><td>深度</td><td>+20～0</td></tr>
<tr><td>孔壁铅垂度</td><td>10</td></tr>
<tr><td rowspan="4">10</td><td rowspan="4">带锚板的预埋活动地脚螺栓</td><td>标高</td><td>+20～0</td></tr>
<tr><td>中心位置</td><td>±5</td></tr>
<tr><td>带槽的锚板水平度</td><td>5 mm/m</td></tr>
<tr><td>带螺纹孔的锚板水平度</td><td>2 mm/m</td></tr>
</table>

5）机组安装前处理

① 对于需要二次灌浆的基础表面，应铲出麻面，麻点深度不应小于 10 mm，密度以每平方分米内 3～5 点为宜，表面不得有疏松层与油污。

② 放置垫铁处的基础表面应铲平，其水平度偏差不应大于 0.5 mm/m，与垫铁应接触均匀，接触面积不应少于 50%。

③ 若要预埋垫铁，应在放置垫铁处的基础面铲出凹坑，用高于基础标号的水泥砂浆埋设平垫铁。平垫铁上表面的水平度偏差不应大于 0.5 mm/m，标高偏差不应大于 2 mm，砂浆层厚度不得小于 40 mm。

6）机组就位、找平找正与固定

当技术文件无要求时，垫铁的布置应符合下列规定：

① 垫铁组应放在地脚螺栓两侧并尽量靠近螺栓；对于不带锚板的地脚螺栓，其间距小于 300 mm 时，可只在一侧安放垫铁。

② 相邻垫铁组的间距可根据机器重量、底座结构、负荷分布情况而定，宜为 300～700 mm。

垫铁应平整，无氧化皮、毛刺和卷边。斜垫铁的斜度宜为 1 : 20，表面粗糙度 *Ra* 不应大于 6.3 μm，配对斜垫铁之间接触面应密实。

垫铁的选用应按现行行业标准《化工机器安装工程施工及验收规范》通用规定执行。

每组垫铁限用一对斜铁，总层数不超过 4 层，总高度宜为 40～70 mm。

机器安装完毕后，用 0.25～0.5 kg 的手锤对垫铁组进行敲击检查，垫铁组应无松动，层间用 0.05 mm 塞尺检查，垫铁同一断面处两侧塞入深度之和不得超过垫铁边长（或宽）的 1/4。检查合格后，将垫铁两侧层间用定位焊固定。焊接时，严禁将地线固定在机器上。

机组就位前必须合理确定供机组找平找正的基准机器。应先调整固定基准机器，再以其轴线为准，调整固定其余机器。

基准机器的确定，应符合下列要求：

① 机器多、轴系长时，宜选择安装在中间位置的机器。

② 条件相同时，优先选择转速高的机器。

③ 机组就位时，联轴器端面间轴向距离应符合技术文件要求。

④ 机组中心线应与基础中心线一致，其偏差不应大 5 mm。

⑤ 基准机器安装标高的差不应大于 3 mm。

调整水平前应先确定水平测点的位置及机组的安装基准部位，并应符合下列要求：

① 纵向水平可在轴承座孔，轴承座、壳体中分面，轴颈或制造厂给定的专门加工面上选点测量。

② 横向水平在轴承座、下机壳中分面或制造厂给定的专门加工面上进行测量；宜选择基准机器的轴颈为机组的安装基准部位。

③ 纵向水平度的允许偏差，基准机器的安装基准部位处应为 0.05～0.2 mm/m，其余机器必须保证联轴器对中要求.

④ 横向水平度的偏差不应大于 0.10 mm/m ，同一机器各对应点的水平度应基本一致。

7）安装螺杆制冷压缩机组的步骤

螺杆式制冷压缩机组采用转式压缩机，其动力平衡性好，振动小，所以对基础的要求比活塞式压缩制冷机组低。一般情况下，参照前述活塞式制冷压缩机的基础施工和安装要求，即可满足螺杆式制冷压缩机组的安装要求。图 2-19 为螺杆式压缩机组。

图 2-19　螺杆式压缩机组

压缩机安装时设备清洗和检查应符合下列要求：

① 主机和附属设备的防锈油封应清洗干净，并应除尽清洗剂和水分。

② 设备应无损伤等缺陷，工作腔内不得有杂质和异物。

③ 对于压缩介质为易燃易爆气体的压缩机，凡与介质接触的零件和部件、附属设备和管路均应按现行国家标准《机械设备安装工程施工及验收通用规范》第五章有关的规定进行脱脂；脱脂后应用无油干燥空气吹干。

④ 整体安装的压缩机在防锈保证期内安装时，其内部可不拆卸清洗。

⑤ 整体安装的压缩机纵向和横向安装水平偏差不应大于 0.2/1000，并应在主轴外伸部分或其他基准面上进行测量。

⑥ 当无公共底座的机组找正时，应以驱动机或变速箱的轴线为基准，其同轴度应符合设备技术文件的规定；当无规定时，其联轴器的连接应按现行国家标准《机械设备安装工程施

工及验收通用规范》第五章的规定执行。

8）基础二次灌浆

基础二次灌浆前，应检查复测下列项目，并做好记录：

① 联轴器的对中偏差和端面轴向间距应符合要求。

② 复测机组各部滑销、立销、猫爪、联系螺栓的间隙值。

③ 检查地脚螺栓是否全部按要求紧固。

④ 垫铁组应符合文件规定，层间定位焊完毕；机组检查复测合格后，必须在 24 h 内进行灌浆，否则应再次进行复测。

⑤ 二次灌浆层的厚度，宜为 40～70 mm。

二次灌浆安设的模板，应符合下列规定：

① 外模板与底座外缘的间距不宜小于 60 mm，模板高度应略高于底座下平面。

② 如需支设内模板，其与机器底座外缘的间距不得小于底座底面边宽。

③ 当用无收缩或微膨胀混凝土灌浆时，其标号应高于基础标号 1～2 级，且不得低于 250 号。使用前必须做试块试验。

④ 二次灌浆前，必须清除基础表面的油污。用水冲洗干净并保持湿润 12 h 以上，灌浆时应清除表面积水。

⑤ 灌浆时，环境温度应在 5℃以上；环境温度低于 5℃时，砂浆可用 60℃以下温水搅拌并掺入一定数量早强剂。

⑥ 二次灌浆必须在安装人员的配合下连续进行，一次灌完。灌浆时应不断捣固，使混凝土紧密地充满各部位。

9）附属设备的安装

① 压缩机缓冲气系统的安装。压缩机缓冲气系统应作为独立的模块安装于压缩机附近，其安装方法与静设备的安装相同，安装过程中应注意将与设备连接的管道支撑起来，与压缩机的连接应为无应力连接，从而将机器的振动减至最少。管道内部必须吹扫干净，不得有任何杂物（如铁锈等），避免损坏压缩机的密封系统。

如图 2-20 所示为机组减振结构。

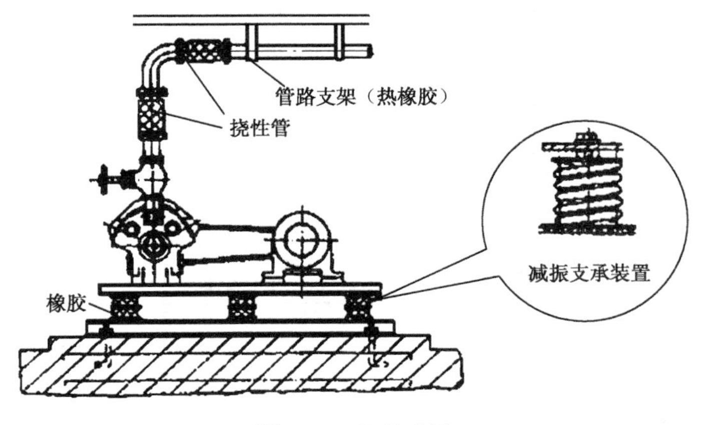

图 2-20 机组减振

② 压缩机润滑油管道的安装如下所述。

按照图纸配置供油系统和压缩机及电动机之间的油管，油管安装应注意流向和坡度，并采用钨极氩弧焊进行焊接。

碳钢管道安装完后其内部要进行酸洗和钝化，并通过压缩空气将管道内部吹洗干净。

③ 压缩机组管道的安装如下所述。

在最终管道连接完毕以前，机器各法兰口应保持密封。

管道安装前，必须清除管道内所有污物、水垢、铁锈、焊渣和其他外来物质。

管道法兰螺栓孔应同压缩机法兰螺栓孔成一线，法兰应该平行，偏差应在 0.25 mm 以内。

对于与机组连接的各工艺管道，其固定口应远离机器本体，在组对时决不允许为强行对中连接而使机组受到附加外力。

所有连接管道都必须有固定支架，严禁以设备法兰口作为支承，使机器壳体受力。在管道与机器连接之前，应至少在机器上安装两块百分表来测量机器纵、横两个方向上的位移，然后连接管道，观察百分表，如果百分表指示位移超过 0.05 mm，则应松开管道重新连接。

④ 油系统的冲洗如下所述。

在油冲洗前，应对油系统中的设备、管道进行彻底检查并向油箱注入冲洗油。冲洗油必须经 120 目金属滤网或滤油机过滤。

拆开与各轴承、轴密封、调速器等出入口的连接管道，通过接临时短管连成回路。根据冲洗流程，确定管道上的阀门开闭状态。

油系统中油泵经负荷试运行合格后，可进行油系统冲洗工作，冲洗时的油温在 40～75℃范围内，并按规定的温度和时间交替进行。

油冲洗的合格标准，应符合下列要求：

通油 4 h 后，在各润滑点入口处 180～200 目的过滤网上每平方厘米可见软质颗粒不超过两点，不得有任何硬质颗粒，但允许有少量纤维体。

油冲洗合格后，将系统中的冲洗油排出。再次清洗油箱、过滤器、高位油槽、轴承、密封腔。对各部位正式管道进行复位。

向油箱中注入经过滤的合格工作油，按要求组装轴承、浮环密封及密封环，并在各入口处设置 180 目金属滤网，按正常流程进行油循环。通油 24 h，油过滤器前后压差增值不应大于 0.01～0.015 MPa。

（2）安装活塞式氨制冷压缩机

1）活塞式制冷压缩机组技术参数

表 2-17 中列出了活塞式制冷压缩机组的技术参数。图 2-21 所示为半封闭活塞式制冷压缩机组。

表 2-17 活塞式制冷压缩机组技术参数

压缩机型号	8ASJ-17	S8-12.5	6AW-12.5
额定制冷量（kW）	163	95	190
汽缸数	8	8	6
汽缸直径（mm）	170	125	125
活塞行程（mm）	140	100	100
能量调节范围	0，1/3，2/3，1	0，1/3，2/3，1	0，1/3，2/3，1

续表

额定速度	750	960	960
配用功率（kW）	132	75	75
电源	380V、50Hz（三相电源）	380V、50Hz（三相电源）	380V、50Hz（三相电源）
压缩机加油量（kg）	50	40	42
压缩机质量（kg）	3280	1100	1000
机组质量（kg）	5850	2000	2500
高压缸进，排气直径（mm）	进 80，排 65	进 65，排 65	进 100，排 80
低压缸进，排气直径（mm）	进 125，排 100	进 100，排 100	
冷却水管直径（mm）	20	15	15

图 2-21　半封闭活塞式制冷压缩机组

2）安装流程

● 基础施工

活塞式制冷压缩机的安装固定

一般来讲，土建单位负责压缩机组的基础施工。

① 基础的施工单位在基础施工完毕、达到强度要求自检合格后即向安装单位移交，同时移交合格证明书及测量记录。基础上必须画出标高基准线和基础的纵横中心线、预留孔、埋件的中心线，在建筑上应标有坐标轴线，主机基础应设有沉降观测点。

② 对基础外观进行检查，不得有裂纹、蜂窝、空洞、露筋等缺陷。

③ 按照建筑基础图及机器技术文件对基础的尺寸及预留孔、洞、预埋件等的位置进行复测检查，其允许偏差见表 2-18。

表 2-18　机器基础尺寸及位置允许偏差

序　　号	项 目 名 称	允许偏差（mm）
1	基础坐标位置	±20
2	基础各不同平面的标高	+0　−20
3	基础上平面外形尺寸 凸台上平面外形尺寸 凹穴尺寸	±20 −20 +20

续表

序　号	项 目 名 称	允许偏差（mm）
4	基础上平面的水平线：每米 全长	5 10
5	垂直度偏差：每米 全长	5 20
6	预埋地脚螺栓：标高（顶端） 中心距（在根部和顶端测量）	+20　−0 ±2
7	预留地脚螺栓孔　　中心位置 深度 （全深）孔壁的铅垂度	+10 +20　−0 +10

④ 基础复查合格后，土建单位和安装单位代表在中间交接证书上签字，基础检查的结果如果不符合要求，由土建单位负责处理。

● 检查基础

在安装压缩机组之前，需要认真检查基础，如发现问题必须立即解决。

① 使用“敲击法”检查基础的强度。即先用小锤敲击混凝土的表面，如果敲击声响亮且表面几乎没有痕迹，且用尖錾轻轻錾混凝土表面后表面稍有痕迹，就说明混凝土的强度已经达到要求。

② 对基础的尺寸进行检查。具体的检查内容包括基础的外形结构、平面的水平度、中心线、标高、地脚螺栓的深度和距离、混凝土内的预埋件等。

● 机组就位、找正

把压缩机组从包装箱的底座搬到设备基础上，将其安置在规定的部位，保证机组的纵横中心线与基础中心线对正。

图 2-22 所示为中体轴线与曲轴轴线的垂直度测量。

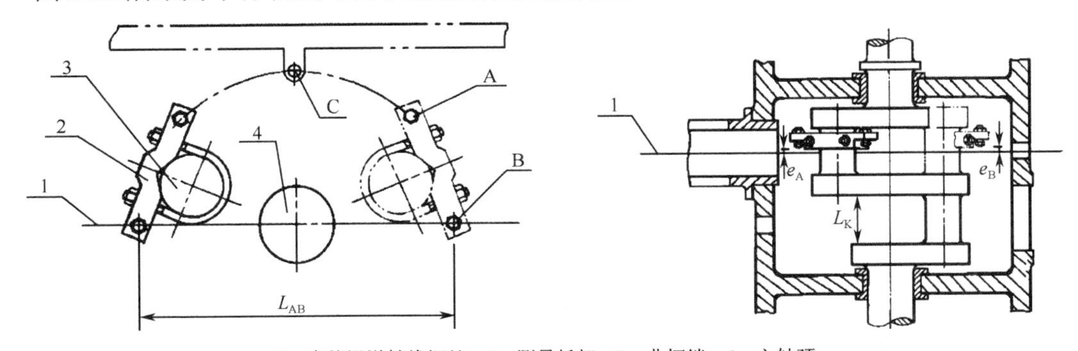

1—中体滑道轴线钢丝　2—测量托架　3—曲柄销　4—主轴颈

图 2-22　中体轴线与曲轴轴线垂直度测量

① 用墨线弹出机组纵横中心线和基础中心线。

② 将一定数量的垫铁放置于地脚螺栓预留孔的两侧，确保垫铁的支撑面在同一水平面上且放置平稳。

注意：平垫铁露出基础的长度为 10～30 mm，斜垫铁露出基础的长度为 10～50 mm。垫铁应放置在地脚螺栓两侧，每侧各放置一组。相邻地脚螺栓间距小于 300 mm 时，可在地脚螺

栓的同一侧放置一组垫铁。相邻垫铁的间距以 500 mm 左右为宜，每组垫铁不多于 5 块，只允许使用一组斜垫铁，主机采用 220 mm×100 mm 的垫铁，副机采用 110 mm×70 mm 垫铁。

③ 根据吊装技术的安全规程，利用起重机、铲车、人字架或者滑移的方法将压缩机组吊起，机组底座穿上地脚螺栓，把机组移至基础上方，对准基础中心线，把机组放下，搁置于垫铁上。

④ 在压缩机组就位后，利用量具、线锤、撬杆调整压缩机组的纵横中心线，使其与基础中心线重合。

● 机组初平与精平

① 初平。在压缩机组的中心线对正后，拧上地脚螺栓的螺母但不要拧紧，再用框式水平仪进行校正，使压缩机组保持水平。如果水平度超差较大，可把压缩机组较低一侧的垫铁换成更厚的垫铁；如果超差不大，可将机组较低一侧的垫铁渐渐打入，使机组水平。

② 地脚螺栓孔的二次灌浆。在机组初平后，使用与基础混凝土标号相同或标号略高的细沙混凝土对地脚螺栓进行浇灌、振动直至填实。每个地脚螺栓孔的浇注要求一次性完成，并且要洒水保养 7 天。当混凝土养护达到强度的 70%以上时，才能拧紧螺栓。

③ 精平。精平是在初平之后对压缩机组的水平度做进一步的调整，使之达到技术文件的要求。对于 V 形与 S 形压缩机组，以汽缸端面为基准，用角度水平仪进行测量，或者以进气、排气或安全阀法兰端面为基准，使用框式水平仪进行测量。

● 基础抹面

① 在机组精平后，再次拧紧地脚螺栓。

② 需要在基础边缘放置一圈模板，模板到机组机座外缘的距离不小于 100 mm 或不小于机座底筋面宽度。

③ 用混凝土将机组的机座与基础表面的空隙填满，并将垫铁埋于混凝土内。在机座外面灌浆层的高度应高于机座的底面，灌浆层的上表面应略有坡度，坡向朝外，以防油、水流入机座。

④ 在混凝土凝固前，用水泥砂浆进行基础抹面，确保基础的表面光滑和美观。

● 机身、中体安装

垫铁和地脚螺栓安装过程如下所述。

① 机身安装采用有垫铁安装，垫铁要布置在地脚螺栓两侧，每组垫铁的高度控制在 50～70 mm，一般不超过四层。斜垫铁要配对使用，较薄、平的垫铁要放在斜垫铁与厚、平垫铁之间。

② 安放垫铁的基础表面应铲平，放上垫铁后用 2 mm/m 的水平纵横方向找平，垫铁与基础应接触均匀，接触面积应达 50%以上。基础表面的疏松层应铲除，二次灌浆层表面应铲出麻面，麻点的深度一般不小于 10 mm，密度以 3～5 点/dm^2 为宜，表面不允许存在疏松层，油渍必须清除干净。

③ 地脚螺栓的配合精度尺寸和材质应符合图纸规定，去除光杆的油渍和氧化皮，螺纹部分涂上少许油脂。锚板和基础接触的位置其表面应铲平，以保证锚板水平安装并有足够的接触面，锚板应涂漆防腐。

④ 地脚螺栓应对称均匀地拧紧，拧紧力矩 120～130 kg • m。拧紧后，螺栓应露出螺母 1.5～3 个螺距，二次灌浆前，各垫铁组的每块垫铁间应焊接固定。

图 2-23 为机组基础安装示意图。

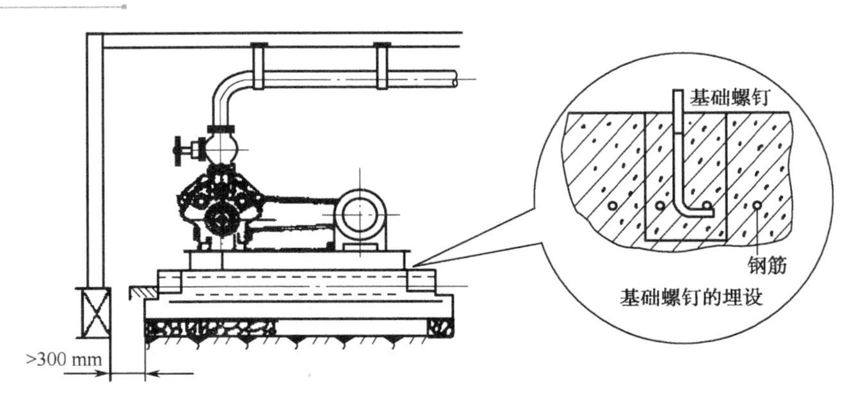

图 2-23　机组基础安装示意图

机身就位前必须进行煤油试漏检查。将机身垫高至离楼板 500 mm 左右，把油池外表面清理干净并刷上白粉，待白粉干后注入煤油，其液面应高出正常运转的润滑油液位，煤油浸泡时间不少于 8 h。检查油池外表面，白粉上无渗漏油迹为合格，检查合格后回收煤油并将所刷的白粉清除干净。

机身的安装如下所述。

① 将身座调整螺钉下面的基础面给予铲平，然后放上调整垫铁（210 mm×100 mm×20 mm）（实际上不采用，因为拧动调整螺栓时，机身会发生侧滑，反而不利于找正工作）。

② 把机身水平吊运至基础上，穿入地脚螺栓，机身主轴承孔、汽缸中心线应与基础的中心线重合，允许偏差为 5 mm，标高应符合设计要求，允许偏差±5 mm。在保证机身水平度的前提下，标高只测一点即可。

中体的安装如下所述。

① 中体安装前应进行彻底清洗，并通过压缩空气吹干。安装时注意对号入座，在紧固螺栓前应先装好定位销。

② 中体安装前，必须对机身与中体接触的部分进行彻底清洗，安装时先放入地脚螺栓。中体组装到机身上时，注意中体下沿平台面与机身相应部分应密切接触，机身与中体螺栓在机身内侧拧紧，装配时应对称交叉反复地拧紧螺栓，最后逐个检查，保证每个螺栓均达到所需的预紧力，预紧力矩 170 N • m。分三次拧紧，最后进行全面检查。

③ 用水平仪调整纵横水平，轴纵向水平以轴承孔为基准，且以两端读数为准，中间读数作为参考；横向水平在十字头滑道两端与中间测量，以两端读数为准，中间读数作为参考，机身的列向及轴向水平度均不得超过 0.05 mm/m，在要求范围内，轴向水平应高于电机端，列向水平应高于汽缸端。

④ 第一次找正后，向预留孔内灌入水泥砂浆，砂浆半干后，使垫铁组向地脚螺栓两侧靠近，待砂浆干后利用垫铁组调整好机身纵横水平度。水平度达到要求后应撑紧斜垫铁，然后松开调整螺栓，检查水平度，符合要求后均匀对称拧紧地脚螺栓，拧紧地脚螺栓后允许水平度有微小变化，总水平度不超标即可认为机身安装达到要求，否则重新调整。

⑤ 在吊装、找正以及拧紧地脚螺栓时，均应放上横梁并将其固定螺栓拧紧，各“横梁”应编号，以免在拆装中装错。

⑥ 找正合格后 24 h 内进行二次灌浆，灌浆应连续进行，不可中断，冬季灌浆应采取防冻措施。

3）安装注意事项

① 在测量设备是否水平时，将测量平面的油漆、防锈油刮擦干净。使用框式水平仪时，手不能接触水准器的玻璃管，读数时视线应垂直对准水准器。测量过程中要轻拿轻放，不能碰撞，更不能在测量表面来回推动。在同一位置，一般进行两次测量。第二次测量时，将水平仪在原位置旋转 180° 后重新测量，然后利用两次读数的结果加以计算。半封闭活塞型机房图片如图 2-24 所示。

图 2-24 半封闭活塞制冷压缩机组机房图片

② 一般情况下，灌浆及基础养护工作不能在低于 5℃的气温下进行。

2. 安装氨冷库换热设备

（1）安装冷凝器

1）一般安装步骤

风冷式冷凝器的安装固定

● 基础施工

① 需要对设计图纸上的尺寸与冷凝器的“符合性”进行检查。根据图纸尺寸要求，做好基础模板。

② 在基础模板内适当配置钢板，在使用混凝土浇灌完成后，进行 7～10 d 的浇水养护，使用草袋或麻袋进行覆盖。

③ 在混凝土凝固前，用水泥砂浆进行基础抹面，确保基础表面平整、光滑、美观。

④ 待混凝土强度达到 50%时，拆除整个模板，同时清理基础四周模板和预埋钢板面。

● 基础检查

在安装冷凝器之前，需要认真检查基础，如发现问题必须立即解决。

① 使用“敲击法”检查基础的强度。即先用小锤敲击混凝土的表面，如果敲击声响亮且表面几乎没有痕迹，且用尖錾轻轻錾混凝土表面后，则表面稍有痕迹，就说明混凝土的强度已经达到要求。

② 对基础的尺寸进行检查。具体的检查内容包括基础的外形结构、平面的水平度、中心线、标高、混凝土内的预埋件等。

基础经过检查后不符合要求的，应由土建单位进行处理。

● 工字钢找正、找平与焊接

如图 2-25 所示为机组就位找正示意图。

采用 22A 号工字钢（220 mm×110 mm×7.5 mm）作为冷凝器的底部承重支撑。

① 使用墨线弹出工字钢中心线和预埋钢板中心线。

② 量出冷凝器底部承重边安装孔ϕ190 mm 的位置，在工字钢安装面上钻出相应螺栓孔。

③ 将工字钢放置在基础预埋的钢板上，然后对工字钢进行找正、找平，使工字钢中心线与预埋钢板中心线对齐并重合。

④ 用水平尺测量工字钢的水平度。用铁热片来调整工字钢的水平，要求工字钢的水平度保持在 0.17%（即 1.7 mm/1 m）之内。

⑤ 在工字钢找正、找平之后，使用电焊机将工字钢与预埋钢板焊牢。

图 2-25　机组就位找正

● 冷凝器就位、紧固

① 按照吊装技术的安全规程，利用起重机、铲车、人字架或者滑移的方法将冷凝器吊起，把冷凝器机组移至基础上方，对准基础中心线，把机组放下，搁置于工字钢上。

② 在冷凝器就位后，利用量具、线锤、撬杆调整冷凝器纵横中心线，使其与基础中心线重合，并使冷凝器底部承重边安装孔与工字钢上的螺栓孔对正。在冷凝器就位与找正的过程中，要注意操作者和冷凝器的安全，还要注意保证冷凝器上管座等部件的方位符合设计要求。

③ 装上螺栓并拧紧螺母，以固定冷凝器。

2）蒸发式冷凝器的安装：

蒸发式冷凝器一般安装在机房顶部，机房的屋顶结构需特殊处理，要求能承受蒸发式冷凝器的重量。蒸发式冷凝器的安装必须牢固可靠且通风良好，安装时其顶部应高出邻近建筑物 300 mm，或至少不低于邻近建筑物，以免排出的热湿空气沿墙面回流至进风口。

若不能满足上述要求，安装时应在蒸发式冷凝器顶部出风口上装设渐缩口风筒，以提高出口风速和排气高度，减少回流。蒸发式冷凝器的安装也有单台和多台并列式等安装形式。

安装时需注意与邻近建筑物的间距，一般要注意以下情况：

① 当蒸发式冷凝器四面都是墙时，安装时进风口侧的最小间距为 1800 mm，非进风口的最小间距为 900 mm。

② 当蒸发式冷凝器三面是实墙、一面是空花墙时，进风口侧的最小间距应为 900 mm，非进风口侧的最小间距为 600 mm。

③ 当两台蒸发式冷凝器并联安装时，如两者都位于进风口侧，它们之间的最小距离为 800 mm；如一台位于进风口侧，另一台位于出风口侧，其最小间距为 900 mm；如两台都没有位于进风口侧，最小间距为 600 mm。

④ 在安装时还要注意蒸发式冷凝器的底部直径不得小于 500 mm，以便管道连接、水盘检漏并防止地面脏物被风机吸入。图 2-26 所示为蒸发式冷凝器的连接。

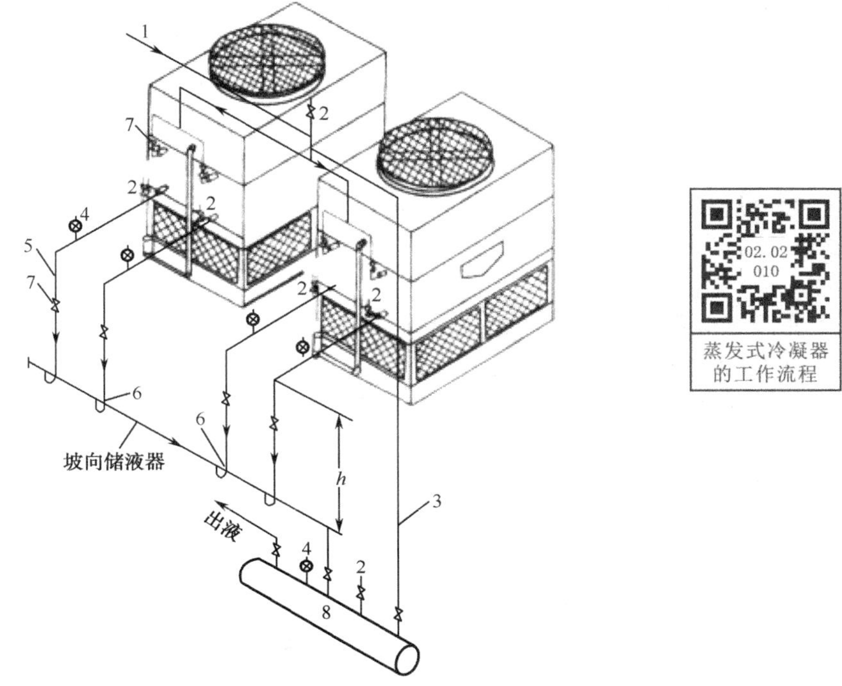

1—压缩机排气　2—放空气阀　3—均气管　4—安全阀　5—下液管　6—存液弯　7—检修阀　8—储液器

图 2-26　蒸发式冷凝器的连接

3）操作管理规范

首先根据压缩机的制冷能力和冷凝器的冷凝能力，调整冷凝器的运行台数和冷却水泵或风机的运行台数，实现经济合理的运行。

运行中要检查管路及各有关阀门的开启情况，其中进水阀、出水阀、进气阀、出液阀、均压阀、安全阀前的截止阀和液面指示器的阀门必须全开，放油阀和放空气阀应关闭。同时应注意：

① 冷凝压力一般不超过 1.5 MPa。

② 经常检查冷却水的供应情况或风机的风量，保证水量或风量足够，分配均匀。冷凝器的进出水温差应根据冷凝器种类调整，蒸发式冷凝器通常控制在 8～14℃，立式和淋激式为 2～3℃，卧式为 4～6℃，冷凝温度较出水温度高 3～5℃。

③ 对于氨压缩机应定期采用化学分析法或酚酞试纸检验冷却水是否含氨以确定冷凝器是否漏氨，一般每月一次，发现问题及时处理。

④ 对于氨压缩机应根据压缩机耗油量的多少定期进行系统放油，一般每月一次，并根据冷凝温度、压力及水温、空气温度情况分析是否需要放空气。

⑤ 根据水质情况定期除水垢，水垢厚度一般不得超过 1.5 mm，一年清除一次。

⑥ 蒸发式冷凝器运行时，应先开启风机，然后开启循环水泵，再开启进气阀和出液阀。喷水嘴应畅通，定期清除水垢。

冷凝器停止工作时，应首先关闭进气阀，间隔一段时间后，再切断水泵和风机的电源，停止供水。冬季应将卧式、组合式和蒸发式冷凝器中的积水排尽，立式、淋激式冷凝器的配水槽内的水也应排尽。若冷凝器长时间停用，应将制冷剂排空，并与其他管路隔开。

（2）安装蒸发器

1）安装顶排管

冷库排管分为立管式排管、U 形顶排管、蛇形盘管和搁架式排管四种，其作用是采用冷空气自然对流。管片的间距大，排管上结的霜对空气对流影响不大，可起蓄能作用，因而库温恒定；因冷空气自然对流，蒸发温度与库温相差小，所以干耗少，储藏的食品品质高。顶排管如图 2-27 所示。

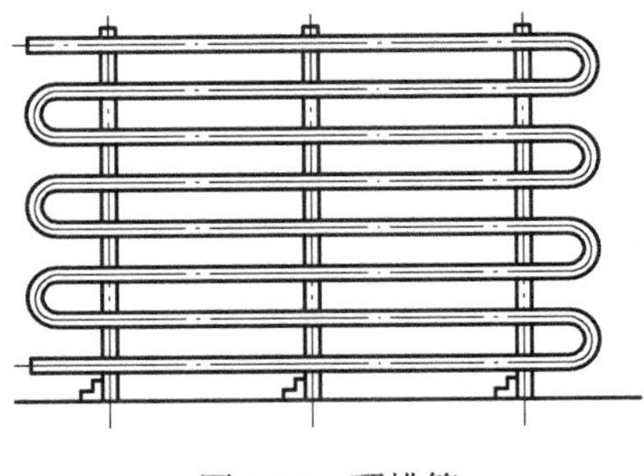

图 2-27　顶排管

顶排管的预制组装流程如下所述。

● 加工 U 形弯头、集管和支架

先对管子进行坡口、除锈、调直、弯管等各单项工序的加工处理，然后按图纸下好料进行 U 形弯头和集管的加工。U 形弯头用无缝钢管冲压成形；供液集管用无缝钢管制作，按图样尺寸开好孔；回气集管用无缝钢管制作，按图样尺寸开好孔。支架用角钢按图样尺寸下料，钻好管卡安装孔。

● 安装上下两组排管

将集管放在预制好的支架上，把下好料的无缝钢管伸入集管中（伸入集管的深度要求为 10 mm）并将上下两组排管固定在上下两层支架上。先用一根 D50 钢管和 D38 钢管分别插装在 D76 钢管和 D57 钢管中，即可保证伸入深度的要求。当全部 D38 无缝钢管在集管孔内就位后，依次用 U 形螺钉管卡将 D38 无缝钢管固定在排管的角钢支架上，最后将集管中的 D50 钢管和 D38 钢管抽出。

● 排管组对与焊接

在排管一端与集管接好后，用 U 形弯头接好另一端，进行双层组对。依据图纸进行检查，无误后使用电弧焊机将排管焊接牢固。

● 吹污、试压与涂装

用 1.6 MPa 的压缩空气对排管进行不少于三次的吹污，同时用锤子敲打管道，把管内焊口的氧化皮吹出，然后焊接两个集管的封头，再用 1.6 MPa 的压缩空气进行整组排管的单体试压，持续 5 min 无泄漏，则证明试压合格。最后进行铲锈处理，并用铁红环氧底漆在排管表面涂装两遍。

吊装排管的流程如下所述。

① 事先在顶面模板上，预埋置吊点和吊装螺栓。

② 装好各排管的角钢支架和吊点支架，利用槽钢或工字钢在排管底部再做一个吊装托架。

③ 在起吊前，根据排管长度和重量确定吊点的数量和位置，将楼板上的预埋螺栓校正好。

④ 在吊装时，将排管用绞车或铲车送至安装位置，上好预埋螺栓螺母，拧紧螺母使预埋螺栓伸出螺母四个螺距。在拧紧吊装螺栓时，可在吊装螺栓处加垫垫圈来调整排管的水平和坡度。要求墙排管中心与墙壁表面间距不小于 150 mm，顶排管中心（多层排管为最上层管子中心）与库顶距离不小于 300 mm。

冷风机的
安装固定

2）安装冷风机

安装步骤如下。

① 安装准备工作：根据设计要求，检查和核对冷风机的规格型号及外观

质量，认真阅读安装说明书。还要核对所预埋的吊点或制作的基础尺寸，无误后方可安装冷风机。

② 冷风机就位：对于冷风机的就位，可使用绞车或叉车将冷风机骨架移至基础上方，在装正找平后，拧紧地脚螺栓。冷风机离墙一侧要留 350～400 mm 距离，出风口要高出地面 600～1000 mm。

③ 分层安装冷风机：在装好冷风机骨架后，焊接水盘，然后将各部件分层安装。要求在各层的法兰之间垫入橡皮垫圈，用螺钉连紧，不能有漏风漏水的问题。法兰间橡胶垫圈不能对口平接，而应上下斜口搭接，橡胶垫圈的边沿不得突出法兰。

④ 安装融霜水系统：融霜供水管应敷设在常年温度大于 0℃的穿堂内或其他场所。进入库内的融霜水支管与供水总管的结点位置最高，并按照 3%的坡度一直坡向淋水管。在融霜供水管的库外控制阀后应有排水。

⑤ 安装承水盘：承水盘应架空在冷库地坪上。承水盘需要制成 V 形，将淋水反射到承水盘中央。蒸发器的下沿至承水盘底板之间的高度不宜过大，承水盘的排水口可开设在承水盘折线上最低位置。

⑥ 安装排水管：要求排水管的管径不小于 100 mm，排水坡度不小于 5%，排水管与承水盘的接口严密不漏水。在排水管出口处设水封，管子在库房内要保温，室外保温部分延伸至 1500 mm。

⑦ 调试：在冷风机安装完毕后，要试压、试水和试验风机。使用 1.6 MPa 的压缩空气进行试压检漏，试压合格后进行试水。在试水时，淋水盘要喷淋均匀，下水要畅通，冷风机各连接处不能漏水，承水盘的排水要通畅，不能有积水。在试验风机前，应先检查叶轮与机壳有无碰撞的现象，并向风机轴承注油，这样就做好了试机前的准备。在风机运转时，主体不产生抖动，无异常杂音，电动机的电流和温升正常，润滑部件温度符合要求，出风均匀。待风机调试正常后，在冷风机出风门预留螺孔上装上导风板，并根据风量分布要求调整好导风板的安装角度。

启动前，应先检查风机的情况，叶片转动应灵活。风机启动后，应先开回气阀再开供液阀。运行中翅片管组应均匀结霜，若不均匀，应调整供液量；若霜层太厚，需及时融霜。冷风机淋水管的喷水孔和下水管道都应保养良好，定期检查和清理水道，保持水道畅通。冷风机的安装如图 2-28、图 2-29 所示。

图 2-28 安装吊顶式冷风机

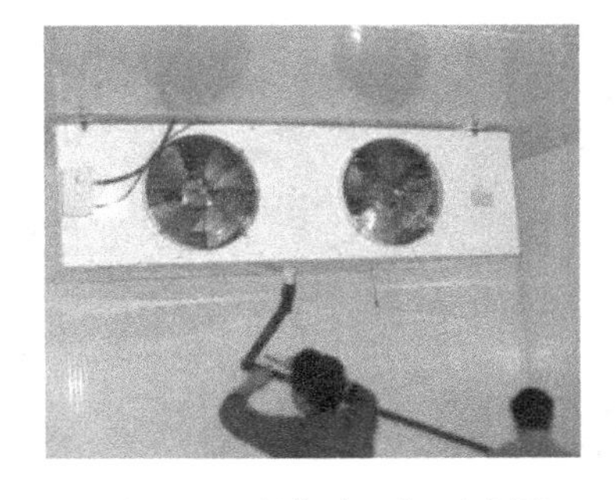

图 2-29 安装冷风机示意图

3．安装氨冷库辅助设备

（1）制冷辅助设备安装前的一般要求和注意事项：

① 制冷设备到现场后应加以检查、妥善保管。封口已敞开的应重新封口，防止污物进入，

减少锈蚀。放置过久设备在安装前应检查内部是否有锈蚀或污染，并用压缩空气进行单体排污。

② 基础要按具体设备的螺孔位置布置样板，并预埋地脚螺栓。样板必须平整，尺寸必须正确，并用水平尺校核水平。浇灌混凝土时，地脚螺栓的位置不能移动。

③ 低温设备安装时，为尽可能减少“冷桥”现象，在基础之上应增设垫木。使用的垫木应预先在沥青中煮过，防止其腐朽。

④ 低温设备周围应有足够的空间以保证隔热层的施工。低温设备与其连接的阀门之间应留出隔热层厚度的尺寸，以免阀门没入低温设备的隔热层内，影响阀门的操作和维修。

⑤ 对有玻璃管液面指示器的设备，在安装前应拆下玻璃管液面指示器的玻璃管，待设备安装就位后重新装上，且应给玻璃管设防护罩。

⑥ 在设备安装过程中进行搬运、起吊时，应注意设备的法兰、接口等部位不能碰撞，还要注意选择起吊点及绳扣的位置。

⑦ 安装制冷辅助设备时，蒸发式冷凝器采用吊车直接吊至机房顶部预制基础上就位，其他附属设备用吊车吊至机房门口，然后用滚杠滚至各设备基础旁，最后用倒链提升起来就位。

（2）安装高压储氨器

高压储氨器设在冷凝器之后，与冷凝器排液管直接连通，使冷凝器内的制冷剂液体能通畅地流入高压储液器，这样可充分利用冷凝器的冷却面积，提高其传热效果。另外当蒸发器热负荷变化时，制冷剂的需要量随之变化，储液器能起到调节制冷剂循环量的作用。图 2-30 为并联运行冷凝器为储液器的管路连接。

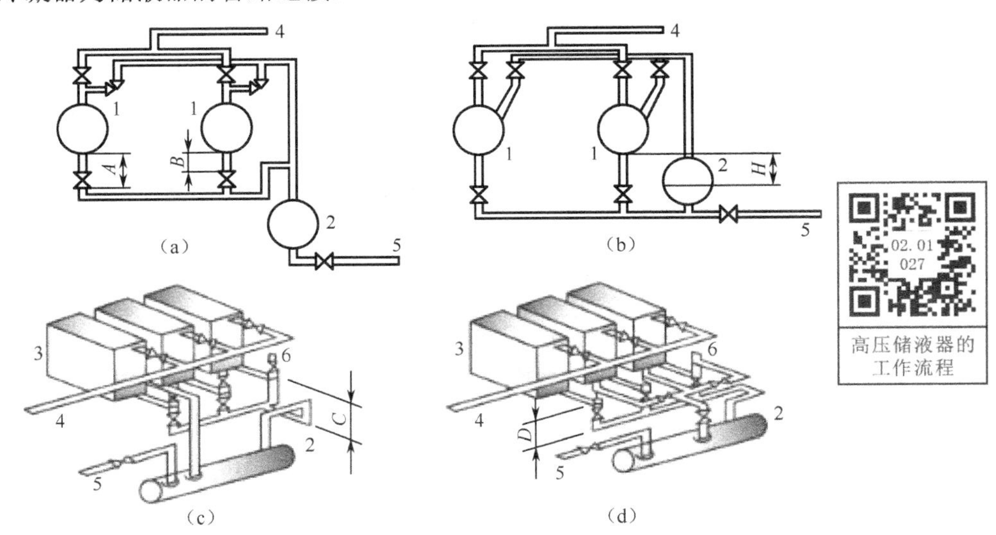

1—卧式壳管式冷凝器　2—高压储液器　3—蒸发式冷凝器　4—进气　5—出液　6—放空气

图 2-30　并联运行冷凝器与储液器的管路连接

1）高压储氨器的安装步骤

① 检查基础。

② 检查高压储氨器的水平度。

③ 检查遮阳与通风情况。

④ 检查数台高压储氨器并联的水平度。

2）高压储氨器的操作规范

① 储液器在运行前，放油阀和放空气阀应关闭，压力表阀、均压阀、安全阀前的截止阀和液面指示器的阀门必须全开，运行时，打开进、出液阀。

② 如几台储液器同时使用时，应开启液体和气体均压阀，使压力和液面平衡。

③ 储液器应保持在40%～60%，最低不低于30%，最高不超过70%，压力不超过1.5 MPa。

④ 油或空气应及时放出。

⑤ 储液器停止使用时，应关闭进、出液阀，储存液量不应超过70%，与冷凝器间的均压管不应关闭。

⑥ 长期停机时，应尽可能将制冷剂抽回储液器中，以防止其他设备泄漏造成损失。

⑦ 收回制冷剂后，除压力表阀、安全阀前截止阀与液面指示器阀打开外，其余全部关闭。

3）安装注意事项

① 在安装高压储氨器前，应检查出厂合格证件，核对规格型号；检查是否有损伤，若有损伤，需进行牢固性和气密性实验。

② 在安装前，高压储氨器的基础需按实物核对螺栓预留孔洞的位置。

③ 在安装时，高压储氨器的水平方向应向放油管一侧倾斜，倾斜度为0.2%～0.3%。在安装时拆下玻璃管液面指示器的玻璃管，待设备安装完毕后再重新装上。

④ 如果高压储氨器放置在室外，需搭建高大的遮阳棚，并保持空气对流。

⑤ 当数台高压储氨器并联使用时，高压储氨器的筒顶应设置在同一水平高度上，各高压储氨器之间需安装液相连通管和气相连通管。

图2-31 高压储氨器

图2-31所示为高压储氨器。

（2）安装低压循环储液器

1）低压循环储液器的安装步骤

① 检查安装位置。

② 核对预留螺栓与安装孔。

③ 吊装就位后，校正水平度与垂直度。

④ 检查工作液面与氨泵吸入口中心线的间距。

2）安装注意事项

① 在安装低压循环储液器前，应检查出厂合格证件，核对规格型号，检查是否有损伤；若有损伤，需进行牢固性和气密性实验。

② 一般在设备间里采取中间有楼板的建筑形式来安放低压循环储液器，依据设计规范和低压循环储液器的直径、保温层厚度，在楼板上预留安装孔洞，并在合适的地方设置预埋地脚螺栓或预埋铁块以备用。

③ 仔细核对预留螺栓与安装孔是否合适，低压循环储液器中心线与标高的允许偏差为5 mm。

④ 将低压循环储液器吊装就位后，校正水平度、垂直度，安装要平直、牢固。

⑤ 低压循环储液器的工作液面与氨泵吸入口中心线的间距一般不小于1500 mm（或按设计图样施工），以防止氨泵气蚀。

3）低压循环储液器的操作管理

使用前首先检查放油阀、排液阀是否关闭，进气阀、出气阀、安全阀前的截止阀、油面指示器阀及压力表阀是否打开。然后开启调节站或高压储液器的供液阀，待液面达到 1/3 高度时，开启循环储液桶的出液阀，启动氨（氟）泵向系统供液。为防止桶内液体被瞬间抽空，造成氨（氟）泵无法正常工作，氨泵出液阀应适当关小，待运行一段时间桶内液面平稳后再将出液阀开启至正常位置。

运行时，液面要保持在容器高度的 1/3 处，特别在开始降温、停止降温和冲霜排液时，要注意液面高低，若液位超高应关小或关闭供液阀。采用电磁阀自动供液时，应调节电磁阀后节流阀的开启度，使电磁阀工作有间隙时间。应定期清洗电磁阀前的液体过滤器，同时应经常察看自控系统的指示灯和液位计指示的液位。另外，应及时放油和注意循环储液器的隔热性能。

图 2-32 所示为低压循环储液器。

低压循环储液器

图 2-32　低压循环储液器

（3）安装中间冷却器

1）安装注意事项

① 应检查出厂合格证件，核对规格型号，检查是否有损伤，若有损伤，应进行牢固性和气密性实验。如图 2-33 所示为中间冷却器。

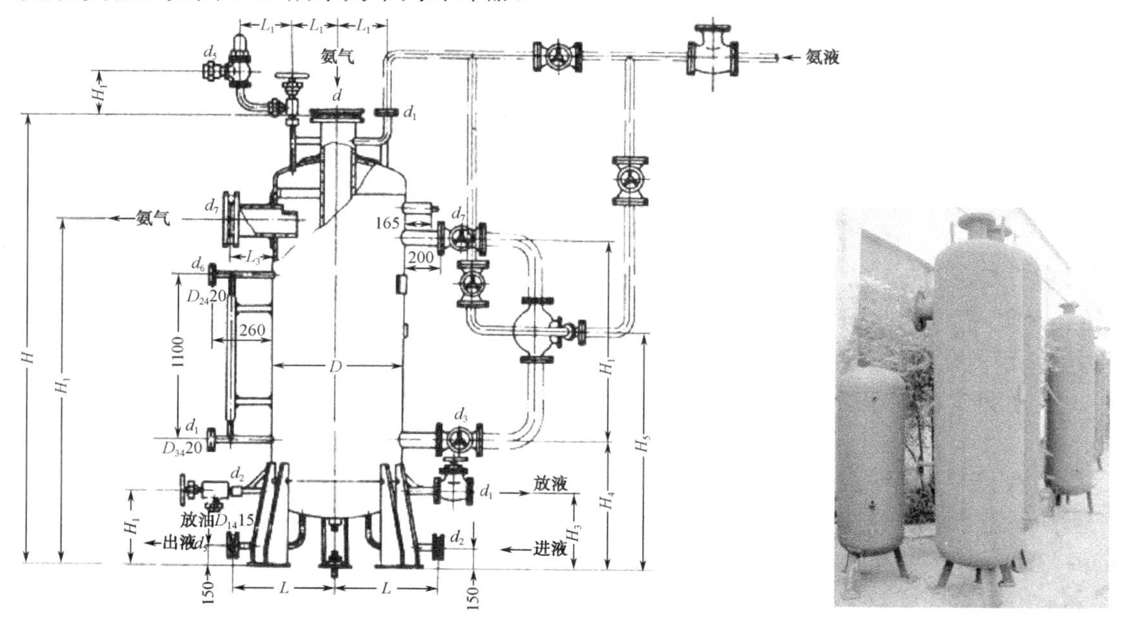

图 2-33　中间冷却器

② 在安装时，应根据设计图样核对基础标高及中心线的位置和尺寸，核对无误后再进行安装。

③ 中间冷却器需垂直安装，可用水平尺和吊锤找正。要注意配管的连接，不要接错。

④ 中间冷却器必须靠近压缩机（最佳位置是在中、低压设备之间），要求压缩机与中间冷却器之间距离控制在 6 m 左右。

⑤ 要求管子的裁截工艺、准确性高，要求所有的管段（特别是进、出管段）无应力。

⑥ 制作指示器油包时，注意内部管子设置不能反向。

⑦ 所有靠近中间冷却器的管子应预留一个保温层厚度的余量；仪器仪表必须有可供拆装的空间，以便维修、调试。

2）安装步骤

① 核对基础标高及中心线的位置和尺寸。

② 垂直安装中间冷却器，检查水平度与垂直度。

③ 连接配管、配件。

④ 检查压缩机与中间冷却器之间的距离。

⑤ 留出拆装、维修、调试的空间及保温余量。

3）操作管理

中间冷却器的供液由手动调节阀和液位控制器控制，液面高度控制在指示器高度的 50%左右。高压机吸气温度应比中间压力下的饱和温度高 2～4℃，中间压力应调整为最佳中间压力。使用手动调节阀供液时，应根据指示器的液面高度和高压机的吸气温度来调整供液阀的开启度，同时根据低压机耗油量按时放油。

中间冷却器停止工作时，中间压力不应超过 0.6 MPa，超过时应采取降压或排液措施。

立式中间冷却器如图 2-34 所示。

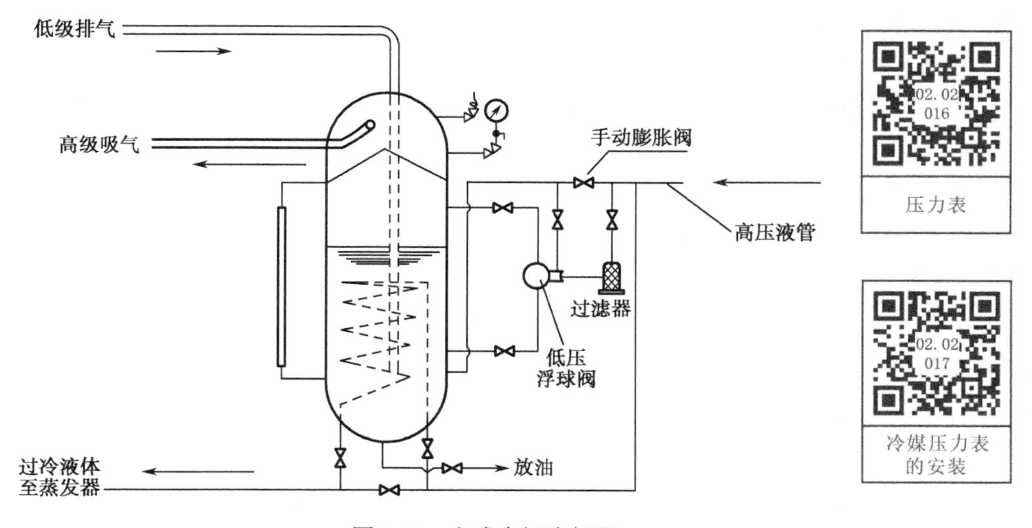

图 2-34　立式中间冷却器

（4）安装阀门、仪表

制冷系统阀门、仪表的安装作业方法：对于制冷系统所用的各种阀门（如截止阀、节流阀、止回阀、电磁阀、安全阀等）、仪表所需专用产品，安装前要进行全面检查，合格后方可安装。

1）阀门、仪表安装前的检查

涡轮对夹式软密封手动蝶阀

仪表安装前应先检查仪表的使用范围，氨系统应采用氨专用产品。阀门在安装前除制造厂铅封的安全阀外，必须将阀门逐个拆卸，用沾有稀料的布清洗油污、铁锈。电磁阀的阀芯组件在清洗时不必拆开，电磁阀的垫圈不允许涂抹黄油，只要求涂抹冷冻机油安装。截止阀、止回阀、电磁阀的阀门应检查阀口密封线有无损伤，填料是否密封良好；电磁阀、浮球阀动作是否灵活；安全阀在安装前应检查铅封情况和出厂合格证。安全阀若没有铅封，需到有关部门进行调整、检查，然后进行铅封。

电磁阀的安装

阀门试压：阀门拆洗重组后，先将阀门启闭4～5次，然后关闭阀门，进行试压，试压介质可用压缩空气或煤油。用煤油试压，即把煤油灌入阀体，经两个小时不渗漏为合格。用这种方法试压时，应在阀芯两头分别试压。用压缩空气试压，利用专用试压卡具，试验压力为工作压力的1.25倍，以试压时不降压为合格。为了检查是否因裂纹、砂眼造成阀体渗漏，也可将试验的阀门放在水中通入压缩空气进行阀体检漏。阀门在出厂前一般都经过以上的试验，并随附出厂合格证，以上工程可免予进行。

温度、压力、压差等传感器安装：传感器在安装后，要做好防护措施，以免砸伤、损坏；传感器安装时，安装角度及引线方向、方式要相同；传感器本体所带引线长度不足时，要采用相同规格型号的引线加以连接，线头一定要焊接，并用绝缘胶带包好；传感器引线长度要统一，以离信号输入控制柜最远的传感器的引线为准，并至少留有 1 m 余量，多余部分放置在控制柜底部，并对其做有规则的缠绕，用尼龙扎带扎紧；传感器连接线缆进入电缆桥架前要穿软电线管，线管的弯曲方向、方式要相同；传感器线缆在桥架敷设时，要用尼龙扎带包扎成束，每 1.5 m 一处；传感器线缆与采集器端子连接时，线缆每个线头要套上管状或 UT 形接线端子后再加以连接。

2）阀门、仪表的安装及注意事项

① 应把阀门安装在容易拆卸和维护的地方，各种阀门安装时必须注意制冷剂流向，不可装反。

② 安装截止阀，应使工质从阀盘底部流向上部。在水平管段上安装时，阀杆应垂直向上或倾斜某一个角度，禁止阀杆朝下。如果阀门位置难以接近或位置较高，为了操作简便，可将阀门水平安装。

③ 安装止回阀，要保证阀盘能自动开启。对于升降式止回阀应保证阀盘中心线与水平面互相垂直。

④ 安全阀应垂直安装于设备的出口处，一定要按照图纸规定的位置安装。电磁阀必须垂直安装在水平管段上，阀体上的箭头应与工质流动方向一致，电磁阀安装在节流阀前至少300 mm。

⑤ 对于玻璃管液面指示计阀，应检查上下两阀的平行度和扭摆度，否则玻璃管安装完毕后容易引起玻璃管破裂。

⑥ 高压管道及设备应安装-0.1～2.4 Mpa 压力表，中低压容器或管道应安装-0.1～1.5 Mpa 压力表，压力表等级不小于 2.5 级精度。

⑦ 安全阀安装时不得随意拆卸。注意检查安全阀规定压力与设计压力是否相等，如不符合应更换符合要求的阀门或按规定对阀门进行调整，检查合格后进行铅封，并做好记录。

⑧ 制冷系统所采用的测量仪表均应符合制冷剂的专用产品。

⑨ 温度计要有金属保护套筒，在管道上安装时，其水银球应处在管道中心线上。

⑩ 所有仪表应安装在照明良好、便于观察、不易振动、不妨碍操作维修的地方，安装于室外的仪表应增加保护罩，防止日晒雨淋。

⑪ 安装在常温状态下的不保冷阀门还应制作接水盘用以接收阀体因结冰、结露产生的凝结水。

图 2-35 所示为氨用截止阀。

图 2-35 氨用截止阀

3）阀门的安全操作

一般情况下，阀门的开启和关闭都应缓慢进行。向容器内充装制冷剂时，阀门应缓慢打开，以免引起容器的脆性破坏；开启供液和回气阀门时，应缓慢进行，防止压力波动过大或发生液击；严禁敲击、碰撞低温设备的阀门，尤其是铸铁阀门，防止其遭受低温脆性破坏；液体制冷剂管路及水路的阀门应缓慢关闭，防止发生“液锤”现象破坏管路及阀门；对于有液体制冷剂的管路和设备，严禁将两端阀门同时关闭，防止引起“液爆”。易发生液爆的部位包括：

① 冷凝器与储液器之间的管路；

② 高压储液器与膨胀阀之间的管道；

③ 高压设备的液位计；

④ 容器之间的液体平衡管；

⑤ 气液分离器、循环储液器与蒸发器之间的管道；

⑥ 泵供液的液体管道；

⑦ 容器与紧急泄氨器之间的液体管路等。

开启阀门时，为防止阀芯被阀体卡住，要求转动手轮不应过分用力，开足后应将手轮回转 1/8 左右，这也方便其他操作者判断阀门的开、关状态。

对于 DN25 以上的阀门，要求开、关时应先松开填料压盖（盘根），待阀门打开或关闭后再轻轻扭紧直到不泄漏为止，这样做是为了减轻阀杆对填料的磨损。如果阀门盘根在扭紧压盖后仍然泄漏，就必须更换新的填料。

2.2.2 安装制冷系统管道

1. 前期准备工作

① 熟读图纸、设计说明等有关技术资料，全面了解工程情况、设计意图、施工要求，明确执行相关的规范标准和设计、建设单位的特殊要求。

② 参与施工图纸的会审，施工方案的拟订、编制。

③ 设备、材料的采购和验收。

制冷系统所用的制冷设备、管道、阀门、管件及涂料、保温材料等必须具备生产厂家的产品合格证书，其各项指标必须符合设计文件的要求及现行国家标准《工业金属管道工程施工质量验收规范》（GB 50184）等的有关规定。表 2-19 中列出了制冷管道允许的压力降。

验收合格的产品、材料做好标记，整齐堆放。技术资料、质保书及相应的质量检查单由质检人员进行签证，并妥善保管，以便做竣工资料。

表 2-19　制冷管道允许的压力降

类　　别	工作温度（℃）	P（kg/cm²）
通气管或吸入管	−40	0.0383
	−33	0.0561
	−28	0.0630
	−15	0.1010
	−10	0.1190
排气管	90～150	0.2000

2．管道布置的基本原则

① 在同一标高上管道不应有平面交叉，以免形成气囊和液囊。在绕过建筑物的梁时也不允许形成上下弯。图 2-36 所示为管道伸缩弯。

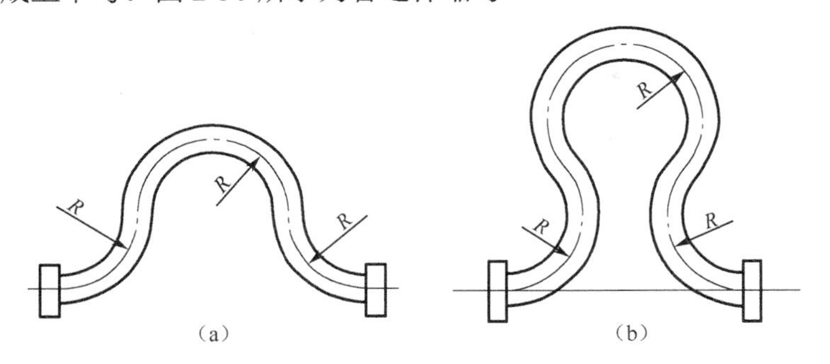

02.01
018
气囊和液囊
的形成

图 2-36　管道伸缩弯

② 各种管道在支架、吊架上进行排列时应先安排低压管道，再安排高压管道；先安排大口径管道，再安排小口径管道；先安排主要管道，再安排次要管道；在管道重叠布置时，高温管道应安排在低温管道上。低温管道在支架上固定，要加垫经过防腐处理的垫木，垫木厚度不低于 50 mm，不应与型钢制作的支吊架直接接触。

③ 管道穿过冷库建筑围护结构时应尽量合并穿墙孔洞。

④ 库房内的管道应在梁板上，不应在内衬墙上设吊架，所有吊点应在土建施工时预埋。

⑤ 高压排气管应固定牢靠，不得有振动现象，当其穿过砖墙时应设置套管，管道与套管之间留有 10 mm 左右的空隙，并用石棉灰填实，以防振坏砖墙。

⑥ 在冷间内多组冷却排管共用供液、回气管道时，应采用先进后出式。

⑦ 回气管路排列在上，供液管路排列在下。图 2-37 所示为并联制冷压缩机的回气管路连接示意图。

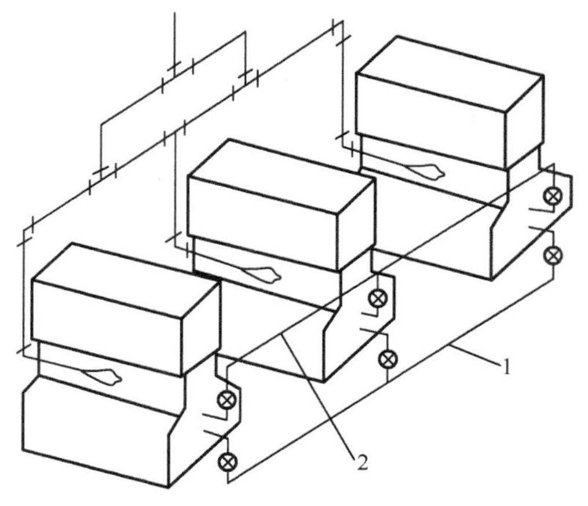

1—油平衡管　2—曲轴箱均压管

图 2-37　并联制冷压缩机的回气管路连接示意图

⑧ 保温管路排列在上，不保温管路排列在下，管道之间距离不得小于 300 mm，管道之间以及管道与墙壁之间的距离应视管径大小及所在位置酌情确定。

⑨ 小口径管路应尽量支撑在大口径管路上方或吊挂在大口径管路下方，大口径管路靠墙安装，小口径管路排列在外面。

⑩ 不经常检修的管路排列在上，检查频繁的管路排列在下。

⑪ 高压管路靠墙安装，低压管路排列在外面。

⑫ 管道安装应横平竖直，供液管不允许有上弧的现象，防止供液管中形成“气囊”阻止液体通过；吸气管不允许有下弧的现象，防止吸气管中形成“气囊”阻止气体通过；压缩机排气管和吸气管不得形成倒坡。

⑬ 从压缩机到室外冷凝器的高压排气管道穿过墙体时，应留有 10～20 mm 的空隙，空隙内不应填充材料；系统管道与支架接触处均用硬杂木块垫实（硬杂木块要用热沥青煮过），以防冷桥产生。

⑭ 管道需采用套丝安装时，套丝后管壁的有效厚度应符合设计用管道壁厚。丝扣螺纹连接处应均匀涂抹用黄铅粉与甘油调制的填料或用聚四氟乙烯生料代作为填料，填料不得凸入管内；管道上仪表接点的开孔和焊接宜在管道安装前进行。

⑮ 管道安装允许偏差值应符合《氨制冷系统安装工程施工及验收规范》SBJ 12-2000 的规定执行。

⑯ 管路不应挡门、窗，应避免通过电动机、配电盘、仪表箱（盘）的上方，供液管路不应有气囊（即上凸现象），吸气管路不应有液囊（即下凹现象）。

⑰ 当支管从主管的上侧引出、在支管上靠近主管处安装阀门时，应将阀门安装在分支管的水平管段处。从液体主管接出支管时，支管应从主管的底部接出。从吸气主管接出支管时应从主气管上面接出，并且使支气管中心线与主气流方向成 45° 角。开三通时应做顺流三通以保证气液顺流。

⑱ 管路上安装仪表用的多控测点（如测温点、测压点）和流量孔板等应在管路安装时一起完成，这样可以避免管路固定后再开孔焊接，致使铁屑、溶渣落入管内。

⑲ 安装完毕试压合格前，焊缝及接头处不得刷油及保温。

⑳ 穿过易燃墙壁和楼板的排气管（从压缩机到冷凝器）应用不可燃材料保温。

㉑ 凡装在氨管上的温度计必须装有温包，这样在温度计损坏时容易调换。

㉒ 埋地管道必须经气密试验检查，合格后还要经沥青防腐处理才能覆盖。

3．制冷系统管道安装的一般要求和注意事项

① 氨制冷系统管道必须采用流体无缝钢管，不能用铜管或其他管材代替，管内壁不得镀锌。当设计温度低于-29℃时宜采用 16 Mn 钢管，严禁使用 20#钢。

② 盐水管可采用镀锌焊接钢管，镀锌钢管的质量应符合 GB3091—82 中的有关规定。

③ 管道安装前应将管道的氧化皮、污杂物和锈蚀除去，使管道内壁出现金属光泽面并应将其两端封闭进行防腐处理。

④ 安装前必须对弯头、异径管、三通、法兰盘、盲板、补偿器及紧固件进行检查，其尺寸偏差、材质必须符合设计要求。管道及管件（弯头、三通、变径等）安装前必须除去外表面锈蚀，并且涂刷两道防锈漆，否则严禁安装。

⑤ 用于辅助管道安装的型材安装前也必须除锈防腐，否则亦不能安装。

⑥ 法兰盘密封面应平整光洁，不得有毛刺及径向沟槽，法兰盘螺纹部分应完整、无损伤。凹凸面法兰盘应能自然嵌合，凸面的高度不能小于凹面的深度。氨用法兰盘应采用 A3 号镇静碳素钢制成并带有凹凸口，接触面应平整无痕，法兰盘两螺栓孔中心偏差一般不超过 0.5～1 mm。

⑦ 焊条的材质必须与管材的材质相同，使用前必须按照说明书要求进行烘干，并在使用过程中保持干燥，焊条药皮应未脱落并无表面裂纹，焊条有剩余时下次使用前必须进行重新烘干。

⑧ 用来连接法兰盘的螺栓和螺母的螺纹应完整，无伤痕、毛刺等缺陷。螺栓和螺母应配合良好，无松动或卡涩现象。

⑨ 用来密封法兰盘连接面的高压石棉垫板应质地柔韧，无老化变质及分层现象，表面上不应有折损、皱纹等。用于法兰盘密封的高压石棉垫在安装前还需用冷冻油浸泡或涂抹大黄油。

4．管道及安装型材的除锈

氨系统所用管道全部采用酸洗钝化的除锈方法，水系统管道采用人工除锈方法。

（1）管道的酸洗钝化

现代工业装备都采用比较先进的金属防腐蚀方法，大部分的工业系统有着相当严格的要求。最大限度减少金属腐蚀和满足工艺的使用要求是首先考虑的重点。钢铁的磷化钝化处理指利用化学的方法在金属表面形成一层转化膜，从而使金属与腐蚀介质分开，显著提高其耐蚀性，令基体不被腐蚀。

管道酸洗钝化操作方法如下所述。

① 脱脂：管道的脱脂是酸洗工艺中的一个主要工序。脱脂不合格将直接影响酸洗的质量，在钝化时也形成不了钝化膜。脱脂可用氢氧化钠、磷酸三钠、硅酸钠碱溶液或用蒸汽加热法进行。用碱液法脱脂时必须用高压水将碱液及异物冲洗干净。

② 酸洗：管子可在 12%～14%的盐酸溶液中，温度控制在 15～20℃，浸泡 4 小时即可取出。若管子锈蚀严重，可适当延长浸泡时间。为了防止酸蚀，可在酸液中加入 1%的乌洛托品。

③ 水冲洗：从酸槽中取出的管子倒尽酸液后用压力水（宜用饮用水）冲洗，但冲洗时间不宜过长。

④ 二次酸洗：一般情况下不采用，只有在锈蚀严重时、管子在油化状况下采用。

⑤ 中和：酸洗后的管子必须进行中和处理，使管子呈中性。一般可采用氨水作为中和介质。

⑥ 钝化：中和后的管子取出后立即放在钝化槽中进行钝化处理。一般采用 10%亚硝酸钠、1%的氨水、89%的水溶液作为钝化液。

⑦ 干燥：从钝化槽中取出的管子用水迅速冲洗干净后立即用蒸汽吹干（最好用过热蒸汽），吹干后管口用专用塑料封头封口。

图 2-38 所示为管道酸洗钝化操作图。

图 2-38 管道酸洗钝化操作图

（2）管道的人工除锈

水系统管道可采用钢丝刷除锈，将钢丝刷绑在细铁丝（圆钢）或小规格钢管上在管道内进行往复十数次清刷，直至彻底消除管内污物、铁锈等后用干净的抹布擦净，再用压缩干燥空气吹除管内锈粉。在管口设置白纸，白纸上无污物为合格。

除锈后的管道应用塑料封头（干净的塑料布或抹布）把管道两端封堵起来。管道除锈、封口后在管子外表面涂刷两道防锈漆。防锈漆的颜色根据图纸或用户要求确定。

防锈漆涂刷主要有毛刷刷漆和喷枪喷漆两种方法。管道运至工地现场后应在通风好、干燥的场地堆放，并做好相应防淋、防潮措施，长时间不用后如果油漆防腐层有脱落，安装前必须重新涂刷防锈漆。

安装型材的除锈、防腐：针对大型的工程，安装型材的用量也是比较大的，本设计方案规定厂家直接对安装型材进行抛丸除锈，除锈后紧接着喷涂两道防锈底漆。安装过程中如发生掉漆应及时修补。

5．管道的连接方式

① 法兰连接：管子外径在 25 mm 及以上者，与设备、阀门的连接一律采用法兰连接，法兰为凹凸面平焊法兰，在凹口内需放置厚度为 2～3 mm 的中压石棉橡胶板垫圈，垫圈不得厚薄不均，不得有斜面或缺口。垫圈安装前应在冷冻油里浸泡。

② 丝口连接：管子外径在 25 mm 以下者与设备、阀门的连接可采用丝口连接，连接处应抹氧化铅与甘油调制的填料，在管子丝口螺纹处涂匀（不要涂在阀内），或用聚四氟乙烯塑料带做填料，填料不得凸入管内，以免减少管子端面。填料严禁使用白漆麻丝代替，丝口连接要一次拧紧，不得退回及松动。

（3）管道的焊接

管道焊接采用氩弧焊打底、电弧焊盖面的焊接工艺。焊接应在环境温度 0℃以上的条件下进行，如果气温低于 0℃，焊接前应注意清除管道上的水汽、冰霜，并要预热，使被焊母材有手温感。预热范围应以焊口为中心，两侧不小于壁厚的 3～5 倍。

管道焊接前需对管端口加工成坡口。焊接应使焊后管道达到横平竖直，不能有弯曲、搭口现象。管道、管件的坡口形式和尺寸应符合设计要求文件规定，当设计文件无规定时，可按规范 GB 50235-2010 的规定确定。制冷系统管道坡口形式常采用 V 形坡口，如图 2-39 所示。管道坡口的加工可采用机械方法，尤其在对管道焊缝级别要求较高时，具体操作方法为用专用坡口机对管道进行加工，或者用角向磨光机对管道端口进行打磨，直到坡口角度符合要求为止。管道坡口加工也可采用氧—乙炔焰方法，但此方法只针对焊缝等级较低的焊缝，而且必须除净其表面 10 mm 范围内的氧化皮等污物，并将影响焊接质量的凹凸不平处磨削平整。

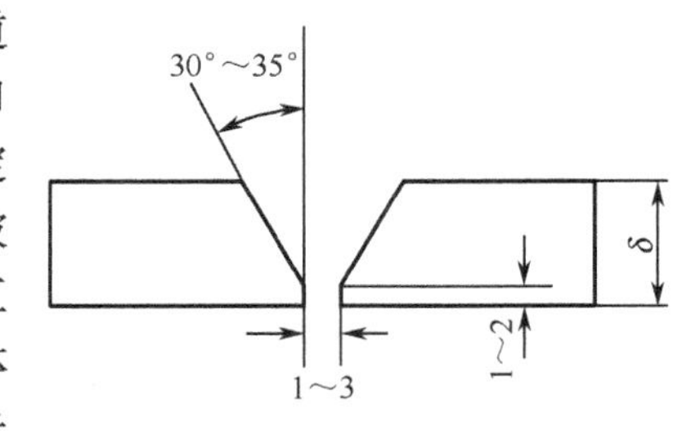

图 2-39　坡口形式及尺寸

管子、管件的坡口形式和尺寸的选用，应考虑容易保证焊接接头的质量、填充金属少、便于操作及减少焊接变形等原则。

管径小于 133 mm 以下的管道（包括 D133 管道）采用切割机进行切割，管径在 133 mm 以上的管道采用氧—乙炔焰方法进行切割。无论使用哪种方法，管子切口端面应平整，不得有裂纹、重皮。其毛刺、凹凸、缩口、熔渣、氧化铁、铁屑等应予以清除；管子切口平面倾斜偏差应小于管子外径的 1%，且不得超过 3 mm。如需在管道上开孔，孔洞直径小于 57 mm 的孔洞采用开孔机钻孔，孔洞直径大于 57 mm 的孔洞采用氧—乙炔焰方法进行钻孔。采用上述办法开孔后，毛刺、凹凸、缩口、熔渣、氧化铁、铁屑等亦应予以清除。

管子安装定位时宜采用两块钢板，将钢板在焊缝两边的管子上用电焊固定，可以防止在焊缝处用电焊固定时，焊渣进入管内。管路连接完毕后，将定位钢板敲掉，并且将多余焊材打磨掉。

为保证焊接质量，每一焊口的焊接次数最多不得超过两次，超过两次时应将焊口用手锯锯掉另换管子焊接，严禁用气割。

烧焊接头时，如另一端为丝口接头，则两端要保持 150～200 mm 的间距，以免烧焊时高热会影响另一端丝口的质量。如在靠近丝口 200 mm 以内需焊接，将丝口部分用布包起来，并用冷水冷却，避免丝口上涂料受热后变质，影响质量。

6．管道支架的制作安装要求

① 管道支架按其使用要求来分有固定支架、活动支架和弹簧支架三种，制冷系统管道安装时一般都采用固定支架。

图 2-40 所示为固定支架与活动支架，图 2-41 所示为弹簧支架。

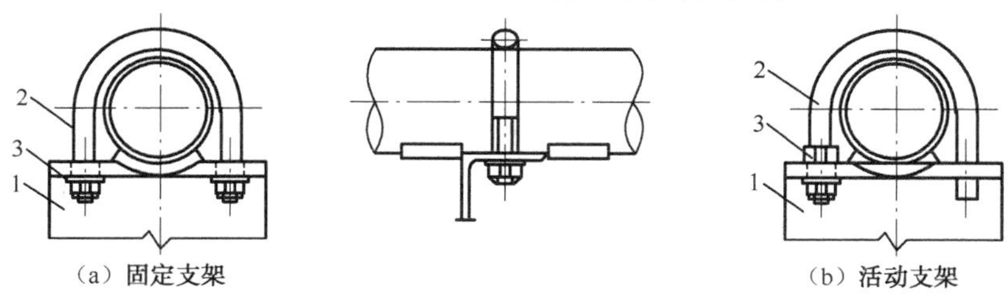

1—支架　2—管卡　3—螺栓

图 2-40　固定支架与活动支架

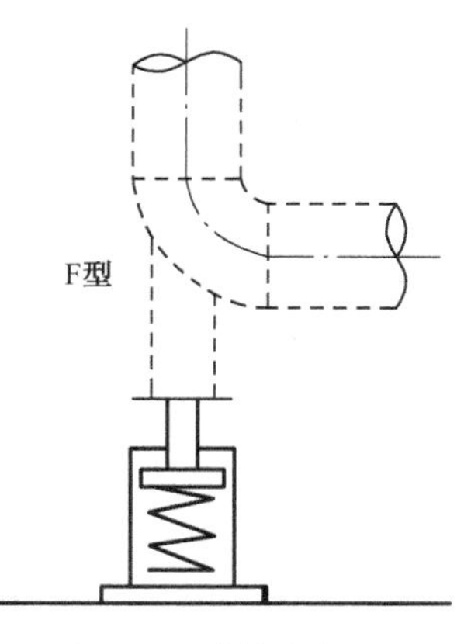

图 2-41　弹簧支架

管道支架的安装

支架安装主要有三种方式：直接埋入墙体法；预埋件焊接法；射钉、膨胀栓固定法。

制冷系统管道支架安装一般采用后两种方法，对于比较重的主管道往往采用预埋件焊接法安装支、吊架，对于重量较轻的管道可采用膨胀栓固定法安装管道支架。

② 管道支架、吊架的形式、材质、加工尺寸等应符合设计文件的规定，管道支架、吊架应牢靠，并保证其水平度和垂直度；管道支架、吊架所用型钢应平直，确保与每根管子或管垫接触良好；管道支、吊架焊缝应进行外观检查，不得有漏焊、欠焊、裂纹、咬肉等缺陷，其焊接变形应予以矫正；管道支架、吊架应进行防腐处理，在对支架、吊架外表面进行除锈后，刷两道防锈漆。支架、吊架采用 Q235 钢，当管道直径<DN80 mm 时单管吊杆采用ϕ12 mm 圆钢，直径在 DN100 到 DN150 之间时采用ϕ16 mm 圆钢，在 DN200 到 DN300 之间时采用ϕ20 mm 圆钢，支架不应布设在管道焊缝处。

③ 管道支架、吊架的设置和选型应能正确地支吊管道，符合管道补偿器位移和设备推力的要求，防止管道振动。

④ 支架、吊架应支撑在可靠的建筑物上，支吊结构应有足够的强度和刚度。支架、吊架固定在建筑物上时不能影响建筑物的结构安全。

⑤ 支架、吊架的架设不应影响设备检修及其他管道的安装和扩建。

⑥ 支架、吊架安装时位置应正确，必须符合设计管线的标高和坡度，埋设应平整牢固；管道接触应紧密，固定应牢靠；

⑦ 确定管道支架、吊架间距时，不得超过最大允许间距，并应考虑管道荷重的合理分布，支架、吊架位置应靠近三通、阀门等荷重集中处。管道支架、吊架最大允许间距见表 2-20。

表 2-20　管道支架、吊架最大允许间距

外径×壁厚（mm）	无保温管（m）	有保温管（m）	外径×壁厚（mm）	无保温管（m）	有保温管（m）
10×2	1.0	0.6	89×4	6.0	4.0
14×2	1.5	1.0	108×4	6.0	4.0
18×2	2.0	1.5	133×4	7.0	4.0
22×2	2.0	1.5	159×4.5	7.5	5.0
32×3.5	3.0	2.0	219×6	9.0	6.0
38×3.5	3.5	2.5	273×7	10.0	6.5
45×3.5	4.0	2.5	325×8	10.0	8.0
57×3.5	5.0	3.0	377×10	10.0	10.0
76×3.5	5.0	3.5			

7. 管道的坡度要求

为使制冷系统中的制冷剂能顺利流动，制冷管道安装时应注意要有一定的坡向及坡度，具体坡向及坡度范围见表 2-21。

表 2-21　氨制冷系统管段坡向及坡度范围

管道名称	坡　向	坡　度
氨压缩机与油分离器之间的水平管段	坡向油分离器	0.3～0.5
与安装在室外冷凝器相连接的排气管	坡向冷凝器	0.3～0.5
氨压缩机吸气管的水平管段	坡向低压循环储氨器或氨液分离器	0.1～0.3
冷凝器与储液器之间的出液管其水平管段	坡向储液器	0.1～0.5
液体调节站与蒸发器之间的供液管水平管段	坡向蒸发器（空气冷却器、排管）	0.1～0.3
蒸发器与气体调节站之间的回气管水平管段	坡向蒸发器（空气冷却器、排管）	0.1～0.3

为使库房冲霜水系统中的水能够顺利排出，冲霜水系统管道安装时应注意要有一定的坡向，具体倾斜及方向及倾斜度范围见表 2-22。

表 2-22　冲霜水系统管道管段具体倾斜及方向及倾斜度范围

管 道 名 称	倾 斜 方 向	倾斜度（‰）
冲霜水给水管（进入库体前）	库前排水管	5～10
冲霜水给水管（进入库体后）	冷风机	10～15
冲霜水给水管	循环水池	3～5

8. 管路间距的确定

管路间距以便于对管子、阀门及保温层进行安装和检修为原则，由于室内空间较小，间距也不宜过大。管子的外壁、法兰边缘及保温层外壁等管路最突出的部分距离墙壁或柱子边的净开档不应小于 100 mm，距管架横梁保温端部不应小于 100 mm。对于两根管子最突出部分的净间距，中低压管路约为 80～90 mm，高压管路为 100 mm 以上。对于并排管路上的并列阀门手柄，其净间距应不小于 100 mm。吸入管和排出管安装在同一支架上时，水平安装时两管管壁的间距不得小于 250 mm，上下安装时不得小于 200 mm，且吸入管在排出管下面。图 2-42 所示为吸气管道连接示意图。

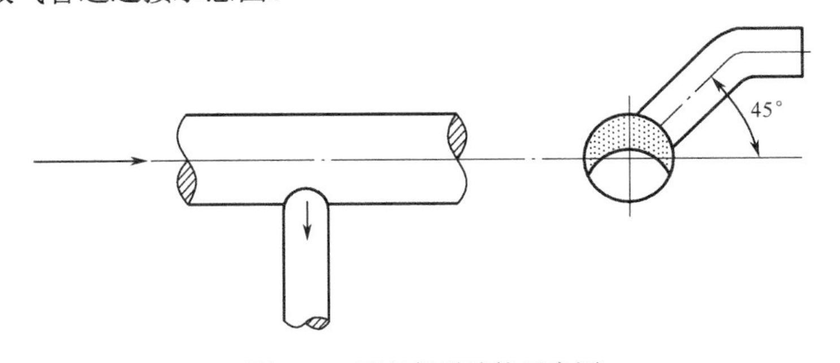

图 2-42　吸气管道连接示意图

9. 管道油漆防腐

油漆防腐要求：为保持设备、管道、支吊架等金属构件的长久使用，应进行防锈处理并刷油漆。对工程量较小的系统或安装后不能用喷涂的方法刷油的管道，用人工毛刷涂刷。

涂层按照先斜后直、先上后下、先左后右的顺序纵横施涂。需要大面积油漆时，可采用喷涂，利用压缩空气通过喷枪将漆喷成雾状，以获得均匀漆膜。防锈漆涂刷时的环境温度和相对湿度应符合涂料产品说明书的要求，当产品说明书无要求时，环境温度宜在5～38℃，相对湿度不应大于85%。刷漆时管材表面不应有结露；刷漆后4 h内应保护其免受雨淋。在刷漆前，应将设备、管道、支架的金属构件上的灰尘、污垢、锈斑、油迹和水消除掉，并保持金属构件的干燥。无论是人工刷漆还是喷漆，均应做到油漆面均匀细致，附着牢固，无明显色差，无流淌（挂）、起皱、针孔、气泡，不产生裂纹，不脱落。

油漆防腐的具体做法和要求为：

① 对于支吊架的防腐应先刷一道防锈漆，然后再涂两道黑色或灰色的调和漆；

② 对保温的设备、管道应在壁面上刷两道防锈漆；

③ 不能在低温潮湿的环境下喷涂油漆。

2.2.3　安装氨冷库保温系统

1. 管道的隔热施工

在制冷系统质量检查合格后，应对制冷系统管道进行涂装、隔热、防潮、保护以及颜色标识处理。管道隔热施工应在制冷系统进行气密性试验、抽真空试验和充入制冷剂检漏全部合格之后再进行，隔热层的厚度不应超过设计厚度的10%，室温条件下表面不会出现结露或结霜现象。管道隔热层由以下几个部分构成：管道、黏结剂、保温层、细铁丝、玻璃丝布、油漆等。

① 防腐层，为了防止管道金属表面腐蚀，一般在敷设隔热层之前先涂装防锈漆。

② 隔热层，通常用一层热导率很小的材料覆盖在冷表面上。

③ 防潮层，为了防止隔热材料受潮而降低隔热效果，一般在隔热材料外表面增加一层防潮材料。

④ 保护层，为了保护隔热材料不受损坏，延长使用期限，常用金属薄板制成的保护壳、石棉水泥保护层、玻璃布外涂装保护层等敷设在防潮层外表面。

⑤ 着色层，在保护层外表面涂装不同颜色的性调和漆，以区别管道内不同状态的工质。

（1）管道防腐层施工

工程中常用的防腐方法是在管道表面涂装油漆，使其表面形成漆膜，与腐蚀介质隔离。

在施工前，做好管道表面的清理工作，清除管道表面的氧化皮、铁锈、污垢、油和水等，然后涂装防锈漆（如红丹油性防锈漆、硼钡酚醛防锈漆、铝粉硼钡酚醛防锈漆、铁红醇酸底漆等）。

（2）管道隔热层施工

管道隔热是为了减少管道内制冷剂及载冷剂向环境吸热，降低冷量损耗；防止管道外表面结露、结霜；改善工作环境，保证制冷的效果等。热氨冲霜管道的隔热则是为了减少制冷剂蒸气热量的损失，缩短冲霜时间，提高冲霜效果。

需要隔热保温的管道有：在蒸发压力下工作的低温管道，如低压循环储液器的进出液体和气体管、压缩机吸气管、液体和气体调节站的接管、节流阀后的液体管、排液管等；中间冷却器的出液管；通过楼梯间、穿堂和冷却物冷藏间的供液管和回气管等；用于冲霜的热气管。

由于使用的隔热材料不同，工作环境不同，隔热结构和施工方法也不一样。

1）用硬质隔热材料施工

常用的硬质隔热材料有软木、膨胀珍珠岩、聚苯乙烯泡沫塑料、聚氨酯泡沫塑料等。施工时用上述隔热材料制作成板材、管壳和管件包扎管道，用黏结剂粘贴、黏合接缝，并用镀锌钢丝或钢带绑扎，绑扎间距为 200～400 mm，要求粘贴密实、不留间隙、表面平整，每层接缝错开。

2）用软质隔热材料施工

常用的软质隔热材料有毛毡、矿渣棉毡、玻璃棉毡和岩棉毡等。将隔热板材缠绕在管道上，边缠边压、边用镀锌钢丝或钢带包扎，捆扎间距为 300～400 mm。直径小于 350 mm 的管道隔热，可选用内径合适的棉毡管壳制品直接套在管道上即可。

3）用橡胶塑料套管施工

沿套管纵向割开套管，然后卡合在管子上，割口或接合处用氯丁橡胶基黏结剂密封。

（3）管道防潮层施工

在完成对管道隔热层的施工后，要包缠防潮层。采用油毡、聚乙烯塑料布、复合铝箔等防潮片材时，应敷设平整，搭接宽度为 40 mm，搭口用沥青或黏结剂粘牢，外面用钢丝或钢带捆扎。

（4）管道保护层施工

保护层的常用材料是石棉水泥，一般由 1∶2.5 水泥砂浆加石棉或麻刀拌和而成，抹面必须平整、光滑，外形美观。保护层也可用玻璃钢制品或金属薄板制作。

（5）着色层施工

管道表面要涂装不同颜色的油漆，以便识别管内制冷剂的状态，并在显著位置标出制冷剂的流动方向。需在隔热管道保护层外壁涂刷有色调和漆，而不做隔热的管道外壁必须先涂装防锈漆，方能刷有色调和漆进行颜色识别。

（6）管道隔热施工操作

1）操作具体内容

对一根长 2 m 的 D38 或 D350 无缝钢管进行隔热施工操作。

2）操作注意事项

① 室内小管道（D38 无缝钢管）的隔热做法。

将内径为 38 mm 的岩棉毡竹壳直接套在 D38 管道上，作为隔热层，防潮层则采用聚乙烯塑料布包缠，铺设平整，搭接宽度为 40 mm，搭口用黏结剂贴牢，外面用钢丝捆扎。

② 室内大铃道（D350 无缝钢管）的隔热做法。

将岩棉毡卷材剪成 200～300 mm 宽的带，螺旋缠绕在管道上，边缠边包扎，采用钢丝包扎的间距为 300 mm，直至第一层包扎完毕。第二层岩棉毡的包扎做法同第一层。防潮层采用聚乙烯塑料布包缠，敷设平整，搭接宽度为 40 mm，搭口用黏结剂黏牢，外面用钢丝捆扎。

2．制冷设备绝热层的施工

绝热层的施工是制冷设备、绝热设备施工的主要环节。只有当制冷设备全部安装完毕、设备表面经过清理、涂刷防锈材料而且检查合格之后，才能着手进行绝热层的施工。

常用的绝热层的施工方法如下：

（1）拼砌施工法

拼砌施工法适用于成型的（包括现场加工的）硬质绝热制品。对于制冷设备，当绝热层厚度大于 80 mm 时，应分为两层或多层逐层施工，各层的厚度应基本符合设计文件的规定，

绝热制品的拼缝宽度不应大于 2 mm。同层的砌块应错缝排列，上下层应压缝排列，其搭接长度不宜小于 50 mm。干拼缝应用性能相近的矿物棉填塞严密，填塞前应清除缝内的杂物。湿砌带浆缝应用灰浆灌满，拼缝不满处和砌块缺损处应用胶泥填补，并在拼砌时用胶带或镀锌钢丝临时捆扎。

（2）包扎施工法

毡、垫等软质绝热制品采用包扎施工法。施工时可以卷材的原幅平包，也可剪成宽 200～300 mm 的长条缠绕。要边缠边压，并及时捆扎结实。一般用编镀锌钢丝、包装钢带或宽 60 mm 的胶带进行捆扎，捆扎间距应不大于 200 mm。绝热层的外形应规矩平整，厚度和密度应均匀。卷材的长度需要经计算，使绝热层在拉紧、压实、捆扎后在其容重符合设计规定的安装容重。

（3）浇注及喷涂施工法

这两种施工方法适用于硬质聚氨酯泡沫塑料的现场发泡。硬质聚氨酯泡沫塑料可以采用不同的发泡方法和不同的原料配比，这样生产出的泡沫塑料在性能方面也有所差异。现场发泡采用一步发泡法，即将所有的原料在室温下完全混合，经反应、发泡生成泡沫塑料。所用原料一般按双组分准备，一个组分是异氰酸酯，一个组分是聚醚多元醇、催化剂、发泡剂、稳定剂等的混合物。后一组分一般在施工过程中现配现用，配好后应在 1～2 个工程日内用完，否则影响其同异氰酸酯的反应活性。

3．库体保温

冷库隔热外墙的构造

冷库的隔热外墙由围护墙体、隔气防潮钢层、隔热层和内保护层（或内衬墙）组成。围护墙体有砖砌围护墙、预制钢筋混凝土墙体、现浇钢筋混凝土墙等几种。由于普通黏土砖可就地取材，施工又方便，故目前我国大部分冷库的围护墙体均采用砖砌体。由于钢筋混凝土墙体可以在工厂预制，因此其工程进度较快，在具备机械化施工条件的地区也可采用。如图 2-43 所示为土建冷库墙体保温基本结构。

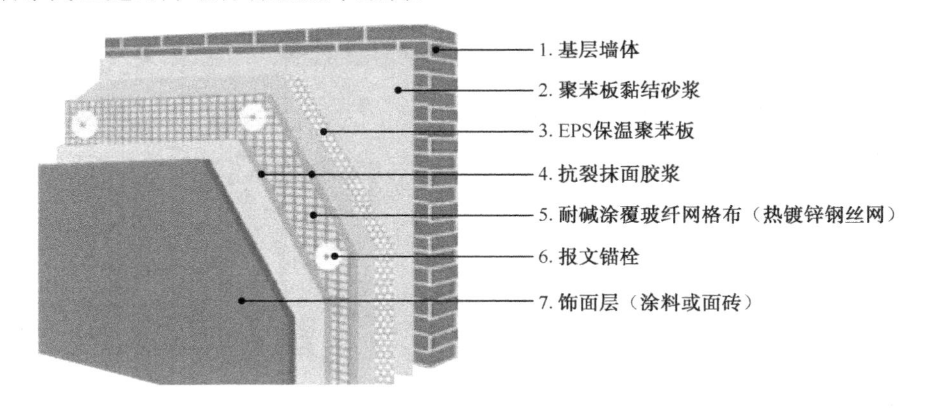

图 2-43　土建冷库墙体保温基本结构

为了减少基础荷重、节省材料，外墙厚度可设为 240 mm，但多层冷库的局部外墙及以松散材料隔热的外墙的厚度需达到 370 mm。为了增强墙体的稳定性，除应设锚系墙外，可增设砖垛。

外墙围护墙体可采用不低于 75#的砖，砌筑前应适当浇水。外墙可使用混合砾浆砌筑，但墙身防水层以下的墙体应用不低于 50#的水泥砾浆。砌筑时砖砌体内要求达到 90%以上的饱满度，不得留有空隙。

砖砌体必须横平竖直，灰缝的平均宽度为 10 mm。外墙外粉刷用 30 mm 或 20 mm 厚，用 1∶2 的水泥浆抹面，分三次完成，抹后应采用铁抹子干压两次，务必使标签光滑，再用石灰水油浆喷白两次。外墙内粉刷则做 20 mm 厚水泥砾浆抹面。在内粉刷干燥后，涂上一道冷底子油，然后做二油三毡防潮隔气层。隔热层可用块状（如泡沫混凝土）或板状隔热材料（如软木板），也可采用松散填充性的隔热材料。例如用泡沫混凝土时可用沥青分层错缝砌成砌体，为使砌体牢固耐久，可在砌体上做 30 mm 厚的钢丝网砾浆层面。如图 2-44 所示为涂料饰面外保温外墙防水防护结构图。

采用软木时，也可采用沥青分层错缝贴牢，注意不留缝隙，再用热沥青粘上瓜米石，用 20 mm 厚 1∶2 的水泥砾浆抹面，上喷大白浆两次。如采用松散隔热材料（如稻壳、矿棉），需要在内侧做衬墙。

图 2-45 至图 2-47 所示分别为库顶保温、墙体保温与内墙保温。

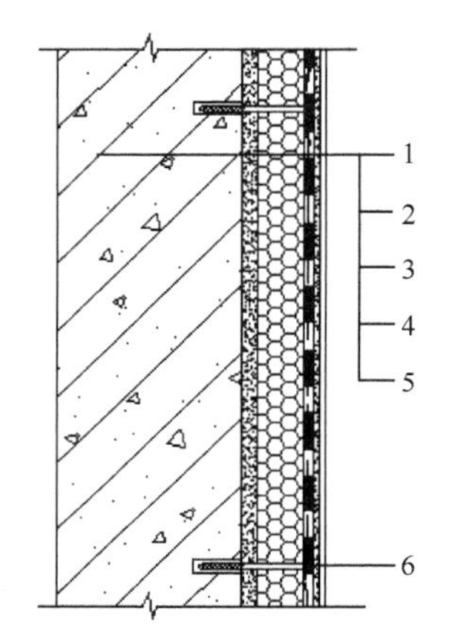

1—结构墙体　2—找平层　3—保温层
4—防水层　5—涂料层　6—锚栓

图 2-44　涂料饰面外保温外墙防水防护结构

图 2-45　库顶保温

图 2-46　墙体保温

图 2-47　内墙保温

2.2.4　安装冷库电控系统

1）线路敷设

钢管的连接应符合下列要求：

① 丝扣连接，管端套丝长度应小于管接头长度的 1/2；在管接头两端应通过接地卡跨接接地线。

② 套管连接宜用于暗配管，套管长度为连接管外径的 1.5～3 倍；连接管的对口处应在套管的中心，焊口应焊接牢固、严密。

机房内设备动力线及控制线采用电缆经电缆沟敷设至设备附近，再穿钢管敷设至设备处（或采用电线穿钢管埋地敷设至设备处的方案），钢管管口距地面高度不小于 200 mm，出线后穿蛇皮管与设备进行软连接。

机房内设备动力线及控制线采用电缆桥架敷设时，桥架距地不应低于 2.5 m，在间距不大于 2 m 的吊架或支架上敷设，桥架距工艺管道平行净距和交叉净距均为 0.5 mm，自桥架引出的线路，要按图纸标注采用的金属管、硬质塑料或金属软管敷设至设备处的布线方式。电线或电缆的引出部分不得遭受损伤。

库房设备动力线及控制线通过电线穿钢管埋地（或电缆沿电缆桥架）敷设至库体外侧，再敷设至设备处与设备连接。所有进入库内的电线、电缆均应穿钢管至库内，钢管穿透库板处要抹密封胶密封，防止形成冷桥。

所有接线端要用防水电布做防水处理。

2）主要设备的安装要求

① 电控柜基础型钢选用槽钢，基础型钢应接地可靠，电控柜应与之连接牢固。

② 冷库照明箱、制冰间控制箱、液位控制箱的安装高度除另作说明外均为 1.5 m，并明敷。

③ 呼救按钮、启停按钮的安装高度除另做说明外，均为 1.3 m，并明敷。

④ 测温传感器安装于风机下方距地 2.5 m 处，用支架固定以免紧挨库板。

3）电气照明装置

① 盘管库内吊杆灯具的安装应避开盘管，以不遮光为原则，安装在适当位置。

② 风机库内的吊杆灯具的安装高度距库顶 400 mm 左右。

4）电气保护部分

① 建筑物内所有用电设备的外壳、机构、基础槽钢等均应与 PE 线可靠相连。

② 进出建筑物的各种金属管（如电气保护管、给排水管等）均应在进出处与接地装置连接。

③ 在建筑物内将下列导体总的电位连接。

a．PE，PEN 干线。

b．电气装置接地板的接地干线。

c．建筑物内的水管等金属管道。

5）防火

① 应严格按照《建筑设计防火规范》（GB 50016—2014）的要求进行施工。

② 电气安装要做好所有接头和接线盒处的防火处理。

③ 为了有效地防护线路和防止冷桥，穿过所有隔热层的电气线路必须用镀锌钢管作为护套，做好密封工作。

④ 加热元件严禁穿过库房隔热层。

工作页内容见表 2-23。

表 2-23　工作页

<table>
<tr><td colspan="6">土建式氨冷库的安装</td></tr>
<tr><td colspan="6">一、基本信息</td></tr>
<tr><td>学习小组</td><td></td><td>学生姓名</td><td></td><td>学生学号</td><td></td></tr>
<tr><td>学习时间</td><td></td><td>学习地点</td><td></td><td>指导教师</td><td></td></tr>
<tr><td colspan="6">二、工作任务</td></tr>
<tr><td colspan="6">1. 熟悉氨冷库各部件的安装步骤与注意事项。
2. 熟悉制冷系统管道的布置规范。
3. 熟悉的保温系统的安装步骤和注意事项。
4. 熟悉制冷系统的电气控制系统的安装与注意事项。
5. 能正确完成氨冷库各部件的安装步骤。
6. 能正确完成制冷系统管道的规范布置与安装。
7. 能正确完成制冷系统的保温系统的安装步骤。
8. 能正确完成制冷系统的电气控制系统的安装。</td></tr>
<tr><td colspan="6">三、制订工作计划（包括人员分工、操作步骤、工具选用、完成时间等内容）</td></tr>
<tr><td colspan="6"></td></tr>
<tr><td colspan="6">四、安全注意事项（人身安全、设备安全）</td></tr>
<tr><td colspan="6"></td></tr>
<tr><td colspan="6">五、工作过程记录</td></tr>
<tr><td colspan="6"></td></tr>
<tr><td colspan="6">六、任务小结</td></tr>
<tr><td colspan="6"></td></tr>
</table>

2.2.5　任务评价

考核评价标准见表 2-24。

表 2-24　考核评价标准

序号	考核内容	配分	要求及评价标准	小组评价	教师评价
1	正确安装氨冷库主要部件	15	正确安装氨冷库制冷压缩机组要求：能正确完成氨制冷压缩机组安装前的开箱检查、基础施工、检查基础、机组就位、找正、机组初平与精平、基础抹面等基本流程操作，并掌握各项操作的注意事项。 评分标准：正确选择得 5 分，每错一项扣 3 分		
			正确安装氨冷库换热设备要求：能正确完成氨冷凝器安装前的开箱检查、基础施工、检查基础、工字钢找正、找平与焊接、就位与紧固等基本流程操作；能正确安装氨蒸发器的顶排管与冷风机。 评分标准：正确选择得 5 分，每错一项扣 3 分		
			正确安装氨冷库辅助设备要求：能规范正确地完成安装高压储氨器、低压循环储液器、中间冷却器、阀门等具体操作。 评分标准：正确选择得 5 分，每错一项扣 3 分		
2	正确完成拼装式氨冷库制冷系统管道的安装	15	正确完成布置与安装制冷压缩机吸气管道的操作步骤，并掌握各项操作的注意事项。 评分标准：选择正确得 5 分，选择一般得 2 分，选择错误不得分		
			正确完成布置与安装制冷压缩机排气管道的操作步骤，并掌握各项操作的注意事项。 评分标准：选择正确得 5 分，选择一般得 2 分，选择错误不得分		
			正确完成布置与安装冷凝器与储液器之间液体管道的操作步骤，并掌握各项操作的注意事项。 评分标准：选择正确得 6 分，选择一般得 4 分，选择错误不得分		
3	正确完成氨冷库制冷系统的安装与调试	30	正确完成氨冷库制冷系统的吹污步骤，并掌握各项操作的注意事项。 评分标准：选择正确得 6 分，选择一般得 4 分，选择错误不得分		
			正确完成气密性实验不同方法的操作步骤，并了解气密性实验的注意事项。 评分标准：选择正确得 6 分，选择一般得 4 分，选择错误不得分		
			正确完成氨冷库制冷系统不同检漏方法的操作。 评分标准：选择正确得 6 分，选择一般得 4 分，选择错误不得分		
			正确完成氨冷库制冷系统的抽空操作，并掌握操作的注意事项。 评分标准：选择正确得 6 分，选择一般得 4 分，选择错误不得分		
			正确完成氨冷库制冷系统的充注制冷剂操作，并掌握操作的注意事项。 评分标准：选择正确得 6 分，选择一般得 4 分，选择错误不得分		

续表

序号	考核内容	配分	要求及评价标准	小组评价	教师评价
4	正确完成氨冷库制冷系统电控系统的安装	10	正确完成基础型钢的埋设和接地的操作步骤，并掌握其操作的注意事项。 评分标准：选择正确得 3 分，选择一般得 2 分，选择错误不得分		
			正确安装配电柜强电、弱电部分，掌握操作的注意事项 评分标准：选择正确得 3 分，选择一般得 2 分，选择错误不得分		
			正确安装控制柜的，并掌握其操作的注意事项 评分标准：选择正确得 4 分，选择一般得 3 分，选择错误不得分		
5	正确完成氨冷库保温系统的安装	10	正确完成管道的隔热施工操作。 评分标准：选择正确得 5 分，选择一般得 3 分，选择错误不得分		
			正确完成制冷设备绝热层的施工操作，并掌握操作的注意事项。 评分标准：选择正确得 5 分，选择一般得 3 分，选择错误不得分		
6	工作态度及组员间的合作情况	10	1. 积极、认真的工作态度和高涨的工作热情，不一味等待老师指派任务。 2. 积极思考以求更好地完成任务。 3. 好强上进而不失团队精神，能准确定位自己在团队中的位置，团结学员，协调共进。 4. 在工作中团结好学，时时发现自己的不足之处，善于取人之长补己之短。 评分标准：四点都做到得 10 分，一般得 5～10 分		
7	安全文明生产	10	1. 遵守安全操作规程。 2. 正确使用工具。 3. 操作现场整洁。 4. 安全用电，防火，无人身、设备事故。 评价标准：每项扣 5 分，扣完为止，若因违纪操作发生人身和设备事故，此项按 0 分计		

2.2.6 知识链接

氨制冷是一个密封性的循环系统，附属设备相互之间都有着一定的作用和关联。制冷机房又是制冷系统的心脏，机器设备的安全运行直接影响着各项生产工作的顺利进行。因此，制冷工作岗位在食品加工生产过程中起着至关重要的作用。制冷工人必须做到技术熟练、积极上进、精益求精，必须对制冷系统中的每一根管道、每一个附属设备、每一个阀门、每一个操作步骤都要做到全面了解和熟练掌握。

制冷操作工要具有高度的组织纪律性。在带班班长的统一指挥下，认真做好每一项工作，做到互相联系、紧密配合、坚守岗位、安全第一，严格遵守各项安全操作规程，确保整个制冷系统安全运行。

1．单级制冷压缩机操作：

1）开车前的准备工作

① 查看记录，了解上次停机原因，若因事故停机或机器定期修理，应检查是否修复并已经交付使用。

② 检查压缩机的技术参数：

a．检查压缩机与电动机各运转部位有无障碍物，保护装置是否完整。

b．检查曲轴箱压力，如果超过 2 kg/cm^2，应当先设法降压。若经常发生此情况，应查明原因加以消除。

c．检查曲轴箱的油面。正常油面应在下玻璃视孔的 2/3 以上，上玻璃视孔的 1/2 左右。

d．检查各压力表阀是否打开，各压力表是否灵敏准确，对已坏的则应予以更换。

e．检查容量调节器指示位置是否在“0”位或缸数最少位置。

f．检查油三通阀的指示位置是否在“运转”位置。

g．检查电动机的启动装置是否处于启动位置。

③ 检查高低压管道系统设备及有关阀门是否全部处于准备工作状态。

a．检查从压缩机高压排出管线到冷凝器，从冷凝器到调节站，从调节站到蒸发器的有关阀门是否打开。各供液阀应是关闭的。

b．检查从蒸发器到压缩机低压吸入管线的有关阀门是否打开。压缩机的吸入阀应是关闭的。

c．压缩机若连接有中冷器管道，其阀门必须关闭。

d．各设备上安全阀的关闭阀应是经常开启的。冷凝器与高压储液桶的均压阀应开启。压力表阀、液面指示阀应稍开启。

④ 检查储液桶的液面：

a．检查高压储液桶的液面，不得超过 80%，不得低于 30%。

b．循环储液桶或氨液分离器的液面应保持在浮球控制高度。在浮球阀失灵或无浮球时，应控制液面最高不得超过 50%，最低不得低于 20%。

c．低压储液桶的液面不得超过 80%。

⑤ 如用氨泵供液，应检查氨泵各运转部位有无障碍物。

⑥ 启动水泵，向冷凝器、再冷却器、压缩机水套和曲轴箱冷却水管供水。

⑦ 通知电工供电。

2）压缩机的启动

① 转动滤油器的手柄数圈。

② 扳动皮带轮或联轴器 2～3 圈，检查是否过紧。若搬动困难，应报告班长，检查原因并加以消除。

③ 启动电机同时迅速打开高压排气阀。

④ 当电动机全速运转后，将电机的碳刷柄由启动位置移至运转位置，油压正常后（若无油压应立即停车检查并加以修复），将容量调节器逐级调至所需位置，同时开启吸入阀，如听到液体冲击声，应迅速关闭吸入阀，待声音消除后，再缓慢打开吸入阀，同时要注意排出压力的电流负荷。当读数剧烈升高时，应立即停车，找出原因，做好记录。排出压力不得超过 15 kg/cm^2（采用油压继电器和压差继电器的压缩机，应在压缩机运转正常后，先打开吸入阀，再将容量调节器逐级调至所需位置）。

⑤ 调整油泵压力，油压应比吸入压力高 1.5～3 kg/cm^2.

⑥ 根据库房负荷情况，适当开启有关供液阀。如果用氨泵供液，应按照氨泵操作规程启动氨泵.

⑦ 做好开车记录。

3）操作与调整

① 氨的蒸发温度比库房温度低 8～10℃，比盐水温度低 4～5℃.

② 压缩机的吸气温度应比氨的蒸发温度高 5～15℃.

③ 压缩机的排气温度应与蒸发温度、冷凝温度相适应（详见附表），排出温度最高不得超过 145℃，最低温度不得低于 70℃。如与要求温度相差 10℃以上，即反映操作不够正常，应检查原因，予以调整。当压缩机的吸气温度剧烈降低时，应关小吸入阀，并检查循环储液桶或氨液分离器浮球阀是否失灵，并适当调整液面。若湿冲和严重，应紧急停车，待降至常温、降压、检查后方可再次启动，注意不得停止水套供水。

④ 压缩机正常运转中，其吸气与排气活门在跳动时与活门座接触发出的声音应清晰而均匀。如果发出不正常冲击声应紧急停车，报告班长，找出原因加以消除，同时做好记录。

⑤ 经常检查各摩擦部件的工作情况，如发现各摩擦部分局部发热或温度急剧上升，应立即停车检查原因，进行修复并作出记录。

⑥ 经常检查油压是否正常，若油压低于规定，高速失灵应立即停车，检查并记录。

⑦ 经常检查油温，油温一般不得超过 55℃。

⑧ 经常检查曲轴箱油面，如油面低于规定要求，应及时加油。

⑨ 压缩机的加油操作：

a. 检查冷冻油的规格是否符合使用要求。

b. 将加油管的一端套在压缩机三通阀的加油管上，另一端（必须带有滤器）插入加油桶内。

c. 将三通阀指示位置由“运转”拨到“加油”位置，油即进入。注意加油管不得伸出油面，以免吸进空气。若加油困难（三通阀串漏），可适当关小吸入阀（但应注意，不得使油压过低），待加油完毕，再开启回气阀或开车检查，找出原因并予以消除。

d. 当油量达到要求时，将三通阀指示位置，由“加油”拨回“运转”位置，恢复正常运转。

e. 对加油量进行记录。

⑩ 压缩机冷却水进出水温差不得超过 15℃，若超过此限度，应适当增加冷却水量，但严禁突然增加大量低温水。

⑪ 经常检查密封器，在正常情况下，密封器温度不得超 55℃。

⑫ 经常保持压缩机的清洁。

⑬ 当单级运转中的压缩机改为配组双级运转时，必须严格执行停车操作，然后再进行系统阀门调整的规定。

4）停车

① 高速系统供液适当降低回气压力后，关闭压缩机吸入阀，并适时将容量调节器调至“0”位，使曲轴箱压力在 0 kg/cm^2。切断电源，将电机碳刷柄由运转装置拨回启动位置。

② 停车 15 min 后，关闭进水阀。冬季停车要注意将冷却水套中的积水排净，以防冻坏。

③ 做好停车记录。

2. 配组双级压缩操作规程

1）开车前的准备工作

① 单机压缩的准备工作均适用于双级压缩。

② 检查中冷品的进出气阀、蛇形管的进出液阀是否全部打开。

③ 调整压缩机进排气管线有关阀门，必须关闭低压机向冷凝器排气的排气阀和高压机来自低压系统的吸入阀，然后打开低压机通向中冷器的排出阀及高压机压缩机来自中冷器的吸入阀。

④ 中冷器液面应保持在浮球控制高度。

⑤ 检查中冷器的压力，如超过 5 kg/cm^2，应进行降压。

⑥ 检查高、低压机停车联锁装置是否正常。

2）压缩机的启动

① 双级压缩必须启动高压机，当中间压力降至 1 kg/cm^{2}时，方可启动低压机。当开启低压机吸入阀时，应确保中间压力与高压机电流负荷不超过规定要求。如有两台以上低压机，应先启动一台，待运转正常后，再逐台启动。高压机及低压机启动操作方法与单级相同。

② 当高压机压缩机排气温度达到 60℃时，开始向中间冷却器供液。

③ 根据库房负荷情况，适当开启有关供液阀（如氨泵供液），应按照氨泵操作规程启动氨泵供液。

④ 做好开车记录。

3）操作与调整

① 单级压缩的操作与调整，一般适用于配组双级压缩的操作与调整。

② 中间压力应与蒸发压力、冷凝压力相适应（一般当容积比接近 2 : 1 时，中压在 2.5 kg/cm^{2}左右；容积比接近 3 : 1 时，中压在 3.5 kg/cm^2 左右），最高不得超过 4 kg/cm^2，并注意高压机电流负荷不得超出电机额定电流，电动机温升不得超出规定要求。

③ 低压机与高压机的排气温度应与蒸发温度相适应（高压机的排出温度不得超过 130℃），否则反映操作不够正常，应检查原因予以调整。

④ 低压机的吸气温度与排气温度剧烈降低时，处置办法与单级压缩相同。

⑤ 高压机的吸气温度与排气温度剧烈降低时，应首先关小低压机吸入阀，再关小高压机吸入阀，控制中间压力不得升高，必要时进行排液处理，若湿总程严重，应紧急停车，但必须先停低压机，再停高压机。

⑥ 压缩机的加油与单级压缩加油操作基本相同，当高压机加油困难需关小吸入阀时，必须首先关小低压机吸入阀，控制中间压力不得升高，压缩机油压不得降低。

⑦ 配组双级运转中的压缩机改为单级运转时，必须停车调整管路系统阀门后再行开车。

4）停车

① 关闭中冷器供液阀与蛇形管进出液阀。

② 先停低压机，当中间压力降至 1 kg/cm^{2}时，再停高压机，停车方法与单级相同。

③ 停车 15 min 后，关闭供水阀。冬季停车时水有可能冻结，应将水套内积水放尽。

④ 做好停车记录。

3. 制冷辅助设备操作规程

（1）集油器的操作

① 集油器放油时，先打开集油器的降压阀，当压力降至蒸发压力时，关闭降压阀。

② 关闭油氨分离器的供液阀 5～10 min。当油氨分离器的底部有微温时即可放油。

③ 放油完毕后，关闭油氨分离器的放油阀和集油器的进油阀，打开油氨分离器供液阀，恢复油氨分离器的正常工作。

④ 缓慢地打开集油器的降压阀，当压力降至 1 kg/cm^2 左右时关闭降压阀。约 20 min 后，若压力不再上升，即可将油放出。

⑤ 记录放油数量。

⑥ 放油期间，操作人员不得离开现场。

JY-150集油器

（2）对流式再冷却器的操作

① 打开进水阀和出水阀，向再冷却器供水。

② 打开再冷却器的进液阀、出液阀与高压储液桶至总调节站的旁通阀。

③ 再冷温度不应高出进水温度 3℃。

④ 再冷却器停止使用时，打开高压储液桶至调节站的旁通阀。

⑤ 根据水质情况定期清洗水套。

（3）排液桶的操作

① 在氨液排至排液桶前，先把桶内压力降至蒸发压力（如桶内有氨液，应先排液）。

② 打开排液桶的进液阀并注意桶内液面不得超过 80%。

③ 排液完毕后关闭进液阀。待桶内氨液静置 20 min 左右后进行放油。

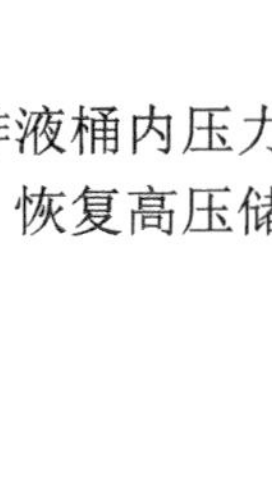

④ 放油后，暂停高压储液桶的供液，先把排液桶的氨液送到蒸发器中（如排液桶内压力过低氨液不易排出时，可向桶内加压，但压力不得超过 6 kg/cm^2），排液完毕后，恢复高压储液桶的正常工作。

⑤ 缓慢地打开排液桶的降压阀，将压力降至蒸发压力后将其关闭。

（4）放空气器的操作

① 操作前，应检查冷凝器与高压储液桶有关放空气阀是否打开。

② 将放空气器的抽气阀全部打开，然后稍微开启供液阀，向放空气器供液。供液膨胀阀开启的大小可从回气管的结霜情况看出。在正常状况下，回气管距抽气阀 0.5～1.5 m 的地方应有结霜。

③ 将放空气器的混合气体进气阀打开，然后打开回液阀，关闭供液阀，以使混合气体中冷凝的氨液继续蒸发。这时放空气器下部小膨胀回液管应有结霜，如果回液管霜层开始融化，说明进入的是热空气和氨的混合气体而不是氨液。这时应关闭回液阀，打开供液阀。

④ 打开放空气阀，当发现水呈乳白混合状态并带有氨味时应立即关闭入空气阀。

⑤ 关闭供液膨胀阀。

⑥ 打开全部回液阀，当放空气器及回液管上霜层融化后，再关闭回液阀和抽气阀。

⑦ 记录放空气器的使用时间。

（5）循环储液桶与氨泵操作

氨泵过滤器的工作流程

1）启动前的准备工作

① 了解停车原因，若因事故或检修停车，应检查是否修复。

② 检查氨泵各运转部位有无障碍物。

③ 检查电动机轴承是否有足够的润滑油。

④ 开启循环储液桶的供液阀，使液面保持在浮球控制高度。

⑤ 打开有关库房供液阀。

2）启动

① 氨泵的启动应配合有关压缩机的开停情况进行。打开氨泵进液阀，使泵内灌沁氨液。按正常运转方向拨动方向拨动联轴器，检查运转是否灵活。

② 打开氨泵抽气阀 1～2 min，将泵内和管道内气体抽尽后关闭。

③ 打开氨泵排液阀。

④ 接通电源，若排出压力与电流表指针若剧烈摆动，则表明氨泵不上液，此时应停止运转，再次打开抽气阀，抽空气体后再行启动。

⑤ 做好开泵记录。

3）操作与调整

① 氨泵正常运转中，电流表与排出压力表指针应较稳定，运转应无杂音。

② 氨泵运转中若电流与排出压力下降，氨泵发出无负荷的声音，说明供液情况不好，应迅速检查原因并对故障加以排除。

③ 若循环桶内液面过低，应检查浮球阀工作情况，适当调整供液。

④ 若泵内存有气体，可小心地将抽气阀打开，将泵内气体抽出后关闭。

⑤ 密封器若漏氨过多，应停车检查原因，并对故障加以排除。

⑥ 氨泵的排出压力应与系统蒸发压力及供液高度相适应，最高不得超过 4 kg/cm^2。

GL41W-16P
Y型过滤器

⑦ 循环储液桶的液面应保持在浮球阀控制高度。应定期进行循环储液桶的放油工作。

4）停车

① 关闭循环储液桶的供液阀。

② 切断电源，随即关闭氨泵出液阀。

③ 关闭氨泵进液阀。

④ 做好停泵记录。

（6）氨系统水冲霜

① 根据急冻间冷风机工作情况，由值班班长指挥进行水冲霜。急冻间货物出尽后，关闭有关供液阀。

② 打开有关供水阀，启动冲霜水泵，向蒸发器淋水，注意检查配水情况，避免局部缺水结冰。

③ 检查落水管排水情况，防止落水管阻塞、冲霜水溢出。

④ 水冲霜时不得将回气阀关闭，以防管内压力过高。

⑤ 霜层除尽，关闭有关供水阀，打开泄水阀，将管内积水放出，以防冻结。

⑥ 将水盘内冰、霜、水及溅出盘外的积水及时清理干净。

⑦ 冲霜完毕，根据急冻负荷情况，恢复正常降温。

⑧ 水冲霜与热氨冲霜配合进行，先按热氨冲霜规程进行，待霜层初步融化时开始水冲霜，以加快冲霜速度。

（7）氨中毒急救措施

① 迅速将中毒者从含毒空气中转移到空气新鲜的地方。

② 如液氨接触皮肤，应迅速用清水冲洗。

③ 呼吸 1%～2%热柠檬酸气体（用茶壶或纸管进行）。

④ 给中毒者饮柠檬水或3%柠檬酸（切勿饮白水）

⑤ 给中毒者盖新的暖和的被子。

⑥ 备全防毒面具及常用救生药品。

2.2.7 思考与练习

一、单选题

02. 02
029

习题

1．氨冷库压缩机排气水平管应坡向油分离器，坡度是（　　）。

A．≥6/1000　　B．≥8/1000　　C．≥10/1000　　D．≥12/1000

2．水冷却式冷凝器采用水（　　）制冷剂放出的冷凝热。

A．蒸发　　B．冷凝　　C．压缩　　D．吸收

3．风冷式冷凝器的（　　）和冷凝压力都比水冷式冷凝器高。

A．蒸发压力　　B．蒸发温度　　C．吸收压力　　D．冷凝温度

4．高压储液器安装位置的高度应（　　）冷凝器。

A．高于　　B．等于　　C．低于　　D．并行

5．中间冷却器作用于（　　）的高、低压级之间。

A．冷凝器　　B．蒸发器　　C．储液器　　D．制冷压缩机

6．关于氨制冷系统的管道，以下说法错误的是（　　）。

A．氨系统的管道一律采用无缝钢管

B．氟利昂系统的管道通常采用紫铜管

C．制冷系统的管道采用焊接接口

D．制冷系统的所有管路都需要保温

7．活塞式6AW12.5制冷压缩机的气缸数是（　　）。

A．2.　　B．4　　C．6　　D．8

8．制冷机组及其冷凝器、储液器等附属设备的安装水平度，其偏差不应大于（　　）。

A．1/100　　B．2/100　　C．1/1000　　D．2/1000

9．氨压力表精度不得低于（　　）级。

A．0.5　　B．2.5　　C．1.0　　D．2.0

10．在一定温度条件下的液体，转变为同温度的蒸汽时所吸收的热量称为（　　）。

A．吸热　　B．放热　　C．显热　　D．潜热

11．大、中型冷库制冷系统的水冷式冷凝器多采用（　　）换热结构。

A．套管式　　B．壳管式　　C．肋片管式　　D．板式

12．启动氟利昂压缩机之前，对冷冻润滑油加热的目的是（　　）。

A．提高润滑油的温度　　B．降低润滑油的粘度

C．防止润滑油冻结　　D．使润滑油中溶入的氟利昂逸出

13．进行氨制冷系统的气密性试验，试验介质采用（　　）。

A．氧气　　B．氮气　　C．压缩空气　　D．氨气

14．R717制冷系统的气密性试验压力为（　　）MPa。

A．≥1.0　　B．≥1.2　　C．≥1.6　　D．≥1.8

15．一般氨制冷系统的气密性真空度应达到（　　）MPa。

A. -0.030～-0.013　　B. -0.045～-0.025

C. -0.080～-0.065　　D. -0.090～-0.085

16. 压缩机排气管向上安装时，应在排气立管上安装（　　）。

A. 节流阀　　B. 止回阀　　C. 电磁阀　　D. 背压阀

17. 以下（　　）不是设备运转记录的基本内容。

A. 设备开机与停机时间　　B. 每班的物料消耗情况

C. 设备运行工况参数　　D. 设备的安全操作规程

18. 冷库内安装冷风机的步骤是（　　）。

A. 冷风机就位→安装准备工作→安装冷风机→安装承水盘

B. 冷风机就位→安装准备工作→安装承水盘→安装冷风机

C. 安装准备工作→冷风机就位→安装冷风机→安装接水盘

D. 安装准备工作→冷风机就位→安装承水盘→安装冷风机

19. 预防压缩机产生湿冲程，在压缩机启动时，开启（　　）一定要缓慢。

A. 高压排气阀　B、低压吸气阀　C. 供液阀　　D. 过冷气阀

二、多选题

20. 活塞式6ASJ17制冷压缩机能量调节参数为（　　　）。

A. 0　　B. 1/2　　C. 1/3　　D. 1/4　　E. 2/3　　F. 1

21. 油分离器至冷凝器的水平管坡向油分离器，坡度应不小于（　　　）。

A. 1/100　　B. 2/100　　C. 3/100　　D. 4/100　　E. 5/100　　F. 6/100

22. 制冷系统高压储液器的作用是（　　　）。

A. 储存冷凝器流出的制冷剂液体

B. 保证供应和调节制冷系统中有关设备需要的制冷剂液体循环量

C. 高压储液器的压力和温度与冷凝器相同

D. 防止高压制冷剂蒸气窜至低压系统管路中去

E. 高压储液器与冷凝器连接，高压储液器不设安全装置

F. 高压储液器应安装板式液位计，有利于观测高压储液器的储液量

23. 制冷压缩机冬季运行时，如将水冷冷凝器供水泵调节到最大流量，将会导致（　　　）。

A. 冷凝温度降低　　B. 冷凝温度升高　　C. 膨胀阀流量急剧增大

D. 膨胀阀流量急剧减少　　E. 制冷量增加　　F. 延长降温时间

24. 氨泵用于低压循环桶将制冷剂液体强制送入蒸发器，其作用是（　　　）。

A. 增加制冷剂在蒸发器内的流动速度　　B. 提高蒸发器温度　　C. 提高换热效果

D. 缩短降温时间　　E. 延长降温时间　　F. 降低流动压力

任务三　冷库的试运行

1. 任务描述

冷库安装完毕后必须经过试运行调试，达到正常运行标准才能正式投入使用，如温度与压力的调试、压缩机的试运行和新建冷库投产前的降温调试。本任务要求熟练掌握这些试运行的具体操作步骤和注意事项。

2．任务目标

知识目标

① 掌握制冷压缩机组试运行的准备工作和注意事项。

② 掌握新建冷库投产前降温调试的注意事项和操作要求。

能力目标

① 能正确完成制冷压缩机组试运行的各项操作步骤。

② 能正确完成新建冷库投产前降温调试的操作步骤。

3．任务分析

冷库各项试运行中，必须严格参照保准参数并遵守规范要求。冷库经过试运行、待各项指标都达标后才可正式投入生产，冷库试运行和调试的质量对冷库以后的日常运行和维护保养有着重大影响。本任务要求熟练掌握这些试运行的具体操作步骤和注意事项。

2.3.1 冷库制冷系统的调试

1．冷库制冷系统气密性试验

如图 2-48 所示为气密性试验示意图。

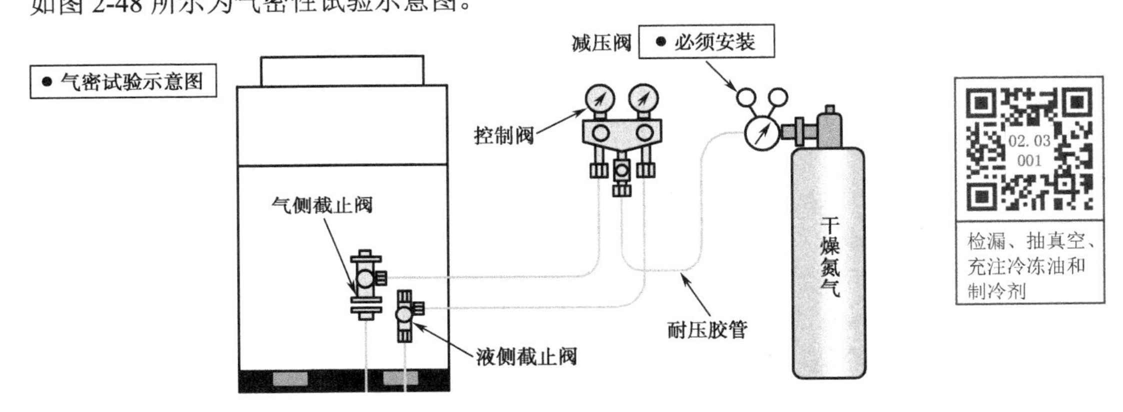

图 2-48　气密性试验示意图

图 2-49 所示为气密性试验系统结构图。

① 气密性试验用干燥氮气进行。当设计文件无规定时，试验压力的高压部分应采用 1.8 Mpa（表压），中压部分和低压部分应采用 1.2 Mpa（表压）进行试压。

② 系统压力试验应采用空压机进行。压力应逐级缓升至规定试验压力的 10%，且不应超过 0.05 Mpa。保压 5 min，然后对所有焊接接头和连接部位进行初次泄漏检查，如有泄漏，则应将系统同大气连通后进行修补并重新试验。经初次泄漏检查合格后再继续缓慢升压至试验压力的 50%，如无泄漏及异常现象，继续按试验压力的 10%逐级升压，每级稳压 3 min，直至达到试验压力。保压 10 min 后，用肥皂水或其他发泡剂刷抹在焊缝、法兰等连接处检查有无泄漏。

③ 对于制冷压缩机、液位控制器等设备、控制元件在试压时应暂时隔开。系统开始试压时需将玻璃板液位指示器两端的阀门关闭，待压力稳定后再逐步打开两端的阀门。

④ 系统充气至规定的试验压力，保压 6 h 后开始记录压力表读数，经 24 h 后再检查压力表读数，其压力降应按式（3-1）计算，并不应大于试验压力的 2%～3%，当压力降超过以上规定时，应查明原因，消除泄漏，并应重新试验，直至合格。

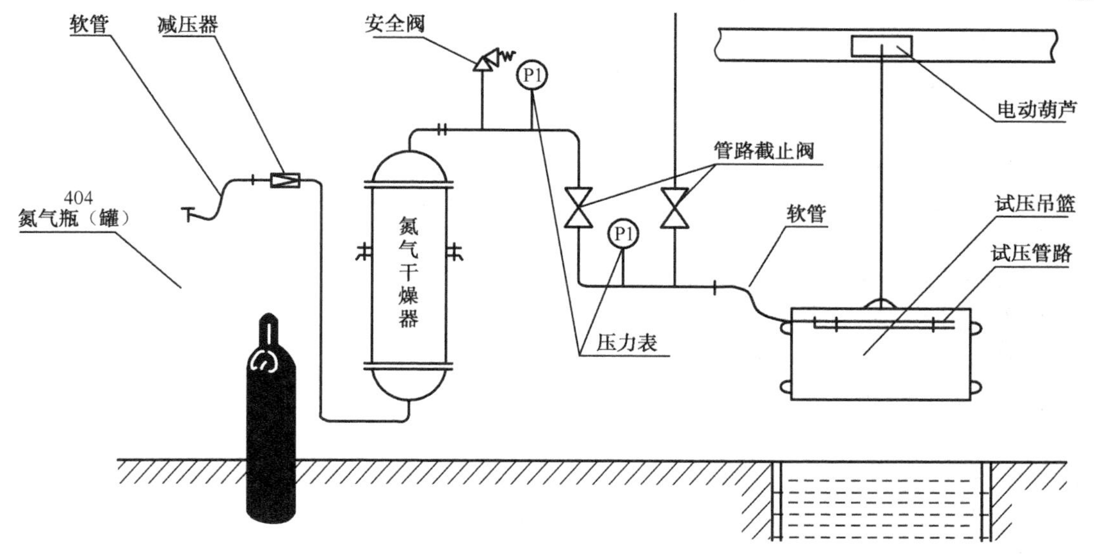

图 2-49　气密性试验系统结构图

表 2-26 所示为气密性压力试验值。

$$\Delta p = p_1 - \frac{273+t_1}{273+t_2} p_2 \tag{2-1}$$

表 2-26　气密性压力试验值（绝对压力）

制　冷　剂	高压系统试验压力（MPa）	低压系统试验压力（MPa）
R717、R502	2.0	1.8
R22	2.5（高冷凝压力） 2.0（低冷凝压力）	1.8
R12	1.6（高冷凝压力） 1.2（低冷凝压力）	1.2
R11	0.3	0.3

⑤ 气密试验前应隔离不参与试验的设备、仪表及管道附件。

⑥ 气密性实验一般分为压力试漏、真空试漏、工质试漏三个阶段。

1）压力试漏

压力试漏俗称打压试验，是气密性实验最常用的试漏方法。压力试漏需用干燥空气或氮气进行，不具备条件的较大系统可通过外接空压机进行打压试验，但需经干燥过滤器处理，最后还要用氮气吹污。

压力试漏包括两个方面：

① 整个系统充压至 784～980 kPa。待压力平衡后，记下各压力表指示的压力、环境温度等参数，保压 6 h。允许压力降 9.8～19.6 kPa。继续保持压力 18～24 h，若在环境温度变化不大的情况下压力无变化，即可认为第一步打压试验合格。

② 较大系统可关闭高、低压处截止阀，在高压系统充入表压 1372～1568 kPa 的干燥空气或氮气，保压 6 h，允许高压系统的压力降 9.8～19.6 kPa，继续保压 18～24 h 压力无变化，则可认为系统气密性良好。

注：当发现系统泄漏而检漏困难时，可对压缩机、冷凝器、蒸发器等个别机器进行压力试漏，以逐步缩小检漏范围。制冷系统试压前必须进行系统吹扫排污，以保证设备投产后安全运转、高效运行。

压力试漏的操作步骤：

① 打开试验装置用的手动阀门和电子阀，形成一个完整的回路。

② 对气管和液管同时充入氮气加压。

③ 气密性实验必须使用干燥氮气做介质。加压步骤如下：

a．充入氮气，观察压力表到 0.3 Mpa 时关闭氮气阀门，保持 3～5 min，发现大漏。

b．充入氮气，观察压力表到 1.5 Mpa 时关闭氮气阀门，保持 3～5 min，发现较大漏。

c．设计压力，保压 24 h 以上，可发现微小漏口。

④ 压力观察：气密性试验必须在整个系统密封的情况下静待 24 h，前 6 h 内因气体冷却产生的压力降不大于 0.03 MPa、后 18 h 内压力无变化为合格。高压氨系统实验压力为 1.8 MPa，低压氨系统试验压力为 1.2 MPa（从压缩机排气阀至总调节站的膨胀阀前为高压部分，从膨胀阀起至压缩机吸气阀止为低压部分）。根据温度变化对压力修正后不降压为合格，若压力下降，则应查出漏点予以修补。

⑤ 在空气吸入口出设空气过滤装置。

a．试压时应间歇进行，逐渐升压。排气温度不要超过 120℃。

b．压缩机吸、排气压力差不得超过 1.2 MPa。严禁堵塞安全阀。

c．试压分系统进行时先试低压系统。低压系统试压、排污完毕后串通整个系统，使空气进入高压系统，压力平衡时即关闭膨胀阀。

d．系统升压至 1.8 MPa 后即停止压缩机运转，并在各焊接封口处抹上肥皂水。如有气泡，说明有渗漏，应做记号以便修补。

修正方法：

① 环境温度每有±1℃温差，便会有±0.1 kgf/cm^2 的压力差。

② 修正公式:实际值=加压时压力+（加压时温度-观察时温度）×0.1 kgf/cm^2。

③ 将修正后的值与加压值相比较即可看出压力是否下降。

2）真空试漏

真空试漏的目的是使系统处于真空状态，观察空气是否渗入系统，这一措施对于制冷剂蒸发压力低于大气压的系统（如低温箱）是十分必要的。

最好使用机械泵抽真空，真空度可以用压力真空表测量，有条件的话最好使用 U 形水银压差计。利用制冷压缩机抽真空时，低压表指针不再下降时即可停机。

对于高、中温类制冷设备，进行系统真空试漏时其真空度一般不低于 40 mmHg，较小的系统可达到 760 mmHg 以下，所得真空度需保持 18 h 或 24 h，无变化者可认为真空试漏合乎要求。

3）工质试漏

工质试漏与压力试漏的方法相似。系统抽真空后充入制冷剂，充入制冷剂的数量以系统中的压力比环境温度下工质的冷凝压力低 98 kPa 左右为宜，保压 18 h 无压力降即可认为试漏合乎要求。工质试漏为系统充灌制冷剂做好了充分准备。所充入的制冷剂可以直接使用，亦可用来清洁系统。

工质试漏也可用下述方法：系统充灌制冷剂，使表压达到 98～196 kPa。再充入制冷剂，

使表压达到784～980 kPa，其要求与压力试漏相同，压力基本稳定后保压18 h无变化即可。

2. 气密性实验注意事项

① 打压时不能连接冷凝器，避免阀体损坏，氮气充入冷凝器系统内引起设备运转异常。

② 在气密试验结束后，应尽快把压力降低到0.5～1.0 Mpa，防止时间过长损坏设备的电子阀。

③ 如果在连接冷凝器之前管道系统要放置一段时间，最好把管道系统抽成真空再加入一定量的氮气，这样可以保证管道系统内的干燥并防止外部空气进入管道系统。

④ 气密试验过程中，充入的氮气压力不允许超过设计压力，以防止设备损坏。

⑤ 不允许在冷风机断电的情况下，单管道充入氮气进行气密试验，这样容易损坏电子膨胀阀。

⑥ 气密性实验时应确认气管、液管两个阀门是否保持全闭状态，另外因氮气有可能进入冷凝器的循环系统内，严禁连接低压球阀打压。

⑦ 各个冷媒系统一定要从气、液管两侧按照顺序缓慢的加压。严禁从一侧加压，否则容易引起内机节流阀体损坏。

3. 检漏

① 当制冷系统中的制冷剂温度、压力较高时（或打压过程中），系统的泄漏处有时会发出微弱的响声。

② 可根据发出声响的部位判断泄漏处。

③ 在制冷装置中的某些部位，若发现有渗漏现象，即可断定该处有制冷剂泄漏。

④ 制冷系统为密闭的系统，制冷剂和冷冻油又具有一定的互溶性。

⑤ 浓肥皂水检漏目前使用较普遍，方便而又有效，特别适合于维修使用。

⑥ 先将肥皂削成薄片浸泡在热水中，不断搅拌使其融化，待其冷却成稠状浅黄色溶液时即可使用。

⑦ 检漏时，先将被检部位的油污擦干净，用清洁的白纱布和软质泡沫塑料蘸透肥皂水，包围或涂抹于检漏处，静待数分钟并仔细观察，如被检部位出现白色泡沫或不断产生气泡，即说明该处就是泄漏点，应做好标记。

⑧ 继续对其他部位进行检漏，全部结束后，再对所有标出的泄漏点一一进行焊接和修复。

⑨ 检漏前应向制冷系统中充入784～980 kPa的氮气或干燥空气。

4. 抽真空

（1）利用压缩机本身抽空

① 制冷系统抽真空试验应在系统排污和气密性试验合格后进行。

② 抽真空时，应将制冷系统中的阀门全部开启。抽真空操作应分数次进行，以使制冷系统内压力均匀下降。应在系统上安装真空压力表。图2-50所示为真空压力连接示意图。

③ 关闭压缩机上的排气截止阀，打开多用通道，将压力继电器中的触点暂时接通，抽空后复原。

④ 启动压缩机，慢慢开启压缩机排气截止阀，把系统内的气体从排气截止阀的旁通孔排出。

⑤ 真空度达到750 mmHg以下、并在排气旁通孔处感觉不到有气体排出时即可停车，关闭通道口。

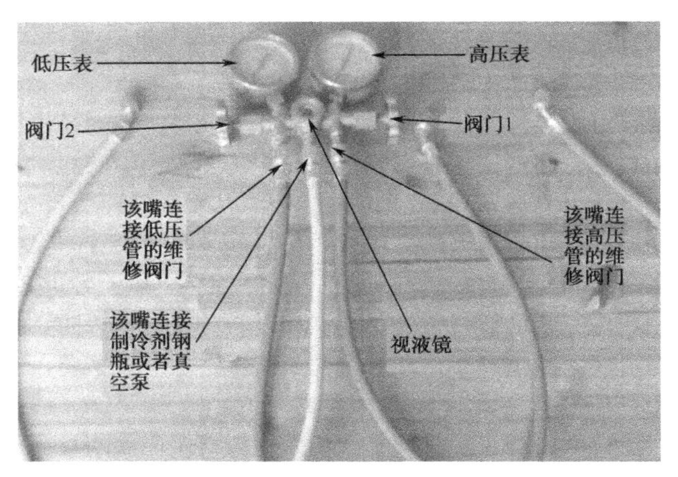

图 2-50 真空压力表连接示意图

⑥ 压缩机运转时，一定要把油压控制在 147～196 kPa 范围时，如油压过低，只允许断续或短时间开动。

⑦ 当系统内剩余压力小于 5.333 kPa 时，保持 24 h，若系统内压力无变化即为合格。系统如发现泄漏，补焊后应重新进行气密性试验和抽真空试验。

（2）制冷系统抽真空

1）干燥抽空

干燥抽空运用于较小的封闭制冷系统的维修工作，如果制冷系统能从箱体上拆下，可将整个系统放入干燥的箱内，再开动真空泵抽空。

2）二次抽空

二次抽空适用于全封闭压缩机制冷系统。

① 根据制冷系统大小选择合适的真空泵，在系统上安装真空压力表和修理阀，并将阀体、接管、真空泵连接在一起。一般系统内只装有吸气工艺管，连接工艺管时尽量选粗一些的管，这样系统中的水分易于排出。

② 管路连接后可启动真空泵，制冷系统达到 760 mmHg 时真空泵停止，第一次抽空结束。

③ 向制冷系统内充入制冷剂，使表压为零，然后可进行第二次抽空，直到真空值稳定为止。如图 2-51 所示为真空泵抽真空。

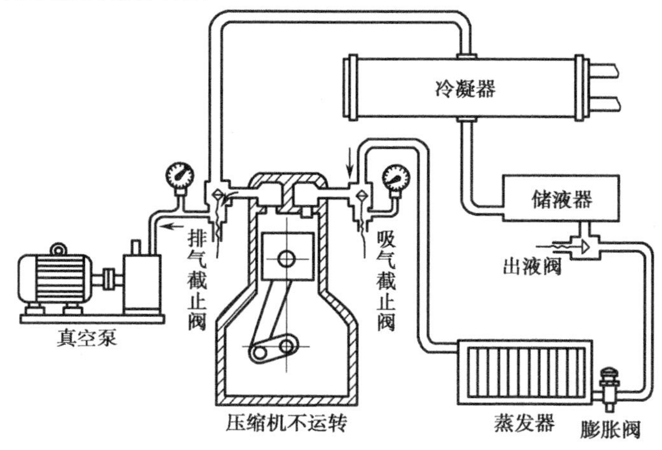

图 2-51 真空泵抽真空

二次抽空和一次抽空的区别是：一次抽空时，高压部分的残余气体必须通过毛细管后才能到达工艺管被抽除，由于受毛细管阻力的影响，抽空的时间加长，而且效果并不理想。

二次抽空是在一次抽空结束后向系统中充入制冷剂气体，使高压部分空气被冲淡，剩余气体中的空气比例减小。

对不凝性气体而言，二次抽空结束时能得到较为理想的真空度。

3）二次双侧抽空

根据二次抽空的原理，采用双侧抽空的方法效果更好，时间也相对缩短。

在修理过程中，可在排气管上钻一小孔，焊上毛细管,接上修理阀（或组合工具），也可在过滤器处引出一个接头，同时在原有的吸气工艺管上接上抽空工具，进行双侧抽空。

双侧抽空优点很多，首先，可在排气管路上接一压力表观察排气压力的变化；再次，在充灌制冷剂后，再从此口排放系统中的残余空气。

由于增加了一个接头，操作复杂化，不过从整体上看是利大于弊的。

5．充注制冷剂

（1）氨制冷系统充注制冷剂

1）加氨前准备

① 将氨瓶按顺序过秤，以便统计所加的氨量。

② 操作人员应戴橡皮手套，准备好防毒面具，防止人身事故。

③ 充注前需加氨试漏。尽管系统都已试压检漏，但充氨后仍可能出现泄漏。

④ 充氨前准备好工具、防毒面具、橡皮手套与急救药品等防范用品。

⑤ 检查氨的质量，要求液氨含水量不超过 0.2%。如图 2-52 所示为充氨示意图。

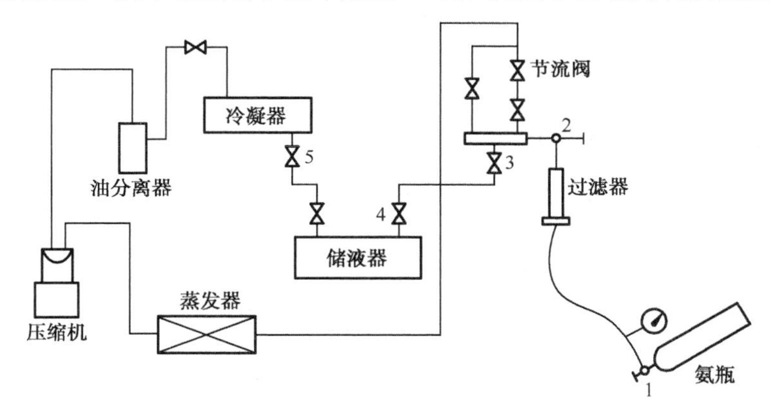

图 2-52　充氨示意图

2）加氨操作

① 接好加氨瓶与加氨站接头。一般用高压橡皮管连接。

② 稍许松开调节站接头，再将氨瓶阀门稍微打开，排出管内空气，再将松开的接头连接好，每加一瓶都用同样方法排出空气。氨瓶阀门应向下倾放。

③ 关闭总调节站上高压储液桶的供液阀，调整阀门，使其与低温系统相连，加快加氨速度。

④ 稍打开调节站阀门，让低压气体进入橡皮管内，试其密封性及承受压力，证实完好，再打开氨瓶上加氨阀（注意顺牙与反牙）。

⑤ 充注时应先打开氨站阀门。在加氨过程中，注意观察压缩机运转情况和高压储液桶液面。

⑥ 打开氨瓶上的阀门。当氨瓶内发出"嘶嘶"声，瓶下结霜融化时，说明氨瓶已空。

⑦ 先关闭瓶上的加氨阀，后关闭调节站上的加氨阀，拆下氨瓶。然后换上新氨瓶继续充注。

⑧ 按上述步骤，再接另一只氨瓶继续加氨，直至加氨完成。

⑨ 当系统氨压力达到 0.2 MPa，可进行氨气试漏。

3）试漏

氨气试漏可用酚酞试纸进行。先将试纸用水湿润，再将试纸放在检漏点，如有渗漏，试纸将遇氨变为红色。找到漏点后，将系统中的氨抽尽并与大气连通后，方能补焊。严禁在系统含氨的情况下补焊。

注意事项：

- 充氨过程应在宽敞平整的场所进行。氨瓶应放置妥当，空瓶与实瓶分开。
- 在充氨过程中，由于氨瓶口径小，氨瓶供液一般会出现供不应求的情况，这时会造成压缩机吸气压力低、排气压力高的现象，因此在充氨时要随时注意温度的变化，不能太高。
- 氨液体积质量按 0.65 kg/L 计算。首次充注先加到 60%～70%，不要一次加太多，可在系统投入正常运转、冷间温度下降、高压储液器显示出氨循环量不足时再加，否则被冷却系统的温度变化将使制冷系统蒸发器蒸发量过大，容易造成湿冲程。

（2）充注制冷剂的禁忌

① 切忌未做好安全防范措施就开始操作。

② 切忌在空气不流通甚至密闭的场所进行操作。

③ 切忌不区分制冷剂的种类而混用制冷剂充注专用工具。

④ 切忌充注前不对制冷剂钢瓶进行查验。

⑤ 切忌启闭制冷剂钢瓶阀门的速度过快。

⑥ 切忌充注过程中对制冷剂钢瓶进行加热。

⑦ 充注过程中，操作人员不可离开现场。

⑧ 充注过程中，切勿在操作现场同时进行其他操作，尤其是焊接等有明火的操作。

6．调试的注意问题

① 制冷设备的调试就是把系统运行参数调整到所要求的范围内，使制冷系统的工作满足设计要求。

② 制冷设备的运行参数应工作在既安全又经济的范围内。

③ 制冷设备运行的主要参数有蒸发压力和蒸发温度、冷凝压力和冷凝温度、压缩机的吸气温度和排气温度及膨胀阀（或节流阀）前制冷剂温度等。

④ 这些参数在制冷设备运行的过程中不是固定不变的，而是随着外界条件（如库内热负荷、冷却水温、环境温度等）的变化而变化的。

⑤ 在调试过程中，必须根据外界条件和设备的特点，把各运行参数调整在合理的范围内。

制冷系统的试运行

2.3.2 制冷压缩机组的试运行

1．试运行的准备

在试运行前应做好以下各项准备工作。

1）技术资料的准备

在制冷压缩机试运行前，应根据施工图，对制冷压缩机的安装质量进行检查和验收，并认真研究使用说明书和随机的技术资料，依据压缩机使用说明书提供的调试要求及各种技术参数对压缩机进行调试。试运行时要认真填写试运行记录表，作为技术档案保存。

冷却塔的安装

2）供电准备

在试运行时，机组应有独立的供电系统。电源应为380 V、50 Hz交流电，要求电压稳定。在电网电压变化较大时，应配备独立的电压调压器，使电压的偏差值不超过额定值的10%。接入的试运行电源应配备电源总开关及熔断器，并配置三相电压表和电流表。试运行用的电缆配线容量应按实际用电量的3～4倍配置。设备要求接地可靠，接地应采用多股铜线，以确保人身安全。

3）系统所需水、油、工质的准备

制冷压缩机试运行前，要将制冷系统所需的材料准备就绪以保证试运行工作的正常进行。当制冷系统的冷凝器采用循环冷却水冷却时，应预先向循环水池注水，冷却水泵和冷却塔应可正常运转；准备制冷压缩机使用说明书规定的润滑油、清洗用的煤油及制冷压缩机进行负荷试运转时所要充注的制冷剂和其他工具和物品。

冷却水泵的安装

4）压缩机的安全保护设定检查

试运行前，要对制冷压缩机的自控元器件和安全保护装置进行检查，要根据使用说明中提供的调定参照值对元器件进行校验。制冷压缩机安全保护装置的调定值，在出厂前已调好，不得随意调整。自控元器件的调定值如需更改，必须符合制冷工艺和安全生产的要求。

冷却水管的安装

2．制冷压缩机的空车试运行

安装完毕后，就可以进行空车试运转。

1）目的

空车试运转的目的是检查压缩机润滑系统的供油情况是否良好，油分配阀和卸载装置是否灵活准确。此外还可提高各摩擦部位配合的密封性、摩擦面的表面质量，同时借助大气压调节油压，以达到要求的数值。

2）步骤

第一步：运转前的准备。将压缩机的汽缸盖取下，取出假盖弹簧、排气阀组，用自制的夹具压住汽缸套，注意不要碰坏缸套密封线，也不要影响顶杆的升降。在汽缸顶部浇适量冷冻机油，以形成油膜。缸口用布盖好，防止灰尘进入。用铁管或铁棒插入联轴器顶部的孔内，拨动曲轴，检查转动有无障碍。

第二步：合闸点动压缩机。开机让压缩机点动运行2～3次，观察压缩机旋转方向是否正确、联轴器转动是否灵活、油压是否正常，发现问题检查处理后再试运行。合闸时，操作人员不要站在汽缸套处，防止汽缸套飞出伤人，也不能离开工作现场，当机器运转声音不正常、油压建立及发生意外故障时，可及时停车，防止压缩机的损坏和事故的发生。

第三步：间隙启动压缩机。启动压缩机，使压缩机作间隙运转，时间间隔分别为5 min、15 min和30 min，直至运行4 h；在间隙运转中观察以下几个项目，看是否符合要求：

① 电流表指针应稳定。

② 汽缸体、主轴承外部、轴封胶等摩擦部件温度不高于 25～30℃，轴承温度不高于 65℃。

③ 润滑油油压应比吸气压力高 0.15～0.3 MPa。

④ 轴封无漏油现象。

⑤ 试车过程中各部位不应有杂音，运行时间少于 4 h，汽缸奔油量不大（压缩机是一个特殊的气泵，大量制冷剂气体在被排出的同时，也夹带走一小部分润滑油）。压缩机奔油是无法避免的，不同的压缩机奔油量有所不同。半封闭活塞式压缩机排气中大约有 2%～3%（质量分数）的润滑油，而涡旋式压缩机中约有 0.5%～1%（质量分数）。

第四步：更换润滑油，调整间隙。空试合格后，根据润滑油的清洁度确定是否更换，调整好余隙的间隙。检查联轴器的防振橡胶是否磨损。

第五步：重新装配阀组。将安全压板弹簧及排气阀组重新装好，拧紧压缩机汽缸盖。

3）注意事项

① 用夹具压汽缸套时，不要碰伤汽缸套上的密封线。

② 汽缸固定后，用干净的白布将汽缸口包扎起来，防止灰尘掉入。

③ 固定好试验夹具后，就可以启动压缩机。首次启动时应点动 2～3 次，观察压缩机的正反转及机件的组装情况，观察油压能否建立、有无异常声响等。确认压缩机一切正常后可合闸运转，正式试运行。

开始试运行后，不可连续运转，运转时间应逐渐增加，首次约 3 min，然后再运行 10 min 后停车检查。主要是检查各运动部位的温度，如连杆大头轴瓦的温度以及配合情况，若发现问题应及时调整。一切正常后运转时间逐渐增加到 4 h，需要注意的是：

① 在压缩机启动时，操作人员不要站在汽缸附近，防止汽缸套飞出伤人。

② 压缩机运转时，应有一名操作人员负责看管控制开关，不得离开，当机器发生意外故障或情况紧急时可及时停车，防止事故的发生。

③ 压缩机试运转时，因为新机器各零部件间的间隙较小，需要瓣合，应将油压调得高些（可调至 0.3 MPa）。

制冷压缩机在空车试运转时，除正常的机件摩擦声外，不应有其他的机件敲击声和杂音。油压表指示读数应稳定，汽缸体、油泵、前后轴承及轴封等摩擦部位的温升应正常，不应高于室内温度 25～30℃。

3．制冷压缩机的重车试运行

重车试运转是在空车试运转后进行的，分为空气负荷试运转和连通系统负荷试运转两种。

1）目的

空气负荷试运转是以空气作为压缩对象进行的试运转。空气负荷试运转的目的是观察在有负荷的情况下，机器各运动摩擦部位的工作性能。

2）步骤

① 排除压缩机的空气。

② 使压缩机和其他制冷系统连通。

③ 连续运转压缩机 24 h，观察方式与空气负荷试运转活塞式制冷压缩机调试操作过程的相同。

3）注意事项

试运行前要先拆下活塞连杆组，检查汽缸壁及活塞连杆组的状况，更换润滑油，清洗过滤器，并将空车试运转时拆下的排气阀组、安全弹簧和汽缸盖重新装好。试运行时应首先关闭压

缩机的吸、排气阀门，松开压缩机吸气过滤器法兰螺栓，留出缝隙，扎上防尘纱布作为压缩机的吸气门，拆下压编机的排空阀作为压缩机的排气口，以便空气排放。然后即可启动压缩机，进行空气负荷试运转时。试运转时，排气压力调整在0.25～0.4 MPa，运转时间就不少于4 h。

制冷压缩机空气负荷试运转，除达到空车试运转的要求外，还应注意吸、排气阀片的跳动声应均匀正常。油压差应为0.15～0.3 MPa，要求每个汽缸准确加载和卸载，油温比室温高20～30℃，轴封温度不应超过 70℃，压缩机的排气温度应低于 120℃，汽缸盖、汽缸冷却水套的水温不应超过45℃。

在空气负荷试运转后，可连通系统进行负蒋试运转。应当注意的是，连通系统负荷试运转，必须在整个制冷系统已经过吹污、试压、真空试漏，全系统充灌制冷剂后方可进行。连通系统负荷试运转前，要检查压缩机的密封性。可利用排空阀将压缩机排空，2 h后压缩机的压力应保持-0.1 MPa，否则应找到渗漏点并进行处理。

连通系统进行负荷试运转的时间应不少于4 h。进行连通系统负荷试运转时，对制冷压缩机的操作应符合正常的操作规定。

4．制冷压缩机组的第一次开车试运行

1）第一次开车前的准备

须首先检查制冷机组各部件及电气元件的工作情况，检查项目如下：

① 合上电源开关，将选择开关扳向手动位置。

② 按报警试验钮，警铃响；按消音钮，报警消除。

③ 按电加热按钮，加热灯亮，确认电加热器工作后，按加热停止钮，加热灯灭。

④ 按水泵启动按钮，水泵启动，水泵灯亮。按水泵停止钮，水泵停止，水泵灯灭。

⑤ 按油泵启动按钮，油泵灯亮，油压应在0.5～0.6 MPa。

⑥ 把能量调节柄扳向加载位置，指示表指针向加载方向旋转，证明滑阀加载工作正常。

把能量调节柄扳向减载位置，指示表指针向减载方向旋转，最后停在“0”位上，证明滑阀减载工作正常。在加、减载时，若油压过高，可按压缩机旋转方向盘动联轴器，使机体内的润滑油排到油分离器中，正常操作工艺指标详情见表2-27。

表2-27 正常操作工艺指标

项　目	规 定 值	操 作 值
吸气压力（MPa）	≤0.25	0.21
排气压力（MPa）	≤1.6	1.37
排气温度（℃）	≤105	62
油压（MPa）	1.75～1.9	1.67
油温（℃）	≤65	68
油分离器液位（%）	1/2～2/3	55%
蒸气温度（℃）	+5～40	7
主电机电流（A）	≤99.7	80
电机轴承温度（℃）	≤65	40
吸气端轴承温度（℃）	≤65	53
排气端轴承温度（℃）	≤105	58
吸气过滤器压差（MPa）	0.1	0.03

油精过滤器压差（MPa）	0.1	0.03

⑦ 检查各自动安全保护继电路，各保护项目的调定值如下所述。

排气压力高保护：1.6 MPa；

喷油温度高保护：65℃；

油压与排气压差低保护：0.15 MPa；

精油过滤器前后压差高保护：0.1 MPa。

2）第一次开车前的步骤

① 选择开关扳向手动位置。

② 打开压缩机的排气截止阀。

③ 滑阀指针在“0”位置，即10%负荷位置。

④ 机组按电加热按钮，加热灯亮。油温升至40℃后，按加热停止按钮。

⑤ 按水泵启动按钮，向油冷却器供水。

⑥ 按油泵按钮启动油泵，同时回油电磁阀自动开启。

⑦ 5～10 s后，油压与排气压力压差可达0.4～0.6 MPa，按主机启动按钮，压缩机启动，旁通电磁阀也自动打开。

⑧ 观察吸气压力表，逐步开启吸气截止阀；压缩机进入运转状态，旁通电磁阀自动关闭，调整油压调节阀，使油压（喷油压力与排气压力）差为0.15～0.3 MPa。

⑨ 压缩机运转的压力、温差正常，可运转一段时间，这时应检查各运动部位及测温、测压点密封处，如有不正常情况应停车检查。

⑩ 初次运转时间不宜过长，30 min左右可停车。停车顺序为：能量调节柄打在减载位置，使滑阀退到“0”位置，按主机停止按钮，停主机；关闭吸气阀；停油泵，停水泵，至此完成了第一次开车过程。

5．制冷压缩机组正常运行后的注意事项

① 运行中应注意观察吸气压力、排气压力、油温、油压，并定时进行记录。

② 运转过程中，如果由于某项安全保护动作自动停车，一定要在查明故障原因之后，方可开车，绝不能随意采用改变其调定值的方法再次开车。

③ 突然停电造成主机停车时，由于旁通电磁阀没能开启，在排气与吸气压差的作用下压缩机可能出现倒转现象，这时应迅速关闭吸气截止阀，这样压缩机排气端和吸气端压力能在短时间内平衡，减轻倒转。

④ 如在气温较低的季节长时间停车，应将系统中油冷却器等应用冷却水的设备中的存水放尽。

⑤ 如果在气温较低的季节使用，开车应先开启油泵。按压缩机运转方向盘动联轴器，使油在系统中循环，使润滑油的使用温度保持在25℃（氟利昂机组开车前先开电加热器）。

⑥ 当制冷机组长期停车时，应每10 d左右开动一次油泵，以保证机内各部位能有润滑油，油泵开动10 min即可。

⑦ 长期停车后开车应盘动压缩机若干圈，检查压缩机无卡阻现象，并使润滑油均匀分布于各部位。

⑧ 长期停车时，每2～3个月开动一次，运转45 min左右即可。

2.3.3 新建冷库投产前的降温调试

1．新建冷库投产前的降温调试的方法及步骤

（1）降温前的准备工作

制订好调试方案及工作进度表，安装、操作及安全方面的技术人员已到场，并明确各自职责。各种工具、仪表及防护用品应备齐，供水及供电设施安全可靠。

（2）对制冷系统抽真空

① 系统试压合格后，可靠关闭制冷系统与外界（大气）相通的所有阀门（如排空气阀、紧急泄氨阀等），并将制冷系统中的阀门全部开启。

② 将真空泵的吸管与加氨站上的进液阀相接并全开，启动真空泵对制冷系统抽成真空。可采用真空（压力）表或U形管式水银压力计测真空度。

③ 系统中的空气很难抽尽，抽真空要分数次进行，使系统内压力均匀下降。

经抽真空后，氨系统的剩余压力应小于7.91 kPa（约60 mmHg）。当系统内剩余压力小于7.91 kPa（约60 mmHg）时，保持24 h，真空（压力）表回升不超过0.667 kPa为合格。若压力上升较快，则应查明原因并消除。如发现泄漏点，补焊后应重新进行气密性和抽真空试验。

（3）充灌制冷剂

1）充灌制冷剂注意事项

制冷系统经抽真空试验合格后，可利用系统的真空度充入部分氨，再启动制冷压缩机继续完成充氨工作。氨有较强的毒性，当氨气浓度在空气中达到0.5%～0.6%（体积分数）时，人在此环境停留30 min可产生致命的后果；当氨气在空气中的浓度达到15%～27%（体积分数）时，遇明火有爆炸的危险。因此，充氨时必须严格按照有关操作规程进行操作。充氨前要准备好工具、急救药品等物品，充氨操作时必须使用防毒面具、护目镜、橡胶手套等护具，做好安全防护，并有人可靠地监护。充氨现场应通风良好，严禁吸烟和明火作业。应检查氨的检验合格证，要求液氨的含水率不得超过0.2（质量分数）。

2）充灌制冷剂

① 第一次充灌制冷剂。

a．分段充氨试漏用无缝钢管或耐压3.5 MPa以上的橡胶充氨管，将氨瓶（氨槽车）上的充氨阀与加氨站（总调节站）上的进液阀相接。管接头需要有防滑沟槽，用钢箍扎紧接头，以防脱开发生危险。

b．可微开氨瓶阀门，检查管连接是否牢固。操作人员开关氨瓶阀门时应站在阀门接管的侧面，缓慢开启阀门。

c．将氨瓶下倾30℃左右，用台秤计量。应先开启加氨站通往低压系统的阀门，再缓慢开启氨瓶上的阀门1/2～1圈（不可多开）。因系统内是真空状态，可利用氨瓶与系统的压差将氨充入。

d．当系统氨气压力达0.2 MPa（表压）时，先关闭氨瓶下的阀门，再关闭加氨站（或调节站）上的阀门，进行氨气试漏。

e．可用酚酞试纸分段检漏。将试纸用水湿润后，放在各焊缝法兰接头和阀门接口等处进行检漏，如有渗漏，试纸遇氨将变为红色，应做好有关记录。

f．如果发现泄漏点，应将修复段的氨气排尽，并与其他部分隔断，连通大气后方可进行补焊修复，严禁在管路内含氨的情况下补焊。

② 第二次充灌制冷剂。

只有在充氨试漏合格后，方可进行系统隔热保温工作，以保证工程质量。充灌制冷剂在系统隔热保温工作已完成、且在最后一次充氨试漏合格后进行，为了避免系统局部压力过大，可将氨液分段充入各冷间的系统管道、容器中。灌氨操作时，应逐步、少量进行，不得将设计用氨量一次性注入系统。

a．继续利用压差充氨。经全面试漏检查、无异常情况后，开启氨站阀门，再缓慢开启氨瓶下的阀门 1～2 圈，利用氨瓶与系统的压差，再继续充制冷剂。直至系统压力与氨瓶压力相等时，略关小氨瓶的阀门 1/2～1 圈。

b．运行冷却水循环系统。将冷凝器的进出水阀打开，启动冷却水循环水泵，向冷凝器足量供水，启动冷却塔散热风机，使冷却水循环系统进入正常工作状态。

c．开启制冷压缩机充氨关闭系统高压储液器的出液阀后，关小压缩机的吸气阀，全开压缩机的排气阀，能量调节装置放在最小挡。启动压缩机，调节能量和吸气阀，适当开大氨瓶上阀门 1/2～1 圈，使低压系统中的压力处于低压状态，保证氨液能通过低压段缓慢注入系统。

d．结束充灌制冷剂操作。当充灌达到系统所需总氨量的 50%～60%时，先关闭氨瓶上的阀门，再关闭加氨站的阀门。停止充氨。继续运行制冷系统以观察系统各容器设备的液面及各部位的结霜情况。在充灌过程中，当氨瓶下部结霜又融化时，说明氨瓶已空。这时应先关闭氨瓶上的阀门，再关闭加氨站的阀门，然后换新的氨瓶继续充灌。

（4）缓慢分段降低冷库房间的温度

1）分段降温的要求

① 制冷系统充氨后随着试运行的进行，冷库开始降温。为了保证库房土建结构免遭破坏，必须缓慢地降温，每天降温的速度与库房的温度有关。

② 新建土建冷库房降温的速度一般控制在 2℃/24 h 左右，并要维持一段时间恒定，绝对不能一下把库温降下来，否则，库房结构不能适应温度变化可能产生裂缝。库房的降温过程分三个阶段进行，即水分冻结前（4℃以上）、水分冻结（−4～4℃）及水分冻结后（−4℃以下）。

③ 新建冷库降温过程因受到进程的限制，在较长的一段时间内回气压力会较高。因此，前、中期只宜用单级机缓慢地逐步降温，后期库房温度较低时，才可用双级机缓慢降温。

2）操作步骤

① 检查和调整各控制阀门。冷库降温前，应对制冷系统的各控制阀门进行检查和调整，使需要降温的库房低压系统管道畅通，压缩机至冷凝器、储液器和高压调节站的高压管路也必须畅通，应关紧各库房门。

② 对蒸发器适当供液。降温开始时，先对蒸发器适当供液。系统内有一定氨液后，照正常启动程序开动氨压缩机，使机器投入正常运行。

③ 分段缓慢降温。调整对蒸发器的供液量，使氨液在系统内不断正常循环，库温逐渐下降。库房温度降至一定程度后，应停止供液，关停压缩机，暂停降温，等到了规定时间后再继续降温，直至达至设计要求的低温为止。

④ 结束降温操作。当库温降到设计值（−28℃）后，应停机封库 24 h 以上，观察并记录库房自然升温情况及隔热效果。在整个降温过程中，应将个别冷库门稍打开一些，以免由于空气冷却收缩引起局部真空而损坏库房建筑。

氨和氟冷库投产前降温调试的原理相似，但因制冷系统不同，操作方法也有所不同。氨土建冷库投产前的降温调试技术较复杂，对安全性要求更高，具有一定代表性。

2．冷库冷冻间降温效果的评估

对新建冷库降温效果的评估是冷库工程验收的重要组成部分，是一项复杂的系统工程，涉及制冷系统、库房结构、控制系统和冷却水循环系统的方方面面,应依据国家有关冷库工程验收规范进行。

一般而言，在各系统设备运行、调节正常的情况下，冷冻间良好的降温效果至少应表现为：在限定时间内，蒸发温度、库房温度可降至设计值，降温速度达到要求，排管结霜正常;库房自然升温情况正常，保温性能良好；经分段缓慢降温后，库房墙体已基本干燥且无裂缝与变形。

在生产实践中新投产土建冷库降温时间的长短，与当地气温、冷库的大小和种类、工程建设质量及调试人员的技术水平有关。例如，有些土建冷库需要 30 d 左右才能完成降温调试，而有些土建冷库只需 20 d 左右就可完成降温调试。

冷库降温情况良好、冷库温度达到设计要求、机器设备运行正常后，冷库可以投入试生产。

工作页内容见表 2-28。

表 2-28　工作页

<table>
<tr><td colspan="6">冷库的试运行</td></tr>
<tr><td colspan="6">一、基本信息</td></tr>
<tr><td>学习小组</td><td></td><td>学生姓名</td><td></td><td>学生学号</td><td></td></tr>
<tr><td>学习时间</td><td></td><td>学习地点</td><td></td><td>指导教师</td><td></td></tr>
<tr><td colspan="6">二、工作任务</td></tr>
<tr><td colspan="6">1．掌握试运行调试操作的标准参数和注意事项。
2．掌握制冷压缩机组试运行的准备工作和注意事项。
3．掌握新建冷库投产前降温调试的注意事项和操作要求。
4．能正确完成冷库各方面温度、压力调试操作的步骤。
5．能正确完成制冷压缩机组试运行的各项操作步骤。
6．能正确完成新建冷库投产前降温调试的操作步骤。</td></tr>
<tr><td colspan="6">三、制订工作计划（包括人员分工、操作步骤、工具选用、完成时间等内容）</td></tr>
<tr><td colspan="6"></td></tr>
<tr><td colspan="6">四、安全注意事项（人身安全、设备安全）</td></tr>
<tr><td colspan="6"></td></tr>
<tr><td colspan="6">五、工作过程记录</td></tr>
<tr><td colspan="6"></td></tr>
<tr><td colspan="6">六、任务小结</td></tr>
<tr><td colspan="6"></td></tr>
</table>

2.3.4 任务评价

表 2-29 是考核评价标准。

表 2-29 考核评价标准

序号	考核内容	配分	要求及评价标准	小组评价	教师评价
1	熟练掌握调试操作的注意事项	10	调试操作的注意事项要求：能熟练掌握调试操作的注意事项。 评分标准：正确选择得 10 分，每错一项扣 3 分		
2	能熟练调试冷库温度与压力的参数值	50	蒸发温度与蒸发压力的调试要求：能熟练调试蒸发温度和蒸发压力的参数值。 评分标准：正确选择得 10 分，每错一项扣 3 分		
			冷凝温度与冷凝压力的调试要求：能熟练调试冷凝温度和冷凝压力的参数值。 评分标准：选择正确得 10 分，选择一般得 6 分，选择错误不得分		
			压缩机吸气温度的调试要求：能熟练调试压缩机的吸气温度的参数值。 评分标准：选择正确得 10 分，选择一般得 6 分，选择错误不得分		
			压缩机排气温度的调试要求：能熟练调试压缩机的排气温度的参数值。 评分标准：选择正确得 10 分，选择一般得 6 分，选择错误不得分		
			液体制冷剂过冷温度的调试要求：能熟练调试液体制冷剂过冷温度的参数值。 评分标准：选择正确得 10 分，选择一般得 6 分，选择错误不得分		
3	正确完成制冷压缩机组的试运行	20	制冷压缩机组的试运行要求：能正确完成运行前各项准备工作，并掌握各项操作的注意事项。 评分标准：选择正确得 5 分，选择一般得 2 分，选择错误不得分		
			制冷压缩机的空车试运行要求：能正确完成制冷压缩机空车试运行的操作步骤，并掌握操作的注意事项。 评分标准：选择正确得 5 分，选择一般得 2 分，选择错误不得分		
			制冷压缩机的重车试运行要求：能正确完成制冷压缩机重车试运行的操作步骤，并掌握操作的注意事项。 评分标准：选择正确得 5 分，选择一般得 2 分，选择错误不得分		
			制冷压缩机组第一次开车试运行的要求：能正确完成制冷压缩机组第一次开车试运行的操作步骤并掌握操作的注意事项。 评分标准：选择正确得 5 分，选择一般得 2 分，选择错误不得分		
4	正确完成新建冷库投产前的降温调试	10	总体认识新建冷库投产前的降温调试要求：能了解新建冷库投产前降温调试的原因和注意事项。 评分标准：选择正确得 3 分，选择一般得 2 分，选择错误不得分		
			新建冷库投产前降温调试的方法及步骤要求：能正确完成新建冷库投产前降温调试的操作步骤，并掌握操作的注意事项。 评分标准：选择正确得 3 分，选择一般得 2 分，选择错误不得分		
			冷库冷冻间降温效果的评估要求：能熟练掌握冷库冷冻间降温效果评估要求的标准要求和注意事项。 评分标准：选择正确得 4 分，选择一般得 2 分，选择错误不得分		

续表

序号	考核内容	配分	要求及评价标准	小组评价	教师评价
5	工作态度及组员间的合作情况	5	1. 积极、认真的工作态度和高涨的工作热情，不一味等待老师指派任务。 2. 积极思考以求更好地完成任务。 3. 好强上进而不失团队精神，能准确定位自己在团队中的位置，团结学员，协调共进。 4. 在工作中团结好学，时时发现自己的不足之处，善于取人之长补己之短。 评分标准：四点都做到得 5 分，一般得 3 分		
6	安全文明生产	5	1. 遵守安全操作规程。 2. 正确使用工具。 3. 操作现场整洁。 4. 安全用电，防火，无人身、设备事故。 评价标准：每项扣 1 分，扣完为止，若因违纪操作发生人身和设备事故，此项按 0 分计		

2.3.5 知识链接

1. 氟利昂制冷系统充注制冷剂

根据充氟点位置的不同，充氟的操作方法可分为 3 种。

第一种是在储液器到膨胀阀间的管路上外接一个专用充注阀。这种方法与氨的充注方法基本相同，一般用于大型制冷系统的制冷剂充注。

第二种是从压缩机的吸气阀多用孔道处充注。这种方法的充注速度较慢，主要适用于中小型制冷系统的充注。

第三种是从压缩机的排气阀多用孔道处充注，也称为液体充注法。这种方法的充注速度快，但安全性较差，维修操作中不建议采用。

下面详细说明第二种充注方法的操作步骤。

① 准备好充氟的专用工具，如压力表、过滤器、制冷剂钢瓶及管路接口、阀门等。

② 准备好护目镜等防护用品，打开工作间的门窗，启动工作间的换气扇。

③ 准备检漏用的肥皂水、卤素检漏灯或电子检漏仪。

④ 将钢瓶放在准备好的磅秤上，用专用连接管路将钢瓶与压缩机的吸气阀多用孔道相连，如图 2-53 所示。接多用孔道的螺母暂不拧紧，先把钢瓶阀开启一点，让制冷剂将连接管中的空气冲走，随即关闭阀门，并把螺母拧紧，然后记录钢瓶的初始重量。

⑤ 充氟试漏。旋开压缩机吸气阀的多用孔道，同时缓慢打开钢瓶阀，开始充注制冷剂。当整个制冷系统的压力上升到 0.3～0.4 MPa 时，关闭钢瓶阀，停止充氟，用肥皂水、卤素检漏灯或电子检漏仪对整个制冷系统所有管路的接头、焊点、阀门等进行检漏。

⑥ 充氟试漏检查合格后，关闭冷凝器的出液阀或储液器的出液阀。启动制冷压缩机，此时制冷系统中的制冷剂就会被压缩机压成液态储存起来。当发现氟瓶的头部结霜、吸入压力接近 0 Pa 时，就应更换另一个氟瓶继续充注。当充注量达总充注量的 90%左右时，停止充注。

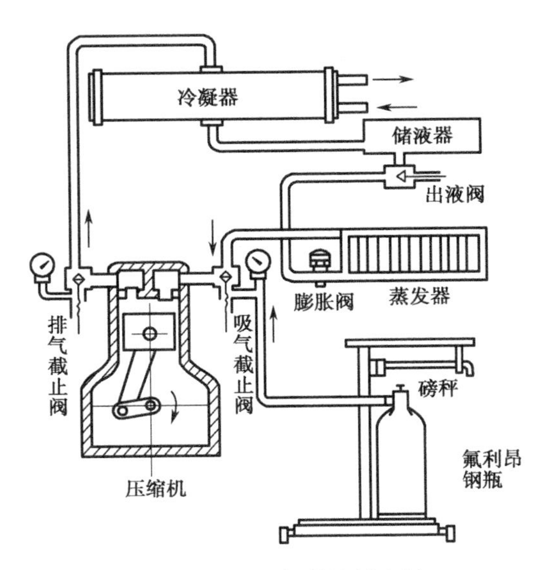

图 2-53　充注氟利昂制冷剂

⑦ 将吸气阀全开，启动压缩机，打开冷凝器的出液阀或储液器的出液阀，使制冷系统进入试运行。在试运行过程中，要仔细检查制冷剂的充注是否充足，不足要补充足。正常后就可以卸下充氟管系，对制冷系统进行调节了。

由于系统气密性合格，用真空泵间歇运转，抽至 1333.2 Pa，保持此真空值 10～12 h，即可充注制冷剂。首次充注需要量的 80%，经过运转降温后，根据结霜液位情况，决定是否添加。

为保证制冷剂的干燥，防止系统出现冰堵现象，充注制冷剂时加液管上应串联若干个干燥过滤器，对制冷剂进行干燥处理。

2．冷库系统相关调试

冷库制冷系统的主要参数是进行操作与调整的重要依据。正确掌握机器运行各阶段的主要参数，可以保障机器设备的安全运行，保证货物对温度的要求，可合理调配机器设备，充分提高设备的效率，节约对电、水、油等的消耗，对保证冷库系统的安全高效运行起着重要的作用。

制冷系统的主要参数有：蒸发压力与温度、冷凝压力与温度、过冷温度、压缩机的吸气温度与排气温度、中间压力与温度等。其中蒸发压力与温度、冷凝压力与温度是主要的参数。

在制冷系统实际运行中，由于决定主要参数的因素是不断变化的，因此，各个参数也相应变化，如外界气温的变化、机器和设备能力的变化、被冷却物体的温度变化以及冷却水量和温度的变化等。因此实际运行时的参数不可能与设计时计算的参数完全相同，需要根据实际条件和变化特点，不断调整和控制，使制冷系统在经济合理的参数下运行。

（1）调试操作的注意事项

① 制冷设备的调试就是把系统运行参数调整到所要求的范围内，使制冷系统的工作满足设计要求。

② 制冷设备的运行参数工作在既安全又经济的范围内。

③ 制冷设备运行的主要参数有蒸发压力和蒸发温度、冷凝压力和冷凝温度、压缩机的吸气温度和排气温度、膨胀阀（或节流阀）前制冷剂温度等。

④ 这些参数在制冷设备运行的过程中不是固定不变的，而是随着外界条件（如库内热负荷。冷却水温、环境温度等）的变化而变化的。

⑤ 在调试过程中，必须根据外界条件和设备的特点，把各运行参数调整在合理的范围内。

⑥ 新装冷库在第一次运行时，避免一次将温度调整过低，尤其是土建库，温度急剧下降会使墙体、地面变形，一般分几次进行：第一次调定在 0℃左右，第二次调定在-10℃左右，第三次调定在-15℃以下，直至达到需要的温度。每次间隔时间为 6～8 h。

⑦ 首次充氨时注意，一般先加到系统所需总氨量的 50%～60%，不能一次充得太多，可在系统正常运行后、高压储液器显示氨循环量不足时再补加，否则，可能因温度变化而使蒸发器的蒸发量过大，容易造成压缩机的湿行程而产生“液击”事故。

⑧ 每瓶氨在充加前应称出总重量，充完后再称出空瓶重量，以便算出实际加氨量。同时注意将空瓶与装有氨液的氨瓶区分开。

⑨ 在冷冻间的降温过程中，要根据库温的变化情况，随时调整制冷系统的运行状况，避免因降温速度过快而导致库房墙体的开裂与变形。

⑩ 若库温降不下来、达不到设计要求，进行原因分析。如果是设计安装不理想所致，应会同设计或安装单位采取整改措施。如管内有污物堵塞而造成结霜不良，应抽空后切开排除。降温后，如果库温回升过快，应检查隔热层是否不平或受潮、施工质量是否有问题等。如可能是安装下接管错误或安装位置不当，或者管内局部阻塞，蒸发器排管不结霜，还可能是操作时阀门未调整好，蒸发器供液不足等。

⑪ 降温过程中，应注意观察库房各冷间内排管的结霜情况，并做好记录，对结霜不好的管段应进行原因分析。

⑫ 在调试运行时，还要对压力保护值进行调整和实验。采用绿色制冷剂的机组一般将高压调定在 2.3 MPa。低压保护值应根据不同的蒸发温度取值。

⑬ 机组运行 100～150 h 后，要考虑更换一次润滑油，更换冷冻油时必须与原型号相符，严禁混用或代用。在调试运行时，应每小时记录一次温度，随时注意油压油位状况，发现油位不足时要及时补充。

（2）冷库制冷系统压缩机调试

压缩机的吸气温度是指吸入阀处的冷剂温度，压缩机的排气温度是指排气阀处的冷剂温度。为了保证压缩机安全运转，防止液击冲缸现象发生，吸气温度要比蒸发温度高一点，也就是使冷剂气体成为过热气体，有一定的过热度。排气温度过高，会引起润滑油因温度升高而黏度降低，润滑效果变差，这容易造成运转部件的损坏。

当排气温度升高到接近润滑油闪点时，还容易发生危险。排气温度与压缩比 Pk/Po 及吸气温度有关，吸气温度越高、压缩比越大、则排气温度越高，否则反之，排气温度比冷凝温度要高得多。吸气过热度过大或过小都应避免，若过热度过大，则会使制冷量下降，排气温度升高，耗功增大；若过热度过小，易产生液击冲缸现象。

① 压缩机的吸气温度应比蒸发温度高 5～15℃。

② 在有气液过冷器时，保持 15℃的吸气过热度是合适的。

③ 压缩机的排气温度 R22 系统不得超过 150℃。

④ 压缩机曲轴箱的油温最高不得超过 70℃。

⑤ 压缩机的吸气压力应与蒸发压力相对应。

⑥ 压缩机的排气压力 R22 系统不得超过 1.6 MPa。

⑦ 压缩机的油压比吸气压力高 0.12～0.3 MPa。

⑧ 氨制冷装置的吸气过热度一般为 5～10℃。

⑨ 经常注意冷却水量和水温，冷凝器的出水温度以比进水温度高出 2～5℃为宜。

⑩ 经常注意压缩机曲轴箱的油面和油分离器的回油情况。

⑪ 压缩机不应有任何敲击声，机体各部分发热应正常。

⑫ 冷凝压力不得超过压缩机的排气压力范围。

（3）冷库制冷系统温度与压力的调试

制冷系统的压力概念

制冷系统在运行时可分高、低压两部分。高压段从压缩机的排气口至节流阀前，这一段称为蒸发压力。压缩机的吸气压力接近于蒸发压力，两者之差就是管路的流动阻力。压力损失一般限制在 0.018 Mpa 以下。

为方便起见，制冷系统的蒸发压力与冷凝压力都在压缩机的吸、排气口检测，即通常称为压缩机的吸、排气压力。检测制冷系统吸、排气压力的目的是要得到制冷系统的蒸发温度与冷凝温度，以此获得制冷系统的运行状况。

制冷系统中的温度概念

制冷系统中的温度涉及面较广，有蒸发温度 t_0，吸气温度 t_s，冷凝温度、排气温度等。对制冷系统的运行情况起决定作用的是蒸发温度 t_0 和冷凝温度 t_c。

蒸发温度 t_0 是指液体制冷剂在蒸发器内沸腾气化的温度，例如，空调机组的 t_e。5～70℃作为空调机组的最佳蒸发温度，就是说空调机组的设计 t_e 为 5～70℃之间，当检修后的空调机组在调试时，若 t_e 不在 5～70℃之间，应对膨胀阀进行高速、检测压缩机的吸气压力。其目的是了解机组运行时的蒸发温度，而 t_e 又无法直接检测，只有通过检测对应的蒸发压力而获得其蒸发温度（通过查阅制冷剂热力性质表）。

冷凝温度 t_c 是制冷剂的过热蒸气在冷凝器内放热后凝结为液体时的温度。冷凝温度也不能直接检测，只能通过检测其对应的冷凝压力，再通过查阅制冷剂热力性质表而获得。冷凝温度高，其冷凝压力相对升高，它们互相对应。冷凝温度超高，机组负荷重，电动机超载，这对于运行不利，其制冷量相应下降，功率损耗上升，应尽量避免这种情况。

排气温度 t_d 是指压缩机排气口的温度（包括排气口接管的温度），检测排气温度必须有测温装置，一般小型机不设立测温装置，临时测量时可用半导体点温计检测，但误差较大。排气温度受吸气温度和冷凝温度的影响，吸气温度或冷凝温度升高，排气温度也相应上升，因此要控制吸气温度和冷凝温度，才能稳定排气温度。

吸气温度 t_s 是指压缩机吸气连接管的气体温度，检测吸气温度需有测温装置，一般小型机组不设立测温装置，检修调试时一般以手触摸估测，空调机组的吸气温度一般要求控制在 t_s=150℃为左右为好，超过此值对制冷效果有一定影响。

① 蒸发温度 t_0 是蒸发器内制冷剂在一定压力下汽化时的饱和温度，该压力即为蒸发压力 p_0。

② 设备运行的蒸发温度 t_0 应根据被冷却介质温度的要求及其工作特点来确定。

a．空气为自然对流时，蒸发温度比冷库温度低 10～15℃。

b．空气为强制循环时，蒸发温度比冷库温度低 5～10℃。

c．对于冷却液体的蒸发器，其蒸发温度 t_0 应比被冷却液体的平均温度低 4～6℃。

③ 在制冷设备运行过程中，蒸发温度 t_0（蒸发压力 P_0）并不是固定不变的。

④ 冷凝温度 t_0 是制冷剂气体在冷凝器中冷凝时的温度，对应于冷凝温度 t_0 下的饱和压力就是冷凝压力 P_0。

⑤ 冷凝温度的高低取决于冷却水（或空气）的温度、冷却水在冷凝器中的温升及冷凝器形式。

⑥ 冷凝温度也是通过技术经济分析决定的，降低冷凝温度对设备工作是有利的，但一般需要增大冷却水量（风量），而增大冷却水量需投入外加能量，故应全面考虑。

⑦ 过高冷凝温度将造成排气压力和排气温度过高，这时制冷设备的运行极不安全。

⑧ 按照规定： R22 和 R717 系统 t_k<40℃（最好不超过 38℃）。

⑨ 从制冷系统的工作原理可知：冷凝温度 t_0 的升高，不仅使系统的制冷量下降，而且造成耗功增大。

液体制冷剂过冷温度的调试如下所述。

① 为了防止液体冷剂在膨胀阀（节流阀）前的液管中产生闪发气体，保证进入膨胀阀的冷剂全部是液体，应让液体冷剂具有一定的过冷度。

② 不同的系统，根据膨胀阀（节流阀）前液管总的压力损失不同，所需的过冷度也不一样。

③ 为了达到过冷的要求，可采用气液过冷器。

（4）膨胀阀的调试

膨胀阀是制冷系统的四大组件之一，是调节和控制制冷剂流量和压力进入蒸发器的重要装置，也是高低压侧的“分界线”。它的调节，不仅关系到整个制冷系统能否正常运行，也是衡量操作工技术高低的重要标志。

例如，所测冷库温度为-10℃，蒸发温度比冷库温度低 5℃左右，即-15℃，对照《制冷剂温度压力对照表》（以 R22 制冷剂为例），相对应的压力约为 0.29 MPa 表压，此压力即为膨胀阀的调节压力（出口压力）。由于管路的压力和温度损失（取决于管路的长短和隔热效果），吸气温度比蒸发温度高 5～10℃，相对应的吸气压力约为 0.35～0.42 MPa 表压。

调节膨胀阀必须仔细耐心地进行，调节压力必须经过蒸发器与库房温度产生热交换沸腾（蒸发）后再通过管路进入压缩机吸气腔反映到压力表上，这需要一个过程。每调动膨胀阀一次，一般需 15～30 min 才能将膨胀阀的调节压力稳定在吸气压力表上。

压缩机的吸气压力是膨胀阀调节压力的重要参考参数。膨胀阀的开启度小，制冷剂通过的流量就少，压力也低；膨胀阀的开启度大，制冷剂通过的流量就多，压力也高。

根据制冷剂的热力性质，压力越低，对应的温度就越低；压力越高，对应的温度也就越高。按照这一定律，如果膨胀阀出口压力过低，相应的蒸发压力和温度也过低。但由于进入蒸发器流量的减少，压力的降低，造成蒸发速度减慢，单位容积（时间）制冷量下降，制冷效率降低。

相反，如果膨胀阀出口压力过高，相应的蒸发压力和温度也过高。进入蒸发器的流量和压力都加大，由于液体蒸发过剩，过潮气体（甚至液体）被压缩机吸入，引起压缩机的湿冲程（液击），使压缩机不能正常工作，造成工况恶劣，甚至损坏压缩机。

由此看来，正确调整膨胀阀对于系统的运行显得尤为重要。为减小膨胀阀调节后的压力及温度损失，膨胀阀尽可能安装在冷库入口处的水平管道上，感温包应包扎在回气管（低压管）侧面的中央位置。

膨胀阀在正常工作时，阀体结霜呈斜形，入口侧不应结霜，否则应认为入口滤网存在冰堵或脏堵。正常情况下，膨胀阀工作时是很幽静的，如果发出较明显的“咝咝”声，说明系统中制冷剂不足。当膨胀阀出现感温系统漏气、调节失灵等故障时应予以更换。

2.3.6 思考与练习

一、单选题

习题

1．活塞式单级氨制冷压缩机的最高排气温度为（　　）。

A．≤130℃　　B．≤140℃　　C．≤150℃　　D．≤160℃

2．螺杆式压缩机排气温度不应高于（　　）。

A．100℃　　B．105℃　　C．110℃　　D．115℃

3．螺杆式压缩机运行时油温不得低于（　　）℃。

A．10　　B．20　　C．30　　D．60

4．新压缩机初期运转时，为保证润滑，油压调至比正常油压稍高（　　）KPa。

A．1～2　　B．2～3　　C．3～4　　D．4～5

5．压缩机的吸气温度一般允许比蒸发温度高（　　）℃。

A．2～12　　B．3～13　　C．4～14　　D．5～15

6．氨的制冷压缩机低压级排气温度不得超过（　　）℃。

A．120　　B．125　　C．130　　D．135

7．离心式压缩机的能量调节是采用控制进口（　　）的调节方法。

A．气缸　　B．滑片　　C．导叶　　D．导轮

8．活塞式压缩机能量的调节方法是采用减少实际（　　）的卸载调节方法。

A．排气压力　　B．吸气压力　　C．油泵压力　　D．工作气缸数

9．螺杆式压缩机的能量调节是采用滑阀的（　　）调节方法。

A．有级　　B．无级　　C．多级　　D．单级

10．如果油泵不能达到设定的压差值，活塞式压缩机就要（　　）。

A．停止　　B．降速运行　　C．间歇运行　　D．提速运行

11．冷凝器至储液器的液体是靠液体的（　　）流入。

A．压力　　B．动力　　C．重力　　D．推力

12．制冷系统启动压缩机前，应先启动（　　）系统，再启动压缩机运行。

A．蒸发器　　B．冷却水　　C．电路　　D．通风

13．节流阀的开启度与蒸发温度的关系为（　　）。

A．蒸发温度高、开启度大　　B．蒸发温度高、开启度小

C．蒸发温度低、开启度大　　D．不管开启度大小蒸发温度不变

14．制冷系统水除霜就是用淋水装置向（　　）表面淋水，使霜融化。

A．冷凝器　　B．蒸发器　　C．过冷器　　D．回热器

15．普通冷却塔的工作原理是（　　）。

A．冷却水与空气直接接触换热　　B．冷却水与空气间接接触换热

C．冷却水冷凝冷却　　D．冷却水与冷媒水直接接触换热

16．氨泵的作用是将来自（　　）的低温低压制冷剂送入蒸发器。

A．高压排液桶　　B．低压循环储液桶

C．中间冷却器　　D．储液器

17．单级氨制冷系统中，由（　　）来的低温低压制冷剂气体，经吸气管被压缩机吸入并压缩。

A．空气分离器　B．氨油分离器　C．氨液分离器　D．高压储液器

18．屏蔽式氨泵的最大缺点是（　　）。

A．缩小了定、转子之间的间隙　B．电动机效率低

C．电动机效率高　D．磁阻减少

19．高压储液器的工作液面最高不超过 80%，最低不得低于（　　）。

A．20%　B．25%　C．30%　D．35%

20．氨低压循环桶正常工作液面应在（　　）以下。

A．1/4　B．1/3　C．2/3　D．1/2

二、多选题

21．夏季可将水冷却式冷凝器的冷却水泵调至最大水流量，因为（　　）。

A．冷却水温低　B．冷却水温高　C．冷凝压力高

D．冷凝压力低　E．热交换量小　F．热交换量大

22．目前常用的氨泵有（　　）。

A．齿轮泵　B．离心泵　C．轴流泵

D．耐酸泵　E．潜油泵　F．屏蔽泵

23．齿轮氨泵主要由（　　）等部件组成。

A．泵壳　B．主动齿轮　C．泵盖

D．从动齿轮　E．电动机　F．开关柜

24．离心氨泵是依靠叶轮高速旋转产生离心力，将氨液（　　）。

A．从叶轮中甩出　B．在蜗壳内加速　C．从泵座中甩出

D．在蜗壳内减速　E．升压后从排液口排出　F．降压后从排液口排出

25．屏蔽式氨泵的叶轮和电动机转子是（　　）。

A．不同轴　B．同轴　C．装在不同的壳体内

D．装在同一壳体内　E．需要轴封装置　F．不需要轴封装置

项目三

冷库的维护工艺基本操作与故障排除

1. 项目概述

本学习项目的关键是学会冷库的常见维护、检修以及故障排除的相关操作。其内容包括氨冷库和氟利昂冷库中的一些制冷设备的检修方法以及制冷系统故障的排除方法，应熟练掌握维护、检修和故障排除的方法和技巧。

2. 学习目标

知识目标

① 掌握氨冷库维护工艺的操作规范和注意事项。

② 掌握氨冷库的故障判断与排除的基本方法。

③ 掌握氟利昂冷库的日常维护操作规范和注意事项。

④ 掌握氟利昂冷库故障排除的方法。

能力目标

① 掌握氨冷库、氟利昂冷库的维护工艺基本操作。

② 掌握氨冷库、氟利昂冷库的故障判断与排除的基本方法。

任务一 检修氨冷库的制冷设备

1. 任务描述

氨冷库运行维护过程中，需具备一些基本的操作技能，如各设备的检修操作。本任务要求掌握这些基本操作的基本技能及各操作的注意事项。

2. 任务目标

知识目标

① 掌握维护氨冷库日常运行的操作规程和注意事项。

② 掌握检修氨冷库制冷设备的注意事项。

能力目标

① 能正确完成维护氨冷库日常运行的操作规程。

② 能正确完成检修氨冷库制冷设备的操作步骤。

3. 任务分析

冷库投入生产后，应该定期做维护保养，在日常运行的维护操作和检修操作中，要严格按照规范操作，检查出问题应及时正确地修正，以免发生人员安全问题或对冷库制冷系统运行造成不良影响。

3.1.1 检修螺杆制冷压缩机

如图 3-1 所示为螺杆制冷压缩机的结构图。

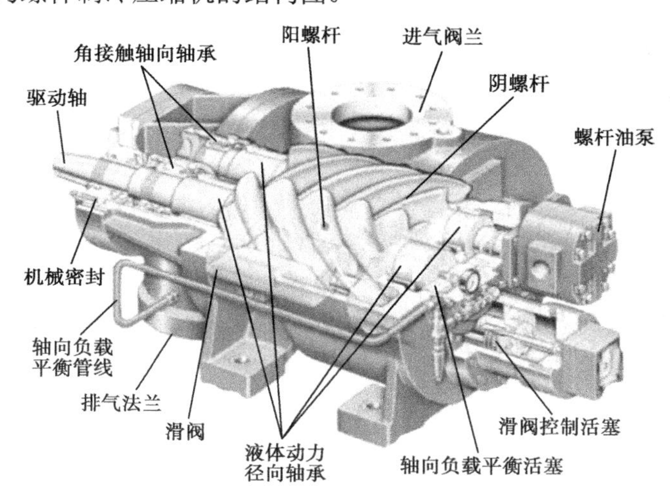

图 3-1 螺杆制冷压缩机的结构图

1．压缩机检修注意事项

① 滑阀卸载到“0”位。

② 转子部件上的零件有的外形相似，但不可混用，拆卸过程中应做好标记，分清阳转子与阴转子、吸气端与排气端。

③ 在重新装配时，更换损坏的 O 形圈、止动垫片、圆螺母。

④ 不同轴承之间的零部件不能互换。

⑤ 更换新的 O 形圈时，一定要涂油。

2．压缩机拆卸前的准备工作

如图 3-2 所示为螺杆制冷压缩机的拆卸示意图。

① 切断电源。

② 关闭排气截止阀、吸气管路截止阀，然后将机组减压。

③ 确认所有起吊设备（包括钢索、吊耳、吊环等）都安全可用。

④ 准备一个洁净的场地进行维修工作。

图 3-2 螺杆制冷压缩机的拆卸示意图

3．拆卸

当压缩机需进行大修时，首先关闭吸、排气止回截止阀，从油分离器上的放空阀处抽走制冷剂，也可以从蒸发器底部接头通过收氟机把氟利昂收至空钢瓶中。拆下联轴器，然后拆下与压缩机相连的油管、压缩机脚板螺栓及压缩机吸、排气口连接螺栓，取出吸气过滤网，将压缩机用吊环螺钉吊至维修台上平放。

压缩机拆卸步骤如下：

① 拆卸内容积比测定机构。

a．拆下防护罩及垫片；

b．拆下电位器座及电位器；

c．拆下位移传递杆尾端的紧固套，拆下密封座，然后取出位移传递杆。

② 拆卸能量测定机构（该部件无故障时，可整体拆下）。

a．拆下防护罩及垫片；

b．拆下电位器座板、电位器、弹性联轴器，拆下油缸压盖及螺旋杆。

图 3-3 是联轴器示意图。

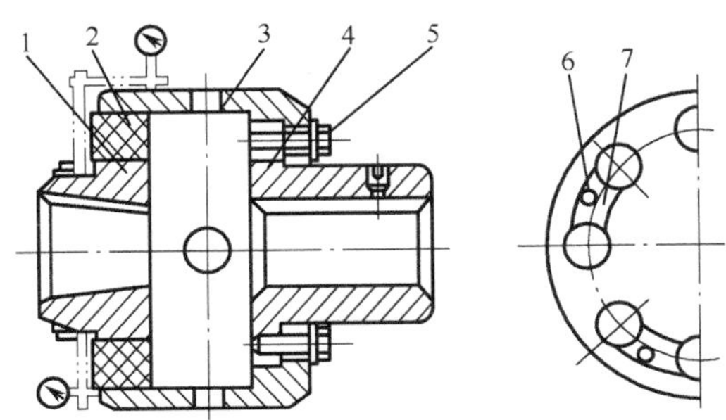

1—压缩机半联轴器　2—传动芯子　3—飞轮　4—电动机半联轴器　5—螺钉　6—螺钉　7—压板

图 3-3　联轴器示意图

③ 拆卸排气端座上阴阳转子孔的压盖。拆卸压盖上的螺钉时，为安全起见，可将任意两个基本对称的螺钉只旋出 5～6 mm，再将其余螺钉拆出，压盖密封面基本脱离排气端座后，最后拆除基本对称的两个螺钉，取下压盖及碟簧。

④ 取出阳转子侧的轴封座、轴封及阴转子侧的轴承压套。

⑤ 用专用工具搬手旋下阴阳转子上的圆螺母，用专用拉钩提出四点轴承和内外调整圈。

⑥ 用吊钩紧钩住排气端座上的吊环螺钉，拆除排气端座与机体的连接螺钉，将 4 个螺栓拧入排气端座法兰面上的 4 个螺孔内，平行地顶起排气端座直至其脱离两个圆柱销，将排气端座连同滚柱轴承外圈以及滚柱一同平稳地移出。在这个过程中要注意防止排气端座的内孔与转子互相碰伤。

⑦ 用 0.1～0.3 MPa 压力的气体，接管至油缸上的接口，将能量油活塞吹出至油缸端部，旋松用于固定能量油活塞的圆螺母（注意只能旋松圆螺母而不能旋下，并且这个过程中要注意保持油缸内的压力）。泄掉油缸内压力，待能量油活塞退进油缸内部贴紧隔板时，旋下能量油活塞前的圆螺母，取出能量油活塞。拆除油缸与吸气端座的连接螺钉，将螺栓拧入油缸法兰上的顶丝孔内，平行地顶起油缸至其脱离两个圆柱销，平稳地移出油缸。

⑧ 用专用扳手卸下固定内容积比油活塞的圆螺母，拆下内容积比油活塞。

⑨ 取出吸气端座中的阴、阳转子的密封盖，取出平衡活塞套及平衡活塞。

⑩ 将压缩机吸气端座朝下竖立，平稳地吊出阴、阳转子。

⑪ 拆卸吸气端座与机体的连接螺钉及定位销，将两只吊环对称拧入机体上的螺孔内，吊

起机体。此时拆卸完毕，仅滑阀托瓦留在机体上，能量滑阀和滑阀导杆仍为一体，一般无须再拆卸，油缸内隔板也不拆卸。

⑫ 若需要更换滚柱轴承，则拆下两转子上的轴承内圈及吸、排气端座内的轴承外圈。

4．检查压缩机

① 检查机体的转子孔及滑阀孔、滑阀表面、转子表面及两端面以及吸、排气端座是否有摩擦痕迹。

② 测量机体的转子及滑阀孔、转子外圆、滑阀外圆等尺寸（取上、中、下三处）并做好记录。

③ 检查滚柱轴承、四点轴承以及碟簧的状况。

④ 检查轴封动、静环摩擦情况及动静环上的O形密封圈。

⑤ 检查密封件及全部O形圈。

5．修理

① 机体的转子孔及滑阀孔内表面、滑阀表面、转子表面及两端面以及吸、排气端座有不太严重的磨损及拉毛时，可用砂布或油石磨光。若拉毛严重，可在机床上修光。

② 机体和转子的磨损量太大时，需根据实际情况进行更换或单配。

③ 轴承磨损过大或损坏时，应予以更换。注意新换轴承的保持架应耐氨或耐氟且其型号应与原轴承型号一致。

④ 动环和静环的密封面上有划痕、烧伤、拉毛时，应重新研磨。O形密封圈变形、破损、老化时，应予以更换。

⑤ 若转子与排气端面间隙超过给定值，可由调整圈20、21进行调整。

图3-4为螺杆制冷压缩机的检修示意图。

图3-4　螺杆制冷压缩机的检修示意图

6．压缩机的装配

装配应在对每个零件进行检查，并对损坏零部件进行修理及更换后进行，装配时一定要注意拆卸时记下的装配位置记号，切不可将位置搞错。装配步骤与拆卸步骤相反，装配时要注意：

① 将所有零件清洗干净，并用压缩空气吹干。

② 将所需的工具准备齐全，清洗干净。

③ 将各主轴承按原位装入吸排气端座的轴承孔内，并测量轴承内径，使内径符合与转子轴颈配合的间隙要求。

④ 在吸气端座与机体贴合的平面上涂密封胶。涂密封胶时应注意涂抹均匀。

⑤ 将吸气端座放在机体吸入端，压入定位销后，以螺栓固定。

⑥ 装滑阀及其导向托板，导向托板先以定位销定位后方可用螺栓将其固定。

⑦ 吸入端主轴承孔、机体内孔涂与正常开车时相同牌号的冷冻油后装入阳转子及阴转子，其中后装入的转子需慢慢旋入，不可强制压入机体内。两转子的端面应靠紧吸气端座。

⑧ 在排气端座与机体贴合的平面上涂密封胶，注意涂抹均匀。

⑨ 将排气端座放在机体排出端，用定位销定位后，以螺栓固定。在装排气端座时注意保护主轴承内孔，切勿擦伤主轴承。

⑩ 放入调整垫片、止推轴承，并以圆螺母将止推轴承内座圈固定在转子轴颈上，要注意止推轴承方向。

⑪ 装上轴承压圈。

装好后应按实际运转方向轻轻盘动主动转子，转动应灵活。如排气端间隙不合理，则应改变调整垫片厚度。

⑫ 将排气端盖装上定位销定位后，以螺栓固定。

⑬ 装入轴封动环等件，在动环摩擦面上涂冷冻油。

⑭ 装轴封盖及静环。

⑮ 装油活塞、吸气端盖。

⑯ 装能量指示器，注意指针与滑阀位置相对应。

⑰ 将装好的压缩机吊入机组，并与电动机找正，证明同轴后方可安装联轴器。

7．检修后试运转

检修后的压缩机需经过试运转，试运转正常后方可投入正式运转。应进行空载试运转，在试运转中调整各部件的安装状况。试运转内容包括：

① 机组试漏。

② 油泵油压试验。

③ 滑阀动作试验。

④ 在装联轴器之前检查电动机转向，连接联轴器后盘车应轻松无卡阻。

⑤ 滑阀调在0位，启动压缩机，注意检查振动、油温、油压、噪声等情况。

⑥ 滑阀调在0位停机，停机后盘动压缩机应轻松无卡阻。

⑦ 进行真空试验，绝对压力应能达到5.332 kPa以下。

3.1.2 检修活塞式压缩机

（1）拆卸时应注意的事项

① 机器拆卸前必须准备好扳手、专用工具并做好放油等准备工作。

② 熟悉待修压缩机的结构和各零部件的相互关系，明确装配要求，确定合适的拆卸方法。

③ 机器拆卸时要有步骤地进行，一般应先拆部件、后拆零件，先拆附件、后拆主件。由外到内，由上到下，有次序地进行。

④ 拆卸所有螺栓、螺母时，应使用专用扳手；拆卸汽缸套和活塞连杆组件时，应使用专用工具。

⑤ 对拆下来的零件，要按零件上的编号（如无编号，应自行编号）有顺序地放置到专用支架或工作台上，切不可乱堆乱放，以免造成零件表面的损伤，如汽缸套、活塞、连杆和大头瓦等。

⑥ 对于方向不可改变的零件，应固定其位置以免装错。

⑦ 用无水酒精、汽油、煤油、四氯化碳等清洗剂清洗零配件，零配件洗完后应涂上冷冻机油。拆下的零件要妥善保存，细小零件在清洗后，即刻装配在原来部件上以免丢失，并注意防止零部件锈蚀。

⑧ 对拆下的水管、油管、汽管等，清洗后要用木塞或布条塞住孔口，防止污物进入。清洗后的零件应用布盖好，防止零件受污变脏，影响装配质量。

⑨ 对拆卸后的零部件，必须在组装前进行彻底清洗，且不许损坏结合面。

⑩ 妥善保管好修理现场的汽油、煤油或柴油等清洗剂，严禁明火，做好安全措施。

⑪ 拆卸前必须将制冷压缩机抽成真空。抽空后关闭机器与高低压系统的有关阀门，切断电源。

⑫ 打开曲轴箱侧盖的堵头或吸气压力表的接头，使曲轴箱压力回升至大气压后，利用三通阀将曲轴箱的油放出。

⑬ 严格按照正确的拆卸方法操作，尽量使用干净的专用工具。

⑭ 对不易拆卸和拆卸后会降低连接质量的零部件，应尽量避免拆卸，如轴封工作正常时一般不要轻易拆卸。

⑮ 拆卸较困难的零件时，可先用柴油、煤油浸润后再拆卸。

⑯ 拆卸过盈配合零件时，应注意拆卸方向，用锤敲击零件时必须垫好垫子，防止损坏零件表面。

⑰ 做好检修记录。

图 3-5 所示为活塞压缩机结构示意图。

（2）拆卸方法

1）拆卸汽缸盖

先拆连接水管，再拆卸缸盖螺栓，最后松开两边的最长螺栓。松开时两边应同时进行，缸盖随弹簧支撑力升起，然后拆下缸盖。若发现缸盖弹不起，应用一字旋具轻轻撬开贴合面，但螺母不能松得过多，防止缸盖突然弹出发生事故。尽量不要拆破缸盖垫片，损坏的垫片必须换新。

2）拆卸排气阀组件

取出假盖弹簧，再取出排气阀组件和吸气阀片。如有灰尘黏结，拆卸时应防止灰尘落进汽缸套里。对拆下的排气阀组件应进行检查、编号。

3）拆卸卸载装置

这是在拆卸汽缸以前进行的。先拆油管接头，再拆油活塞、法兰。法兰螺栓应均匀拧出，并用手推住法兰。拧下螺母，取出法兰、油活塞、弹簧和拉杆。因安装位置不同，各拉杆的长度都不一样，应记下各拉杆的位置，以防装错。

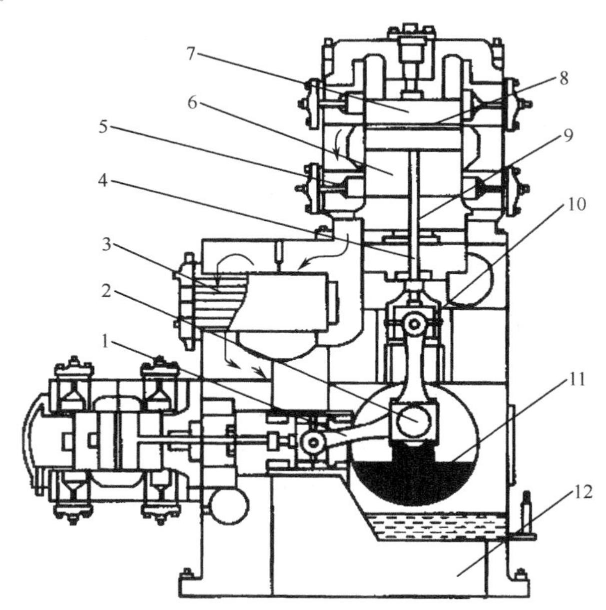

1—连杆　2—曲轴　3—中间冷却器　4—活塞杆　5—气阀　6—汽缸　7—活塞　8—活塞环
9—填料　10—十字头　11—平衡重　12—机身

图 3-5　活塞压缩机结构示意图

4）拆曲轴箱侧盖

拆下螺母，取下侧盖，要避免损坏油冷却器，并注意面部不应正对侧盖，避免曲轴箱内余氨损伤皮肤。

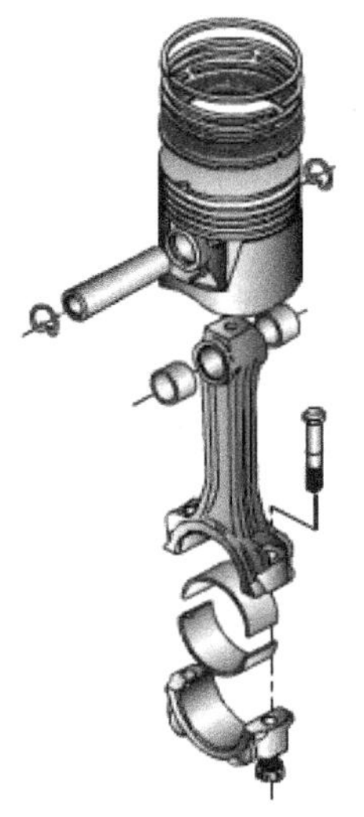

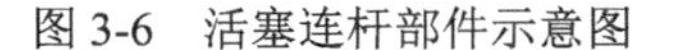
图 3-6　活塞连杆部件示意图

5）拆卸活塞连杆部件

如图 3-6 所示，转动曲轴到适当位置，拆下连杆大头开口销和连杆螺栓螺母，取下瓦盖，将活塞升至上止点位置，用吊环螺栓将活塞和斜剖式连杆部件轻轻取出。若连杆大头为平剖式，可将活塞连杆部件和缸套一起取出。如果缸套嵌入太紧，用木棒轻轻敲打汽缸底部或稍微转动曲轴即可将其提出。提出时要注意连杆下端不要碰到曲轴箱隔板，以免撞坏。提出顺序可按汽缸编号进行，不易搞错；连杆和大头瓦都是成组配套，应按编号放在一起，不能混同。

6）拆卸汽缸套

用吊环螺栓提出缸套时，应注意保护缸套台阶底部的调整垫片，防止损坏。

7）拆卸油三通阀

先拆与油三通阀连接的油管和油泵接头，再拆油三通阀。注意六孔盖不能掉下，以免损坏，并注意其中的纸垫层数，取出粗滤油器。

8）拆卸油泵

先拆下滤油器与油泵连接螺母，取下梳状滤油器、油泵和传动块。

9）拆卸吸气过滤器

卸法兰螺母，留下对称的两螺母，将其将均匀拧松，并用手推住法兰，避免压紧弹簧弹出，取出法兰、弹簧和过滤器。

10）拆卸联轴器

先将压板和塞销螺母拆下，移开电动机及电动机侧的半联轴器，从电动机轴上取出半联轴器，取下平键。拆下压缩机半联轴器挡圈和塞销，从曲轴上取走半联轴器和半圆键。

11）拆卸轴封

慢慢对称地卸掉轴承盖螺母，并用手推住端盖，防止弹簧弹出。沿轴取出端盖、外弹性圈、固定环、活动环、内弹性圈、压因及轴封弹簧，应注意不要碰坏固定环与活动环的密封面。

12）拆卸后轴承座

用布包好曲柄销，防止碰撞，再用方木在曲轴箱内垫好，拆下连接轴承座的油管，然后拧下后轴承座的螺母。将专用吊环螺栓拧进后轴承座螺孔内，把轴承座均匀顶开，注意不要损坏纸垫和轴瓦的摩擦面，慢慢地将轴承座取出。

13）拆卸曲轴

先用布条缠好后轴颈，将其从后轴承座孔抽出，用 16 mm 的长螺栓拧进曲轴前的两个螺孔内，再套上圆管，慢慢抽出放平。注意曲拐部分不要碰伤后轴承座孔。

14）拆活塞环

拆活塞环有三种方法：

① 用两块布条套在环的锁口上，双手拉住布条，轻轻向外扩张，把环取下来，见图 3-7。

② 用 3 根 0.8～1 mm 厚、10 mm 宽的铁片垫在环中间，便于环滑动取出，见图 3-8。

③ 拆活塞环的专用工具，如图 3-9 所示。

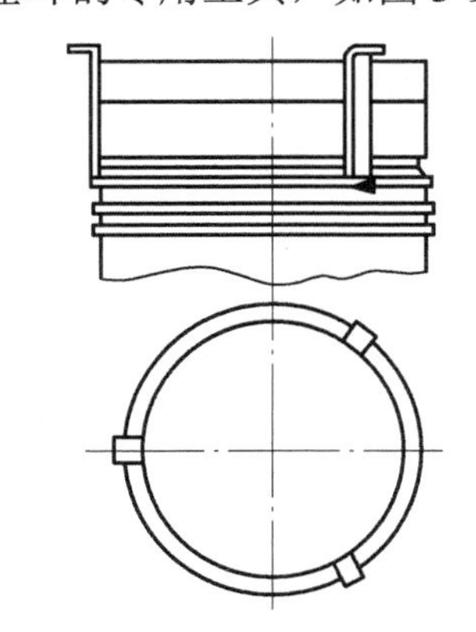

图 3-7　拆卸、装入活塞环的方法

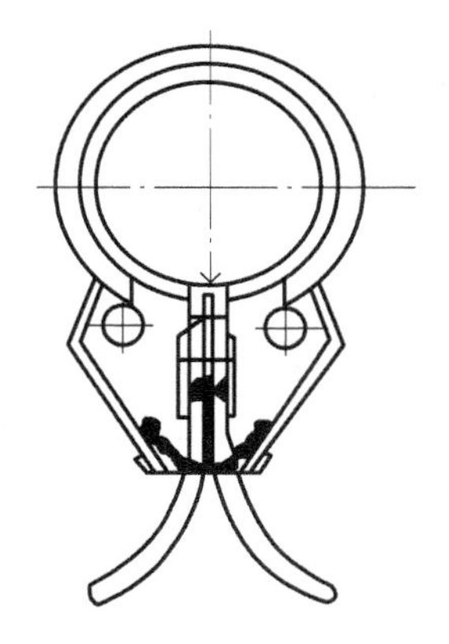

图 3-8　拆卸、装入活塞环的工具

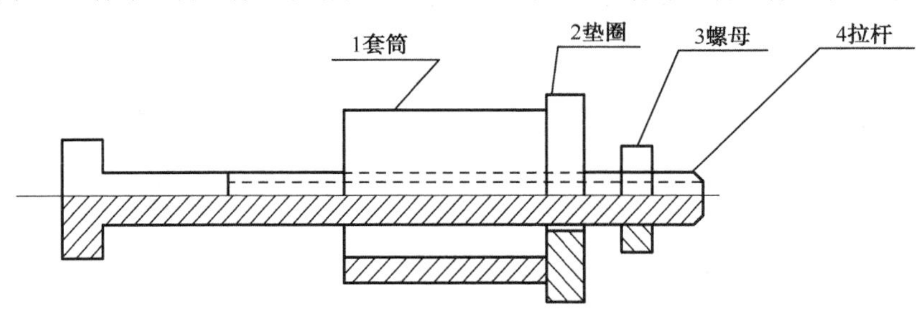

图 3-9　拆活塞环的专用工具

15）从活塞上拆下活塞销

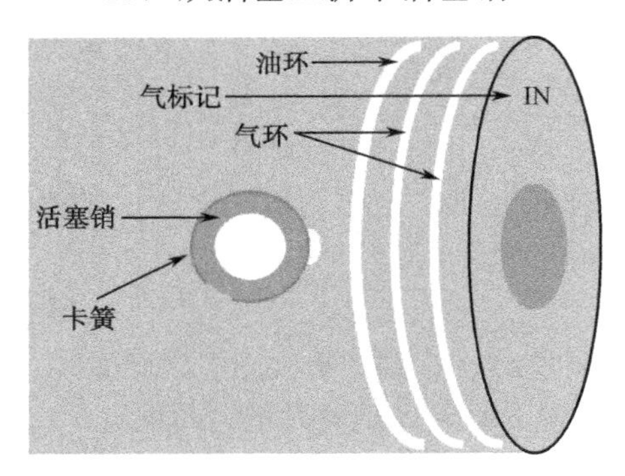

图 3-10　活塞销位置示意图

用尖嘴钳从销座孔内拆下钢丝挡圈，用木槌或用钢锤轻击，将活塞销取出。也可以把活塞和连杆小头一起浸入 80～100℃的油中加热几分钟后，运用合金铝活塞热膨胀系数大的原理，用木棒即可很容易地将活塞销从座孔内推出。活塞销位置示意图如图 3-10 所示。

16）拆卸主轴承

将主轴承座装在固定位置，用螺旋式工具拉出，或用压床压出。应注意不能碰伤轴承孔，取下定位销放好以备重装。

（3）组装时要注意的问题

① 活塞：在活塞环的搭口处涂些润滑油，轻轻将活塞装入，同时注意活塞的方向；要错开位置，以防在同一位置漏气。

② 安装曲轴：先将曲轴的各端摩擦面涂上冷冻油，然后装入曲轴箱内。

③ 安装曲轴箱端盖：安装时要检查密封垫是否良好，如果有断裂则应更换，安装时应注意使油槽方向向上，紧固螺钉时要对角紧固，最后用力矩扳手拧紧。

（4）安装连杆大头轴瓦：安装时要注意标记，紧固螺丝时要随时转动曲轴，以防用力不当而抱死，最后将螺母定位销固定。

（5）安装轴封：安装前应检查轴封的橡胶圈，橡胶圈应与曲轴紧密配合，并在涂抹冷冻油后进行安装。

（6）曲轴箱经检查确认没有问题后再装底盖，紧固底盖螺丝同样应采取对角紧固的方法。

（7）安装阀板组：首先检查活塞的余隙，如果没有余隙，则应加厚密封垫；如果余隙间隙合理，则不要加厚密封垫，以防余隙容积过大影响排气系数，阀板上面的垫最好加专用密封胶黏结。

（8）最后安装压缩机上盖：安装上盖时要用力矩扳手进行安装。

4．轴封的检修

轴封分为两种：一种是外轴封，即波纹管式轴封；另一种是内轴封，即石墨环式轴封。这两种轴封均用在开启式压缩机上。使用若干时间后，轴封会发生泄漏，因此要经常检修。可按以下方法进行检修。

① 用煤油清洗研磨板和轴封，根据轴封磨损情况选择研磨工艺。

② 若轴封磨损严重，可先选择粗磨，用白刚玉研磨砂拌冷冻油在玻璃平板上进行研磨，直到看不到磨损痕迹为止。

③ 精磨：在平板上涂抹冷冻油，将报纸贴在平板上，然后蘸冷冻油进行精磨，光洁度达到▽10，然后涂抹冷冻油即可安装使用。如图 3-11 所示为研磨示意图。

图 3-11　研磨示意图

④ 活塞压缩机主要部件配合间隙。

系列制冷压缩机主要部件配合间隙见表 3-1。

表 3-1 系列制冷压缩机主要部件配合间隙表 单位：mm

序号	配合部位		间隙（+）或过盈（-）			
			70 系列	100 系列	125 系列	170 系列
1	汽缸套与活塞	环部	+6.12～+0.20	+0.33～+0.43	+0.35～+0.47	+0.37～+0.49
		裙部		+0.15～+0.21	+0.20～+0.29	+0.28～+0.36
2	活塞上止点间隙（直线余隙）		+0.6～+1.2	+0.7～+1.3	+0.9～+1.3	+0.28～+0.36
3	吸气阀片开启度		1.2	1.2	2.4～2.6	2.5
4	排气阀片开启度		1	1.1	1.4～1.6 1	1.5
5	活塞环锁口间隙		+0.28～+0.48	+0.3～+0.5	+0.5～+0.65	+0.7～+1.1
6	活塞环与环槽轴向间隙		+0.02～+0.06	+0.038～+0.055	+0.05～+0.095	+0.05～+0.09
7	连杆小头衬套与活塞销配合		+0.02～+0.035	+0.03～+0.062	+0.035～+0.061	+0.043～+0.073
8	活塞销与销座孔		-0.015～+0.017	-0.015～+0.017	-0.015～+0.16	-0.018～+0.018
9	连杆大头轴瓦与曲柄销配合		+0.04～+0.06	+0.03～+0.12	+0.08～+0.175	+0.05～+0.15
10	连杆大头端面与曲柄销轴向间隙		6 缸 +0.3～+0.6	6 缸 +0.3～+0.6	4 缸 +0.3～+0.6	6 缸 +0.6～+0.88
			8 缸 +0.4～+0.7	8 缸 +0.42～+0.79	6 缸 +0.6～++0.86	8 缸 +0.8～+1.12
			—	—	8 缸 +0.8～+1	—
11	主轴颈与主轴承径向间隙		+0.03～+0.10	+0.06～+0.11	+0.08～+0.148	+0.10～+0.162
12	曲轴与主轴承轴向间隙		+0.6～+0.9	+0.6～+1.00	+0.8～+2.0	+1.0～+2.5
13	油泵间隙		—	—	径向+0.04～+0.12 端面 +0.04～+0.12	径向 +0.02～+0.12 端面 +0.08～+0.12
14	卸载装置油活塞环锁口		—	—	+0.2～+0.3	—

注 1．“＋”表示间隙；“-”表示过盈。

2．各尺寸最好选用中间数值。

3.1.3 检修冷库辅助部件

1．检修换热器及压力容器

（1）结构简述

管壳式换热器（包括固定管板式换热器，如图 3-12 所示；浮头式换热器，如图 3-13 所示；U 形管管壳式加热器，如图 3-14 所示；填料函式）主要由外壳、管板、管束、顶盖（封头）等部件构成。固定管板式换热器的两端管板与壳体焊接连接，为减少温差引起的热应力，有时在壳体设有膨胀节。

（2）检修周期

结合装置停工检修，检修周期一般为 2～3 年，但也可根据设备的具体情况确定检修周期。

（3）检修内容

① 清扫管程、壳程内部积存的污垢。

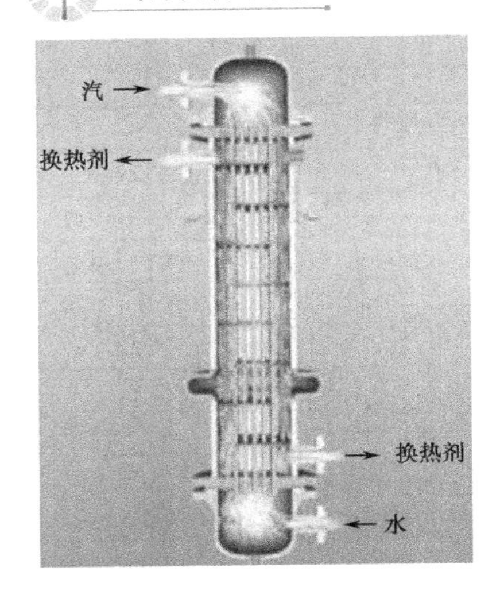

图 3-12　固定管板式换热器

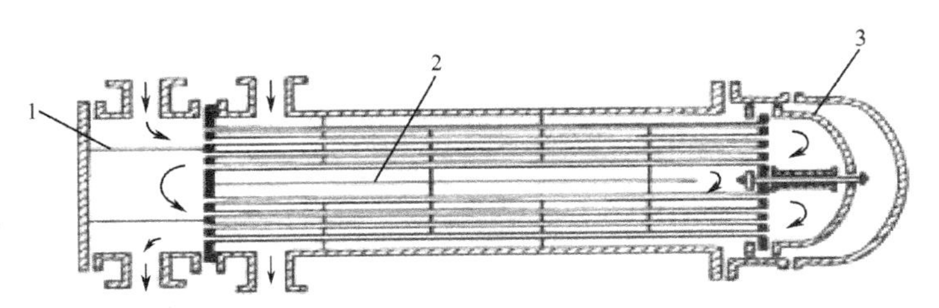

1—管程隔板　2—壳程隔板　3—浮头

图 3-13　浮头式换热器

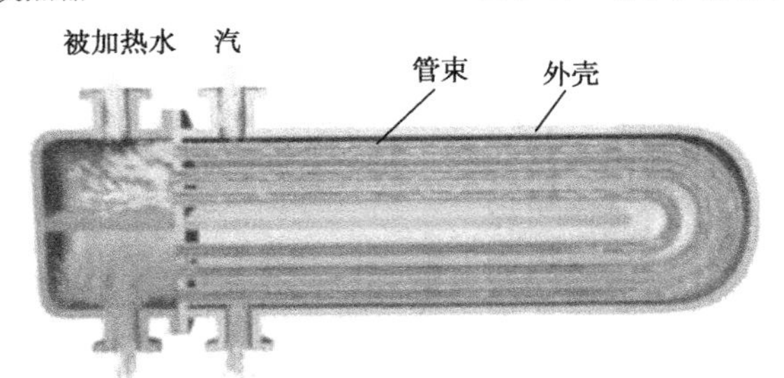

图 3-14　U 形管管壳式加热器

② 对已腐蚀泄漏的换热管进行更换或补焊、补胀，无法补焊、补胀的堵死。

③ 检查修理管箱及内附件，浮头盖、钩圈、外头盖、接管等及其密封面，更换垫片并试压。

④ 更换部分螺母、螺栓。

⑤ 修复或更换管束或壳体。

⑥ 壳体除锈，防腐及保温（冷）层恢复修补等。

⑦ 检查修理基础及地脚螺栓。

⑧ 检查校验安全附件。

（4）检修与质量标准

1）检修前的准备工作

① 熟悉了解设备运行情况，备齐必要的图纸资料。

② 准备好必要的检修工具、设备、材料等。

③ 置换内部介质并将其清洗干净，同时应符合安全检修条件。

④ 关闭热交换器管、壳程各进口阀门，检查无泄漏后方可进行检修。阀门泄漏时应在阀门后加盖盲板。

⑤ 拆开封头、盲板、管箱及浮头盖，视腐蚀、污染情况决定是否抽出管。

2）检查内容

① 宏观检查壳体、管束，观察构件是否发生腐蚀、裂纹、变形等，必要时采用表面检测及涡流检测抽查。

② 检查换热器外壁、受压元件是否发生腐蚀、裂纹、变形、鼓包、壁厚减薄等。

③ 检查换热器接管及其焊缝、法兰等密封元件有无泄漏、损坏。

④ 检查安全附件是否灵活、可靠。

⑤ 检查防腐层有无老化、脱落，检查衬里是否发生腐蚀、鼓包、褶折和裂纹。

⑥ 检查壳体焊缝，测量壁厚。

⑦ 检查紧固件的损伤情况。对高压螺栓、螺母应逐个清洗检查，必要时应进行无损探伤。

⑧ 检查基础有无下沉、倾斜、破损、裂纹及其他地脚螺栓、垫铁等有无松动、损坏情况。

⑨ 检查防冲板、折流板的腐蚀情况，清洗、疏通所有连接管，并对所有接管进行测厚检查。

⑩ 检查管板的腐蚀情况、管束与管板的焊接或胀管密封性，检查管板上密封部位有无窜漏现象。

3）检修质量标准

① 检修应符合 GB151—1999《钢制管壳式换热器》的有关技术要求。

② 严重腐蚀的管束应先进行检漏，以确定管子泄漏的位置和数量。

③ 管束的胀口或中间部位发生腐蚀、泄漏或损坏，而又无法胀管或补焊时可用管堵将两端堵死。但堵管数不得超过单程管数的 10%，在工艺指标允许范围内，可适当增加堵管数。

④ 管堵的直径同管子内径的锥度应在 3°～5°，管堵的材料硬度应小于或等于管束材料的硬度，管堵必须焊在管子的两端。

⑤ 对壳体的焊缝进行着色探伤，用超声波测量壳体的壁厚。当壁厚减薄 30%时，应考虑作报废处理。

⑥ 在换热管束抽芯、装芯、运输和吊装作业中，不得用裸露的钢丝绳直接捆绑。移动和起吊管束时，应将管束放置在专用结构上，以免损伤换热管。

⑦ 管箱有隔板时，应整体加工其垫片，不得有影响密封的缺陷。

⑧ 所用零、部件材料应符合设计图纸和有关技术要求，具有材质合格证书。

4）更换换热管

① 管子表面应无裂纹、折叠、重皮等缺陷。

② 管子需拼接时，同一根换热管，最多只允许存在一道焊口（U 形管可以有两道焊口）。最短管长不得小于 300 mm，而 U 形管弯管段至少 50 mm。长直管段内不得有拼接焊缝，对口错边不应超过管壁厚的 15%，且不大于 0.5 mm。

③ 管子与管板采用胀接时应检验管子的硬度，一般要求管子硬度比管板硬度低 30 HB。管子硬度高于或接近管板硬度时，应对管子两端进行退火处理，退火长度比管板厚度长 80～100 mm。

④ 管子两端和管板孔应干净，无油脂等污物，且不得有贯通的纵向或螺旋状刻痕等影响胀接紧密性的缺陷。

⑤ 管子两端应伸出管板，伸出的长度为 4±1 mm。管子与管板的胀接宜采用液压胀。每个胀口重胀不得超过两次。

⑥ 管子与管板采用焊接连接时，管子的切口表面应平整，无毛刺、凹凸、裂纹、夹层等，且焊接处不得有熔渣、氧化铁、油垢等影响焊接质量的杂物。

⑦ 管束整体更换应按 GB 151—1999《钢制管壳式换热器》或设计图纸要求进行。壳体修补按 SHS 01004-2004《压力容器维护规程》的要求执行。

⑧ 密封垫片的更换按设计要求或参照表 3-2 选用。

表 3-2 密封垫片选用表

介质	法兰公称压力（MPa）	介质温度（℃）	法兰密封面形式	垫片名称	垫片材料或牌号
烃类化合物烷烃、芳香烃、环烷、烃、烯烃、氢气和有机溶剂（甲、乙醇、苯、酚、糠酸、氨）	$P\leqslant1.6$	≤200	平面	耐油橡胶石棉板垫片	耐油橡胶石棉板
		≤600	平面 凹凸面	缠绕式垫片、高强石墨垫、波齿复合垫	金属带、柔性石墨 Ocr18Ni9、316L、OCr13
	$P\leqslant4.0$	≤200	平面	耐油橡胶石棉板垫片	耐油橡胶石棉板
		201～450	凹凸面 榫槽面	缠绕式垫片、高强石墨垫、波齿复合垫	金属带、柔性石墨 OCr18Ni9、316L、OCr13
		451～600		缠绕式垫片、波齿复合垫	金属带、柔性石墨 OCr18Ni9、OCr13
	$4.0<P\leqslant6.4$	≤200		缠绕式垫片	金属带、柔性石墨
		201～450		缠绕式垫片、高强石墨垫片、波齿复合垫片	金属带、柔性石墨 OCr18Ni9、316L、OCr13
		451～600		缠绕式垫片 波齿复合垫	金属带、柔性石墨 OCr18Ni9、316L
	$6.4<P\leqslant35$	≤200	平面	平垫	铝 08
		≤450	凹凸面梯形槽	金属齿形垫片、椭圆形垫片或八角形垫片	10、柔性石墨
		451～600			0Cr18Ni9、316L
		≤200	锥面	透镜垫	10
		≤475			10MoWVNb
水、盐、空气、煤气、蒸汽、惰性气体	$P\leqslant1.6$	≤200	平面	橡胶石棉板垫片	XB-200 橡胶石棉板
	$1.6<P\leqslant4.0$	≤350	凹凸面	高强石墨垫片 缠绕式垫片	OCr18Ni9 316L 金属带，柔性石墨
	$4.0<P\leqslant6.4$	≤450			
	$6.4<P\leqslant35$	≤450	梯形槽	椭圆形垫片 或八角形垫片	10 316L OCr13

注：① 苯对耐油橡胶石棉垫片中的丁腈橡胶有溶解作用，不宜选用。

② 浮头等内部连接时，不宜用非金属软垫片。

⑨ 需要更换换热器的螺栓、螺母时，应按设计要求或参照表 3-3 选用。

表 3-3　螺栓、螺母的选用

螺栓用钢	螺母用钢	使用温度（℃）
Q235-A	Q235-A Q215-A	-20～300
35	Q235-A	
	20　25	-20～350
40MnB	35，40Mn，45	-20～400
10MnVB		
40Cr		
30CrMoA	40Mn，45	
	35CrMoA	-100～500
35CrMoA	40Mn，45	-20～400
35CrMoA	30CrMoA，35CrMoA	-100～500
35CrMoVA	35CrMoA，35CrMoVA	-20～425
25Cr2MoVA	30CrMoA，35CrMoA	-20～500
	25Cr2MoVA	-20～550
40CrNiMoA	35CrMoA，40CrNiMoA	-70～350
1Cr5Mo	1Cr5Mo	-20～600
2Cr13	1Cr13，2Cr13	-20～400
0Cr18Ni9	1Cr13	-20～600
	0Cr18Ni9	-253～700
0Cr18Ni10Ti	0Cr18Ni10Ti	-196～700
0Cr17Ni12Mo2	0Cr17Ni12Mo2	-253～700

⑩ 拧紧换热器螺栓时，一般应按图 3-15 表示的顺序进行，并应涂抹适当的螺纹润滑剂或防咬合剂。

5）采用防腐涂料的换热设备

宏观检查换热设备涂层，涂层表面应光滑、平整、颜色一致，且无气孔滴坠、流挂、漏涂等缺陷。用 5～10 倍的放大镜检查，无微孔者为合格。

① 涂层应完全固化。

② 吊运安装、检修清扫时，不得损伤防腐涂层。

6）可能出现的故障

① 工作表面污染：润滑油和机械杂质进入换热器和容器内；水垢及盐水溶液中产生结晶与沉淀现象；金属材料严重锈蚀。

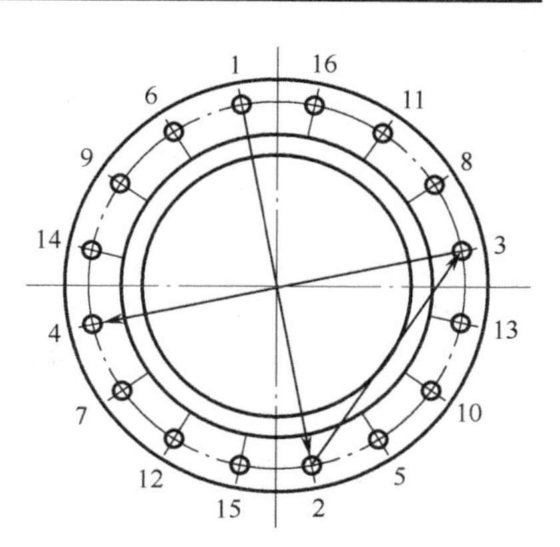

图 3-15　螺栓拧紧顺序

② 密封能力丧失：法兰、密封处的填料发生腐蚀和老化；金属材料疲劳、冷脆；存在焊缝裂纹；形成锈蚀。

③ 厚度减薄：由于介质的腐蚀和其他物体摩擦制冷设备的厚度减小。当厚度接近强度计算允许的最小数值时，设备应报废或降压使用。

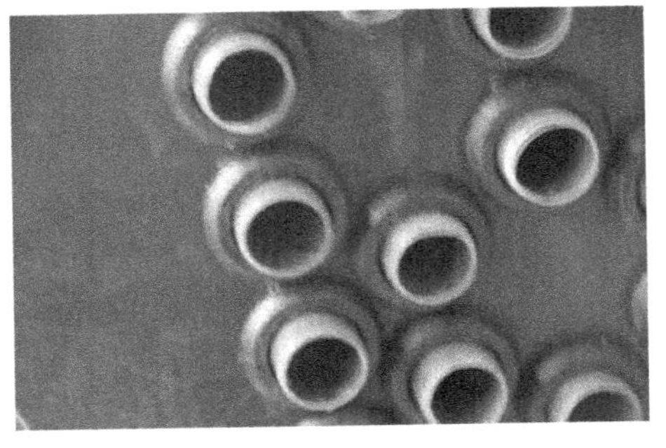

图 3-16　换热器管道局部变形示意图

④ 局部变形：由于材料强度降低、严重腐蚀或超负荷运行，设备外形变化，如截面呈椭圆形状，或局部出现凹陷和凸出等。换热器管道局部变形示意图如图 3-16 所示。

7）故障检修方法

① 清除垢层。

第一种，吹污法：利用压缩空气进行设备内、外吹污工作，其工作压力为 0.6 MPa。这种方法适用于风冷式冷凝器和一般容器的吹污。

第二种，手工法：清理管子外表面的积垢，一般用钢丝刷、专用刮刀，可用手锤沿着管壁轻轻敲击；清理管子内表面积垢，可用螺旋形钢丝刷。

第三种，机械法：机械清除管壁内表面积垢常用洗管器。洗管器是将特制刮刀的一端连接在钢丝轴上，另一端接在电动机上，清理时以水平或垂直方向插入管内，开启电动机进行刮削，同时注水进行冷却和冲洗。这种方法适用于钢管冷凝器，不适用于铜管冷凝器。

第四种，化学法：根据垢层性质，配制不同成分的化学溶液与垢层接触并发生化学变化，使垢层脱落。常用的酸洗剂配方为 10%的盐酸溶液，缓蚀剂为六次甲基四胺或苯胺与六次甲基四胺的混合物。酸洗时间为 20～30 h。酸洗后用 1%的氢氧化钠溶液或 5%的碳酸钠溶液清洗 15 min，中和设备内残留的盐酸，最后再用清水冲洗干净。

第五种，化水垢法：这种方法是在冷却水进入冷凝器前，通过磁水器改变结晶条件，使构成硬质水垢的碳酸钙结晶变成磁场的粉末物质。这种物质酥松、很脆，黏固性与附着力极弱，它们呈松渣状沉落下来，很容易从冷却水管排出。

② 对渗漏的修理。

根据制冷剂的性质，按检漏方法查找漏点，发现裂缝或针形小孔后，用补焊方法进行修补。修理之前，必须将设备或容器内的制冷剂抽空，并与大气接通，才能进行焊接。焊完后还应按制冷设备的要求进行吹污、气密性试验、抽真试验和充制冷剂检漏等项检查，合格后方能恢复工作。壳管式冷凝器发现管子渗漏时，一般不做修理，而是更换整根管子，重新进行胀管修复。法兰连接处泄漏时，可用扳手对称拧紧螺母，如果泄漏不能排除，则必须更换法兰垫片。

③ 局部变形的修理。

发现设备局部变形凸起时，应检查钢板厚度。若钢板厚度仍能承受安全压力，则不必更换；若钢板厚度减薄过多，设备应降压使用或报废。

1．常见故障与处理（见表 3-4）

表 3-4　常见故障与处理

序号	故障现象	故 障 原 因	处 理 方 法
1	两种介质互串（内漏）	换热管腐蚀穿孔、开裂 换热管与管板胀口（焊口）裂开 浮头式换热器浮头的法兰密封不严 螺纹锁紧环式换热器盖板的密封不严	更换或堵死 重胀（补焊）或堵死 紧固螺栓或更换密封垫片 紧固内圈压紧螺栓或更换盘根（垫片）

续表

序号	故障现象	故 障 原 因	处 理 方 法
2	法兰处密封泄漏	垫片承压不足、腐蚀或变质 螺栓强度不足、松动或腐蚀 法兰刚性不足与密封面缺陷 法兰不平行或错位 垫片质量不好	更换紧固螺栓的垫片 螺栓材质升级、紧固螺栓或更换螺栓 更换法兰或处理缺陷 重新组对或更换法兰 更换垫片
3	传热效果差	换热管结垢 水质不好、油污与微生物多 隔板短路	化学清洗或射流清洗垢物 加强过滤、净化介质，加强水质管理 更换管箱垫片或更换隔板
4	阻力降超过允许值	过滤器失效 壳体、管内外结垢	清扫或更换过滤器 用射流清洗或化学清洗垢物
5	振动严重	因介质频率引起的共振 外部管道振动引发的共振	改变流速或改变管束固有频率 加固管道，减小振动

2．检修管道、阀门及法兰

（1）管道局部变形的检修

1）消除局部变形的方法

要消除局部变形现象，必须从结构上和操作上找出发生局部变形的原因。如受积霜影响，气调库的墙排管负荷太大发生变形，则应加强除霜工作。若由于管路过长、支架或吊架间距大引起变形，应增加支架或吊架。若变形不大，不影响继续使用，可待大修时再进行修整，但应加强检查维护工作。若管子弯曲严重，可在管内制冷剂排空后，割断管子的弯曲部分，放在校正器上校直。加压时要求均匀缓慢，不要用大锤敲击，校直后再将管子接到排管上。

2）管道裂缝和针形小孔的检修

对于裂缝不大和有针形小孔的设备，一般都采用焊补的方法进行修复。若用气焊补漏，焊补漏点不应超过 2 次，否则应进行换管处理。焊接漏点时，禁止在制冷剂较浓的环境下工作。

（2）截止阀与调节阀的检修

应经常检查截止阀和调节阀的填料压紧程度，过松易造成制冷剂泄漏，过紧在缺乏润滑油的情况下会形成干摩擦，易导致阀杆磨损变细。若阀杆磨损严重，一般不修理，应选用 45#钢加工新阀杆。阀杆弯曲时应拆下校直。阀座和阀芯密封面有划痕或凹坑时，应在车削后用研磨法对研阀座与阀芯进行研磨，恢复密封面。若阀芯的巴氏合金密封面磨损严重，可重新浇注合金层，车削后进行研磨。阀门倒关密封面系巴氏合金，其修理方法同阀芯。阀门填料老化时应更换。石棉橡胶填料接头搭口应做成 45° 角，每层填料搭口相互错开，并涂抹润滑脂。

（3）浮球阀的检修

若发现浮球阀关闭不严，应研磨修理阀芯与阀座；若阀芯与套筒对不齐，可调整套筒位置；若浮球有裂纹或泄漏，可用锡焊或气焊修理。一般要求浮球的中心线与容器内的液位水平线相一致，超过液位水平线时，浮球阀应关闭。液体过滤器应保持干净畅通。

一片式球阀

（4）电磁阀的检修

① 接通电源后电磁阀不动作，其原因有：

a．线圈烧毁或铁心卡死。应重绕线圈或换上新线圈。新绕线圈必须进行干燥处理，应在线圈与外壳间浸灌一层石英和沥青（质量比 3∶1）复合的胶。铁心卡住后应拆下检查，按要求顺序重新配。

b．电源电压过低或电源没有接通，应检查电源和控制电路。

c．电磁阀的主阀活塞因杂质卡死，应解体、清洗电磁阀。

d．电磁阀反向安装，应按照阀体的标记重新安装。电磁阀的检测如图 3-17 所示。

② 切断电源后电磁阀不关闭，其原因可能是铁心卡住或剩磁现象吸合铁心。应检查卡住原因予以排除，或设法除磁以及换上新材质铁心。

03. 01 003

大通径先导活塞式电磁阀

③ 电磁阀关闭不严，其原因可能是阀塞和阀座密封面损坏，有渗漏现象。应研磨密封面直至达到密封要求或清洗阀门，更换密封件。若电磁阀主阀活塞的压力弹簧失效，应更换弹簧。

④ 电磁阀开启动作迟缓超过 3 h 的主要原因是平衡孔被脏物堵住。电磁阀停用三个月以上时，都应拆卸清洗，防止其在使用时被水锈卡死。电磁阀的实物如图 3-18 所示。

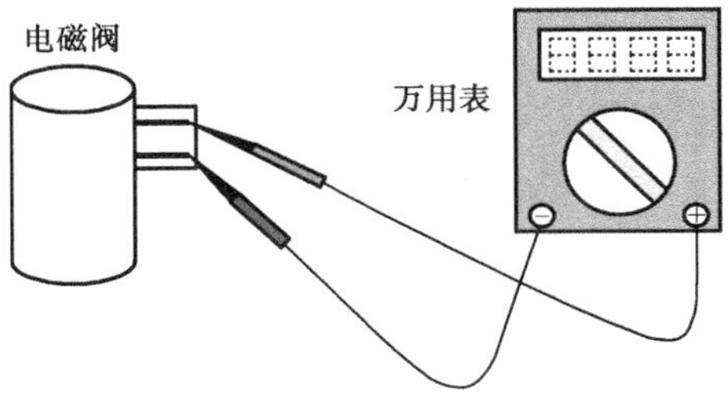

电磁阀

万用表

图 3-17　电磁阀的检测

图 3-18　电磁阀的实物

5）电磁阀泄漏制冷剂

① 若隔磁套与阀体之间的橡胶密封垫圈垫得不正、不牢固，应解体、更换垫圈。

② 若电磁阀中隔磁套管氩弧焊受损开裂，应更换电磁阀。

6）维修中值得注意的问题

① 在实际维修中，电磁阀很少出现故障。即使出现故障，一般是由于电磁线圈烧毁而引起。与之相比，杂质引起的故障相对较少。

② 电磁阀线圈烧毁之后，若更换整个电磁阀，则必须把低压区制冷剂排入高压区。简便的方法就是把新电磁阀的线圈直接装在旧电磁阀的阀体上。

③ 电磁阀的额定电压分为 220 V 和 380 V 两种，注意不要混装，经验不够丰富的维修人员容易出现这种错误。

④ 在电磁阀再通电状态下，决不允许把线圈从阀体上取下。否则，线圈极易过热而烧毁。

（5）安全阀的检修

① 若安全阀失灵，弹簧弹力不够，未达到额定压力时就提前开启，其原因是阀芯锈蚀或脏物堵塞，若额定压力超过时仍不开启，则弹簧式安全阀如图 3-19 所示。应除锈清洗，检查卡住原因；弹簧弹力不够时应对弹簧进行热处理或换新弹簧。

图 3-19 弹簧式安全阀

② 若安全阀泄漏，其原因是阀芯与阀座的密封面损坏，应修理密封面。若阀芯是聚四氟乙烯，可用塑料棒车削加工，更换密封圈；若是轴承合金，应重新浇注。安全阀开启后，若密封面有脏物存在，安全阀关闭后也易造成泄漏，此种情况应清洗阀座，然后组装。

③ 安全阀校验一般在油压泵校验台上进行，不允许直接在压缩机上校验，防止事故发生。调整合格后的安全阀应铅封，并记录校验日期，校验时间一年进行一次。

（6）热力膨胀阀的检修

图 3-20 所示为膨胀阀的检修示意图。

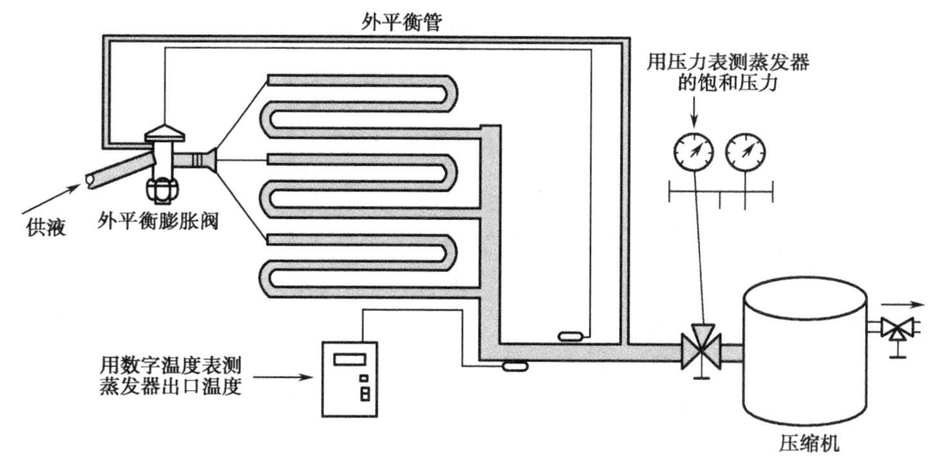

图 3-20 膨胀阀的检修示意图

1）清理干燥过滤器

若热力膨胀阀前的过滤器或系统中干燥过滤器的滤网里杂质污物积存过多，会使网孔不畅通，甚至堵塞，造成吸气压力降低或被抽空，制冷量减少，因此应及时拆下滤网，清洗烘干，再装上使用。如果干燥剂吸潮失效，将造成冰堵，应及时更换干燥剂。

2）感温包内制冷剂泄漏

若发现制冷机组一开始运转就抽真空，而膨胀阀没有一点流体声，此时阀门不能开启，其原因可能是感温包内充注的制冷剂发生泄漏，使感温包的感应压力消失，阀门被关闭。因此，应在仔细寻查泄漏点并修复后，再充注制冷剂。

3）热力膨胀阀的调试

检查热力膨胀阀的性能及感温包充注量是否合适。膨胀阀的进口端接压力表和氟利昂钢瓶，出口端接压力表和放气阀，将感温包放置在冷库内，并始终维持冷库温度在 0℃。若以 R12 热力膨胀阀进行调试，首先将放气阀微微开启，再开启钢瓶阀，使气压不低于 4.9×100 000 Pa（表压）。由于感温包放置在 0℃的冷库内，假如需要关闭的过热度为 6℃，则可调节手动调节杆，使膨胀阀出口端的压力为 1.54×10 000 Pa（相当于 R12 在 6℃的蒸发压力值）。若从放气阀处有少量的气体流出，则表明在关闭过热度为 6℃时，膨胀阀能开启。若将放气阀关闭，出口端的压力表能保持稳定，则说明膨胀阀在过热度低于 6℃时能关闭严密。若此阀泄漏，出口端压力表很快上升到进口端的压力。不同的制冷剂，其饱和压力所对应的温度也不同。若用 R22 膨胀阀进行调试，在关闭过热度为 6℃时，其出口端压力应保持 3.08× 10 000 Pa。对于同一种制冷剂，要求关闭的过热度不同时，其出口端维持的压力也不一样。

（7）法兰的检修

法兰的结构示意图如图 3-21 所示。

图 3-21　法兰的结构示意图

① 检查法兰连接处螺栓的预紧力，若螺栓松动，用扳手对称拧紧螺母，使其受力均匀，但不宜过紧。若螺栓变形或锈蚀严重，应更换新螺栓。

② 法兰连接处的石棉垫片因腐蚀或烧坏而失去密封能力时，应更换新垫片。在更换新垫片前应把原有的垫片刮去，用煤油清洗干净，并检查法兰密封线是否被腐蚀或损伤。若没有问题可换上新垫片，对角均匀地拧紧法兰螺栓即可。若法兰密封面腐蚀严重或密封线被破坏，可更换新法兰或者经修理合格后装上新垫片，以防使用时再漏。

③ 焊缝不严密，应进行焊补修理。

④ 焊接时引起法兰翘曲、不符合装配要求的，应进行车削加工或者更换。

⑤ 安装过程中，若两法兰中心线不一致，其接触面吃力不匀，应截断管子重新进行焊接。

3．检修泵与风机

（1）齿轮氨泵的检修

氨泵运转时，若发现氨液泄漏，应对轴封进行检查，若密封面有液痕或不平现象，则应对动环和静环仔细研磨。动环可加研磨剂进行研磨，但对于石墨材料做的静环，一般不允许加研磨剂进行平面研磨，以免研磨剂嵌入质地较软的石墨平面内，造成动环平面拉毛。氨泵传动轴外径表面及橡胶密封圈都不允许有伤痕、裂纹，否则应进行换新。

屏蔽氨泵

（2）屏蔽氨泵的检修

屏蔽氨泵每半年进行一次检查，主要检查轴承和轴套及推力盘的磨损情况。当磨损情况达到下列程度时应于更换：轴承和轴套的直径差达到 0.4 mm 时或轴承端面磨损量达 1.5 mm 时。

（3）离心式风机的检修

检修重点是保证风机轴与轴承的同心度，否则易造成轴弯曲变形，轴承和轴承座磨损。因此在装配时轴承座螺栓应加弹簧垫圈，校正轴与轴承的同心度。用手轻轻转动风机，观察轴有无摆动或碰撞现象，要求风叶与外壳圆周间隙一致。若轴承或轴瓦磨损严重应及时更换。

03.01
006
BYG-50
氨泵过滤器

（4）轴流式风机的检修

轴流风机运转过程中出现杂音应立即停止运转，检查电动机底座螺栓是否松动，或电动机轴与风筒中心是否偏离。中心偏移将造成叶片与外壳相碰，严重时甚至打断叶片。发现以上情况，应及时调整轴与风筒中心一致，更换被打断的叶片。

工作页内容见表 3-5。

表 3-5　工作页

氨冷库的维护工艺基本操作					
一、基本信息					
学习小组		学生姓名		学生学号	
学习时间		学习地点		指导教师	
二、工作任务					
1．掌握维护氨冷库日常运行的操作规程和注意事项。 2．掌握检修氨冷库制冷设备的注意事项。 3．能正确完成维护氨冷库日常运行的操作规程。 4．能正确完成检修氨冷库制冷设备的操作步骤。					
三、制订工作计划（包括：人员分工、操作步骤、工具选用、完成时间等内容）					
四、安全注意事项（人身安全、设备安全）					
五、工作过程记录					
六、任务小结					

3.1.4 任务评价

表 3-6 是考核评价标准。

表 3-6 考核评价标准

序号	考核内容	配分	要求及评价标准	小组评价	教师评价
1	熟练掌握日常维护氨冷库的操作	20	氨冷库制冷系统的融霜操作要求：能熟练掌握冷库蒸发器常用的融霜方法及其适用范围，能正确完成氨冷库融霜操作规程并掌握操作的注意事项。 评分标准：正确选择得 20 分，每错一项扣 3 分		
2	熟练掌握氨冷库制冷设备的检修	20	氨冷库制冷设备的检修要求：能熟练完成螺杆式制冷压缩机、活塞式制冷压缩机的检修的操作步骤与方法，并掌握操作的注意事项。 评分标准：正确选择得 20 分，每错一项扣 3 分		
3	熟练掌握氨冷库辅助部件的检修	20	氨冷库辅助部件的检修要求：能熟练完成换热器及压力容器的检修操作，管道、阀门以及法兰的检修操作，泵与风机的检修操作步骤与方法，并掌握操作的注意事项。 评分标准：选择正确得 20 分，选择一般得 10 分，选择错误不得分		
4	工作态度及组员间的合作情况	20	1．积极、认真的工作态度和高涨的工作热情，不一味等待老师安排指派任务。 2．积极思考以求更好地完成任务。 3．好强上进而不失团队精神，能准确把握自己在团队中的位置，团结学员，协调共进。 4．在工作中团结好学，时时注意自己的不足之处，善于取人之长补己之短。 评分标准：四点都做到得 20 分，一般得 10 分		
5	安全文明生产	20	1．遵守安全操作规程。 2．正确使用工具。 3．操作现场整洁。 4．安全用电，防火，无人身、设备事故。 评价标准：每项扣 5 分，扣完为止，若因违纪操作发生人身和设备事故，此项按 0 分计		

3.1.5 知识链接

1．氨冷库的日常维护

（1）氨冷库制冷系统的融霜操作

1）冷库蒸发器常见的融霜方法及其适用范围

清除蒸发器表面的积霜，是冷库日常维护必须做的工作之一，是冷库节能降耗的重要环节。蒸发器的融霜方法很多，应视蒸发器的形式、制冷系统的管路设置等情况而定。在生产实践中，大型冷库和氨单级压缩制冷系统，一般都采用热工质气体融霜代替人工除霜，从而大大降低了劳动强度。

2）氨冷库融霜操作规程

在制冷系统的维护管理中，及时除霜是保证制冷装置高效节能运行的重要一环。若冷库蒸发器的霜层结到一定厚度，就应及时除霜。

在较大的制冷系统中，蒸发器融霜应按组分别进行。一般情况下，当一组蒸发盘管融霜时，其他蒸发器仍在继续进行工作，制冷压缩机也应维持正常运转，以保证有足够的排气供融霜使用。

下面以重力供液系统的热氨融霜操作为例，介绍氨制冷系统蒸发器的融霜操作。冷间的蒸发器为被融霜的蒸发器。在实施融霜操作前，必须做好充分的准备工作：明确各设备的融霜顺序，仔细检查制冷设备的各阀门能否正常关启，并可靠地关闭各设备的融霜阀，防止阀门关闭失严或操作失误。融霜操作时，操作人员应戴上护目镜和橡胶手套，站在阀门的侧面操作，并应有人可靠地监护。融霜过程中不得离开操作地点。触霜完毕后，应记录融霜的时间。重力供液系统热氨融霜操作示意图如图 3-22 所示。

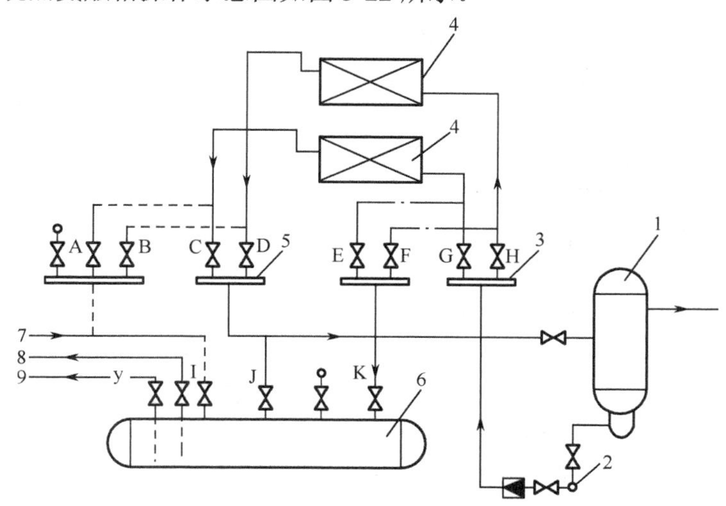

1—低压循环桶　2—氨泵　3—液体分调节站　4—冷分配设备　5—气体分调节站　6—排液桶　7、8、9—热氨、供液、放油

图 3-22　重力供液系统热氨融霜操作示意图

① 降低排液桶内的压力。

融霜开始前，如排液桶内有积液，应先将其排出，使设备处于待工作状态。确认排液桶已处于排空状态后，缓慢打开排液桶的减压阀，降低排液桶内的压力，当桶内的压力与吸气压力相近时，再关闭减压阀，使排液桶处于减压工作状态。

② 停止蒸发器的工作。

适当关小总调节站的供液阀和节流阀，减少氨液分离器的供液量。关闭液体调节站上的冷间供液阀，停止蒸发器的工作，将一部分氨抽回到高压储液桶，以防排液桶装满。然后，关闭气体调节站上的冷间回气阀。

③ 排放蒸发器积存的氨液。

打开排液桶上的进液阀，打开液体调节站上的冷间排液阀和总排液阀，让蒸发器内的部分氨液在压差的作用下自行流回排液桶。当液氨不能自行流入排液桶时，可微开气体调节站上的冷间热氨融霜阀和总热氨融霜阀，让过热氨蒸气进入蒸发器，使蒸发器的压力升高（以不超过 0.5 MPa 为宜），以帮助蒸发器排液。

④ 用热氨气体融霜。

蒸发器的积液排放完毕后，继续缓慢开启气体调节站上的冷间热氨融霜阀和总热氨融霜阀，使热氨蒸气进入蒸发器各排（盘）管，将霜层融化。热氨融霜阀的开启不应过大，热氨压力不应超过 0.6～0.7 MPa。为了加速融霜和排液，可采用间歇开关的方法进行。

进入蒸发器的热氨蒸气，经管外霜层的冷却变成液体，和油一起排进排液桶。在融霜、排液过程中，如果排液桶内的压力超过 0.6 MPa，应关闭进液阀，并缓慢开启减压阀。待桶内压力降至蒸发压力后，再关闭减压阀，打开进液阀继续排液。如此反复直到排液结束。

排液时，排液桶液面不得超过 70%～80%，如果是低压循环储液器则液面不得超过 50%，如液面过高，则应将氨液排走后再继续进行融霜。当蒸发器外表面的霜层全部融化脱落时，先关闭总热氨融霜阀和冷间热氨融霜阀，然后关闭冷间排液阀、总排液阀及排液桶的进液阀。

⑤ 恢复蒸发器的正常工作。

慢慢开启冷间回气阀降压，以制冷压缩机不产生湿压缩为原则。待冷间蒸发器的压力降至低压回气压力时，可适当开启冷间供液阀，适当开大总调站上的供液阀，并逐渐开大节流阀，以恢复冷间蒸发器的正常工作。

⑥ 排放排液桶的积油。

从蒸发器排出来的氨液和油，进入排液桶静置 25～35 min 后，液体逐渐沉淀、分层。打开排液桶的放油阀，将沉积的油排放到集油器中（详见制冷系统的放油操作）。若桶内压力偏低，放油困难，可缓慢打开排液桶的加压阀，加压至 0.5～0.6 MPa 以帮助放油。放完油后关闭放油阀和加压阀。

⑦ 排放排液桶的氨液。

关闭总调节站上的供液阀，适当关小节流阀。缓慢打开排液桶至氨液分离器的出液阀，缓慢打开排液桶上的加压阀。加压至 0.6～0.7 MPa，将氨液送往氨液分离器的供液阀，这时排液桶代替高压储液器向蒸发器供液。待排液桶的氨液排放完后，关闭排液桶上的出液阀和加压阀。缓慢打开排液桶的减压阀，将排液桶减压后待用。关闭减压阀。

⑧ 结束热氨融霜操作。

再次缓慢调节总调节站上的供液阀和节流阀至正常位置，以恢复制冷系统的正常工作。最后对融霜系统所有阀门进行仔细的检查，确认其已恢复到正常的工作状态。至此，热氨融霜操作完毕。

热氨融霜的操作比较复杂，因此在融霜前需要做好准备，融霜过程中要仔细、认真操作，注意各个阀门之间的相互关系。为了缩短热氨融霜的时间，在融霜的同时可以配合人工扫霜。

3）融霜注意事项

① 排尽排液桶内的存氨。

② 打开排液桶上的进液阀，再打开降压阀，压力降至蒸发压力时再将降压阀关闭。

③ 关闭调节站所需房间的供液阀，若需对各楼层冷藏间冲霜，同一楼层不需冲霜的房间也应停止供液。

④ 关闭调节站需冲霜房间的回气阀并打开排液阀。

⑤ 打开有关热氨管上的热氨阀，将高压热氨送入库房（待霜融化时，用水冲之，停止冲水 3 min 后，再关闭热氨阀）。

⑥ 冲霜压力规定：加压管处压力不得超过 0.9 MPa，排液桶压力不得超过 0.6 MPa。

⑦ 冲霜完毕后，立即关闭有关热氨阀和调节站排液阀。

⑧ 缓慢打开被冲霜房间的回气阀。

⑨ 关闭排液桶上的进液阀，待氨液沉淀 20 min 后，再进行排液工作。

⑩ 冲霜时，热氨阀从开启到关闭的时间为 15 min。

上述为重力供液系统热氨融霜操作的步骤及方法，氨泵供液系统热氨融霜的操作也类似。

（2）氨冷库制冷系统的排液操作

① 排液桶内氨液静置 20 min 后，进行放油。

② 缓慢开启排液桶加压阀，使压力达 0.6 MPa。

③ 打开总调节站上的排液桶来液阀，向冷间或低压循环储液器供液（若直接向冷间供液，应先关闭总调节站的低压循环储液器供液阀，再打开直接供液阀；关闭分调节站氨泵供液阀时，先开启直接供液阀，才能再开启总调节站上的排液桶来液阀）。

④ 排液完成后，关闭排液桶加压阀及总调节站上的排液桶来液阀，恢复正常供液。

⑤ 开启排液桶降压阀，降至蒸发压力。

（3）氨冷库制冷系统的放空操作

① 打开空气分离器的减压阀，稍开空气分离器的供液阀。

② 打开混合气体进入阀内。

③ 把放空气口接到盛满水的玻璃瓶中，稍开放空气阀，至水中气泡渐少即可。

④ 放空气每星期一次。

（4）氨冷库制冷系统的加油操作

① 当制冷压缩机曲轴箱油面降到下玻璃视孔的 1/2 以下时，应立即加油，但加油时也不能超过上视孔的 1/2。

② 检查储油桶内润滑油是否清洁、足够。

③ 低压级压缩机加油时可关小回气阀（高压级压缩机加油时应关闭中间冷却器供液阀，并将低压级压缩机能量调节阀拨至“0”挡，再关闭高压级压缩机回气阀）使曲轴箱内形成适当真空，此时应注意机器运转情况。

④ 当曲轴箱内达到一定真空度时，打开加油截止阀，将油三通阀对准“加油”位置，查看吸油情况，并注意勿使空气吸入。

⑤ 当油面达到需要的位置时即关闭加油阀，将油三通阀扳回“运转”位置，逐步开启回气阀，恢复机组的正常运转。

（5）氨冷库制冷系统的放油操作

1）中间冷却器的放油

① 中间冷却器的放油工作可以在运转中进行，操作人员不得离开岗位，以防氮气漏走。

② 放油时应首先打开集油路上的降压阀，降至蒸发压力时关闭降压阀。

③ 打开集油器进油阀，再适当打开中间冷却器放油阀，当油面达到玻璃指示器的 80%时停止送油。

④ 关闭中间冷却器放油阀，再关闭集油器的进油阀，沉淀后打开集油器的降压阀，降低压力使进入集油器内的氨液全部蒸发。如此数次，当玻璃指示器内看不到氨液时再将油由集油器中放出。

⑤ 中间冷却器应每星期放油一次。

2）油氨分离器的放油

洗涤式油氨分离器的工作原理如图 3-23 所示。

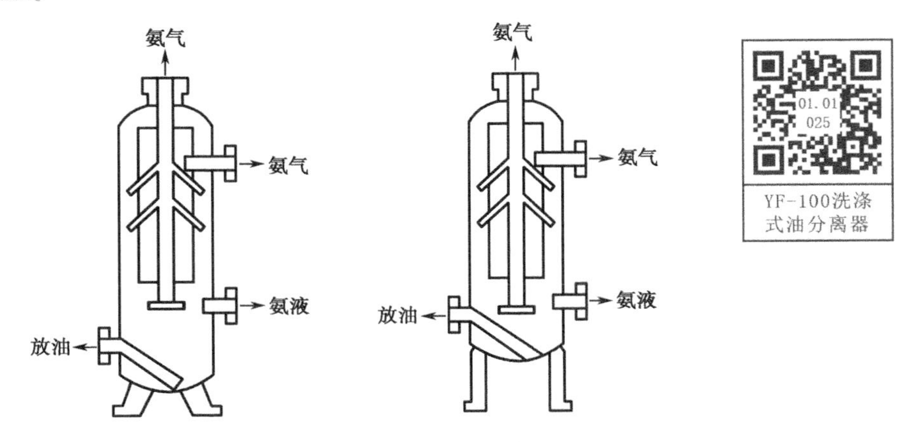

图 3-23　洗涤式油氨分离器放油的工作原理

① 使集油器处于待工作状态。

② 关闭供液阀，待油氨分离器中下部外壳温度升至 40～45℃时缓慢打开放油阀，向集油器放油。

③ 放油操作与中间冷却器的放油操作相同。

④ 油氨分离器应每星期放油一次。

3）高、低压储液器及排液桶的放油

① 使集油器处于待工作状态。

② 在玻璃指示器中看见油面时，即进行放油工作。

③ 放油操作与中间冷却器的放油操作相同。

（6）氨冷库制冷系统的加氨操作

① 做好安全思想工作和防毒器材等的准备工作，检查加氨站各阀门及胶管用具等是否正常，并与制冷压缩机操作人员联系后，方能开始加氨操作。

② 关闭高压储液器通往总调节站的供液总阀。

③ 将加氨用的连接胶管的一端连接到加氨站的加氨管上，另一端连接在氨罐（或氨瓶，瓶底尾部要垫高些）的出液管上，连接完毕后稍开氨罐（瓶）出液阀，检查加氨管路接头有无漏气现象，然后再关闭该阀门。

④ 先关闭分调节站的氨泵供液阀，开启分调节站直接供液阀，开启或调整库房的供液阀，再开启总调节站的加氨阀和直接供液阀，将加氨站的有关加氨阀打开，然后慢慢地打开氨罐（瓶）的出液阀（视氨罐压力降低情况，逐步开启出液阀）。

⑤ 加氨结束后，先关闭氨罐（瓶）出液阀，再关闭加氨站的加氨阀，关闭总调节站加氨阀和直接供液阀，关闭分调节站直接供液阀并打开氨泵供液阀。

⑥ 加氨工作全部结束后，将高压储液器通往总调节站的供液总阀打开，恢复系统原来的正常工作状态。

⑦ 值班长或带班人必须参加加氨工作，并切实做好加氨的有关记录。

2．氟利昂冷库制冷系统的加油操作

（1）制冷压缩机加油常用操作方法

制冷压缩机加油常用操作方法如表 3-7 所示。

表 3-7 制冷压缩机加油常用操作方法

序 号	操作方法	适用机型	应有配置	加油原理	工作特点	适用情况
1	从油三通阀加油	系列化的氨机、氟利昂机	压缩机有油泵及油三通阀	利用压缩机的油泵吸油	可在运行中加油	补充少量的油
2	从专业加油阀加油	氨机、氟利昂机	油泵无外接吸口，但曲轴箱有带阀加油接头	利用压缩机抽真空，在大气压力下加油	可在运行中加油	补充少量的油
3	从吸气阀旁通孔加油	氨机、氟利昂机	压缩机既无加油接头，又无加油旋塞	利用压缩机抽真空，在大气压力下加油	将曲轴箱抽真空后，停车加油	补充少量的油
4	从专用注油口加油	小型氟机	压缩机只有加油旋塞	利用自然压力，用漏斗灌注润滑油	停止压缩机，关闭吸、排气阀	添加大量的油
5	用专用（外置）油泵加油	氨机、多台氨机组	压缩机外置油泵、专设油泵	外置油泵，专设油泵强制加油	可在停止或运行中加油，不用临时加接管	添加大量的油

（2）油三通阀的作用与使用方法

活塞式制冷压缩机的油三通阀是实现手动加油和放油的重要部件，安装在油泵下方的曲轴箱端面上，位于曲轴箱油面以下，在出油口、粗过滤器外部。

油三通阀主要由阀体、阀芯、指示盘、手柄等组成。阀芯将阀体内部的回柱形空间分为两部分，依靠阀芯位置的变换，可实现三通阀的“两通一堵”，从而实现加油、运转和放油的状态转换，其工作原理如图 3-24 所示，其实物与结构如图 3-25 所示。

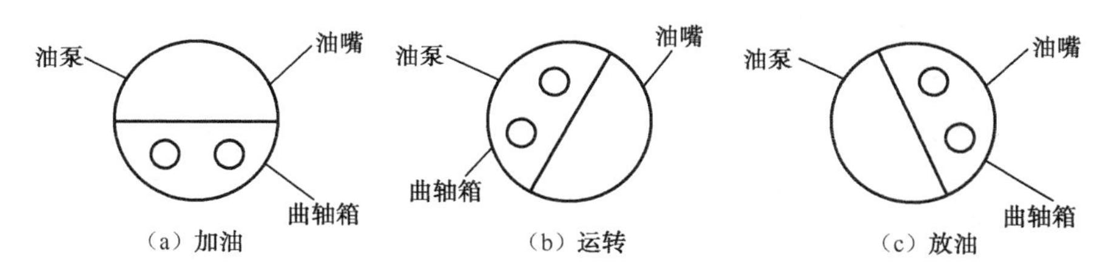

图 3-24 油三通阀工作原理

油三通阀的转盘上标有“加油”、“运转”、“放油”三个工作位置，可按需要将手柄转到指定位置进行相应的操作。当手柄拨到“加油”位置时，阀芯处于图 3-24 中（a）所示位置，油嘴与油泵相通，为加油过程，可实现不停机加油；当手柄拨到“运转”位置时，阀芯处于图 3-24 中（b）位置，曲轴箱与油泵相通，压缩机正常工作；当手柄拨到“放油”位置时，阀芯处于图 3-24 中（c）所示位置，曲轴箱与油嘴相通，为放油过程。

（3）制冷压缩机润滑油的充灌方法

制冷压缩机润滑油的充灌大体上有以下三种方法：

① 用齿轮油泵或手压油泵，通过曲轴箱的三通阀或放油阀直接加油。但应注意加油过程中不得使曲轴箱内压力升高。

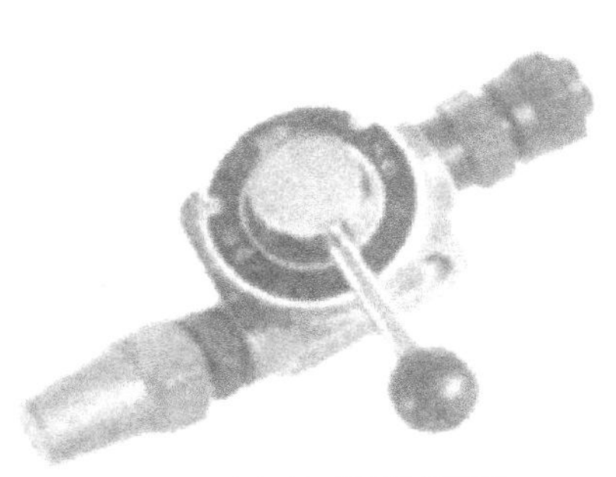

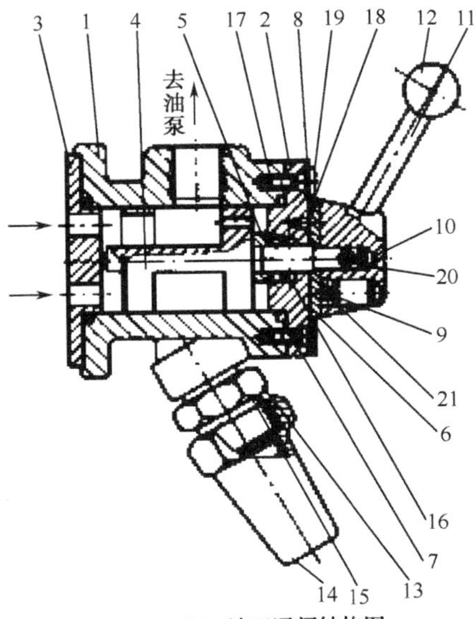

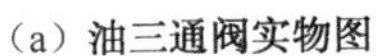

（b）油三通阀结构图

1—阀体 2—阀盖 3—六孔盖 4—阀芯 5—垫片 6—限位板 7—圆环 8—指示盘 9—弹簧 10—手柄头 11—手柄 12—手柄球 13—油接头 14—封帽 15—垫片 16—橡胶圈 17、18—螺钉 19—铆钉鞋 20—锥端固定螺钉 21—钢珠

图 3-25 油三通阀实物与结构

② 用真空泵将压缩机内部抽成真空，利用大气压力将润滑油压入。这种方法常用于全封闭氟利昂压缩机，由于该机没有视油镜，很难掌握加油量。

③ 关闭压缩机吸气阀、开启排气阀，启动压缩机，将曲轴箱压力降至表压 0 Mpa，慢慢开启曲轴箱下的加油阀，油即进入曲轴箱。注意油管不得露出油面，以免吸入空气。当油量达到要求时，关闭加油阀。氟利昂压缩机可以从吸气阀的多用通道吸入润滑油，流至曲轴箱内。

3．氟利昂冷库制冷系统的融霜操作

（1）氟利昂制冷系统热氟融霜的特点

氟利昂制冷系统采用热氟融霜的原理，与氨制冷系统采用热氨融霜的原理相同。但氟利昂系统一般不设排液桶，通常将冷却的液体排往气液分离器，经气液分离后由压缩机渐渐吸入，如图 3-26 所示。

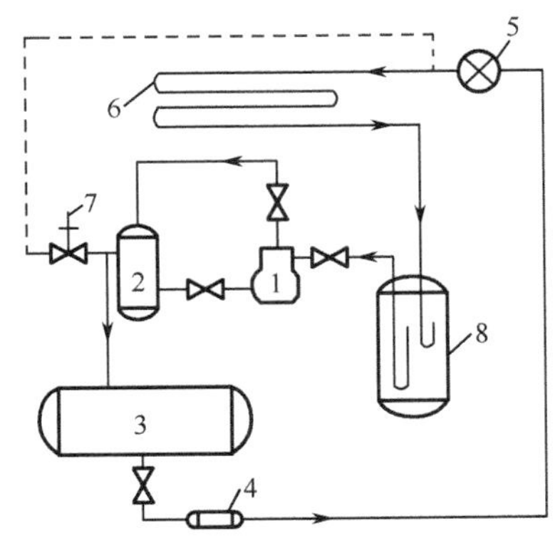

1—制冷压缩机 2—油分离器 3—冷凝器 4—干燥过滤器 5—热力膨胀器 6—蒸发器 7—融霜电磁阀 8—气液分离器

图 3-26 氟利昂制冷系统热氟融霜示意图

近年来，氟利昂制冷系统的自动控制融霜技术发展较快，可分为单级压缩系统的自动融霜与双级压缩系统的自动融霜两大类。一般来说，氟利昂制冷系统可选择的融霜方案较多，具体应用时，可根据实际情况进行选择。

（1）单级压缩制冷系统的自动融霜

系统在融霜时，将设在制冷压缩机排气管上的融霜三通阀打开，压缩机所排气体通过融霜电磁阀后，进入蒸发器融化霜层，由原系统回气管经热交换器后返回制冷压缩机。系统中的热交换器在一定程度上能防止融霜过程中压缩机湿行程的发生。在此融霜系统中，为防止冷风机下面水盘冻结，先将排气管经过水盘之后，再把热气体送入冷却器。

（3）双级压缩制冷系统的自动融霜操作

如图 3-27 所示，该系统采用一次节流中间不完全冷却的方式。融霜时把系统中的融霜电磁阀打开，制冷压缩机排气先经过冷却器下面的水盘后进入蒸发器，进行融霜。在返回的管路中，回气管线上的回气电磁阀已关，这时制冷剂已变为液体，从蒸发器出来后，经恒压阀进入热交换器，吸收水的热量转变为气体，随后返回压缩机。

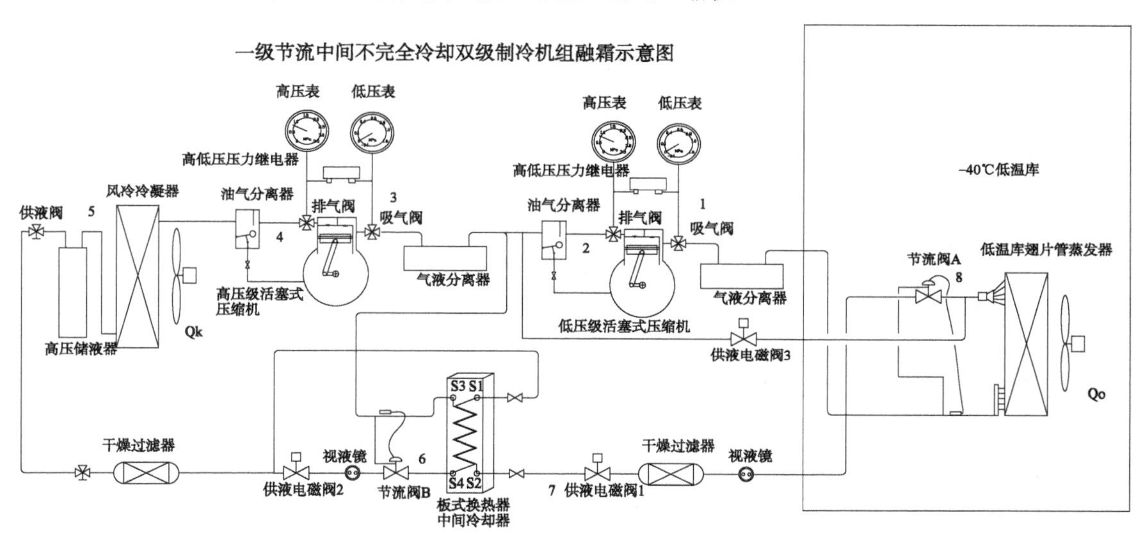

图 3-27 双级制冷机组融霜操作原理图

3.1.6 思考与练习

一、单选题

1．制冷压缩机吸气管位置结霜的原因是（ ）。

A．系统中有不凝性气体　　B．压缩机回油的效果差

C．蒸发器节流阀调节不当　　D．蒸发器冷负荷过大

2．冷库制冷压缩机运转电流过高是由于（ ）。

A．电源电压太低　　B．制冷剂太少

C．节流阀开启度小　　D．风机转速低

3．维修制冷设备时临时性的照明要采用（ ）。

A．日光灯　　B．强光手电筒　　C．活动吊灯　　D．蜡烛

4．氨制冷压缩机启动前，应先检查低压循环桶液位计的液位，如高于液位计的（ ），

应先降低液位后再启动压缩机。

A．30%　　B．40%　　C．50%　　D．60%

5．制订制冷设备检修计划时，要根据不同的（　　）确定不同的检修内容。

A．制冷量　　B．设备大小　　C．运行质量　　D．设备机型

6．连续运行的制冷压缩机都应（　　）进行一次检修。

A．每季度　　B．每年　　C．每两年　　D．每三年

7．氨冷库需要紧急泄氨时，应首先开启紧急泄氨器的（　　），再开排氨阀。

A．氨气阀　　B．截止阀　　C．进水阀　　D．排水阀

8．压缩机油泵不上油不属于油泵本身的原因是（　　）。

A．吸油管或滤网油管不堵塞　　B．油泵内有空气

C．油泵齿轮磨损　　D．油泵转速太高

9．氨制冷系统冷凝压力下降，会使（　　）。

A．单位质量冷凝热增大　　B．压缩机功耗增大

C．制冷系数由所提高　　D．制冷系数有所下降

10．制冷系统调试时，氨泵发生故障应先（　　），切断电源，检查故障原因。

A．停止冷却水泵　　B．停止压缩机

C．停止氨泵　　D．停止冷风机

二、多选题

11．制冷操作人员的主要任务是（　　）。

A．保证系统正常运行　　B．保证设备和人身安全　　C．及时处理故障

D．做好运行记录　　E．紧急情况会处理　　F．有效完成交接班手续

12．氨制冷系统压缩机安全运行的标志是（　　）。

A．吸气温度比蒸发温度高 15℃　　B．吸气温度比蒸发温度高 18℃

C．吸气温度比蒸发温度高 7℃　　D．吸气温度比蒸发温度高 5℃

E．排气压力大于 1.8 MPa　　F．吸气压力大于 1.0 MPa

13．氨冷库机组的过载保护，一般应对（　　）安装过载保护装置。

A．冷凝器　　B．压缩机　　C．氨泵

D．水泵　　E．照明系统　　F．蒸发器

任务二　氨冷库的故障判断与排除

1．任务描述

冷库投入运行后，由于安装操作或使用不当，容易出现一些故障，本任务主要内容是掌握氨冷库常见故障现象的分析和排除方法。

2．任务目标

知识目标

① 熟悉氨冷库制冷系统常见的故障现象。

② 熟悉氨冷库电控系统的常见故障现象。

能力目标

① 能正确分析和排除氨冷库制冷系统常见的故障现象。

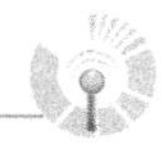

② 能正确分析和排除氨冷库电控系统常见的故障现象。

3．任务分析

当冷库制冷系统出现故障时，不应把注意力仅仅集中在某一个局部元件上，而是要对整个系统进行全面检查和综合分析，由表及里，由现象到本质，找到症结所在，判定出究竟是电气系统、制冷系统还是其他系统的原因，从而制订出一个行之有效的维修方案。日积月累，通过实践经验的总结和理论水平的提高，在维修工作中就能够迅速准确地找到故障原因，干净利索地解决问题。

3.2.1 判断冷库故障的基本方法

一看、二听、三摸、四测、五分析是制冷系统故障检查的基本方法。以冷库为例，它是由电气系统、制冷系统、冷却系统、辅助系统组成的相互联系而又相互影响的复杂系统。一旦发现问题，我们该如何做呢？

1．看

① 首先检查制冷系统的阀门是否有渗漏的氨气。

② 看蒸发器的结霜情况。正常运行 30 min 左右观察蒸发器表面结霜是否均匀，这是检查制冷效果的内容之一。

③ 看蒸发器出口处低压管结霜长度是否合格，这是判断制冷剂节流量是否足够之一。

④ 借助仪表测量判断故障。测电压，判断电源及漏电故障；测电流，判断电动机故障；测温度，判断制冷系统故障；测压力，判断制冷系统压力是否正常。

通过以上一听二摸三看的检查，即可加以分析，判断出故障的所在，然后着手进行修复。修复过程一般为先简单、后复杂，先电气线路、后制冷系统。

⑤ 看制冷设备外形是否完好。

观察制冷设备外形是否完好，部件有无损坏，制冷系统各管路焊接处是否有泄漏氨气，各连接部位是否松脱，电器接线有无脱落。

⑥ 看（如装有高、低压力表）制冷系统运行时高、低压压力值是否正常。

⑦ 看压缩机吸气管表面的结露程度。

压缩机吸入压力偏高原因及排除方法

压缩机的吸气管全部结霜，以至压缩机外壳有小部分（吸气管进泵壳处周围）结露，这时的吸气温度比较低，有利于降低排气温度，其制冷剂量也适中。

压缩机吸气管不结霜，排气温度高，压缩机外壳也热（不是烫手），说明冷凝器散热差。

压缩机的吸气管结霜，导致压缩机外壳或大半只外壳结霜，表明制冷剂量少，说明其节流调节阀开得太小。

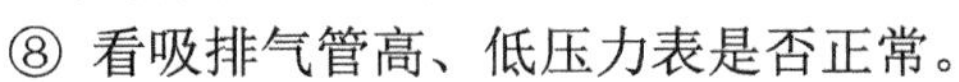
⑧ 看吸排气管高、低压力表是否正常。

⑨ 看故障指示灯是否点亮。

部分冷库电控板上设置了故障指示灯，当系统有故障时，电保护器切断电源，制冷设备停止运转，同时故障指示灯亮。故障排除后，指示灯熄灭，制冷设备运行。故障指示灯仅指示有无故障，而故障在什么部位却不得而知，要靠分析检查才能找出故障原因。

⑩ 看熔断器。制冷设备不工作，首先应检查各种熔断器是否熔断。检查电控系统，排除故障，更换熔断器。

⑪ 看冷风机。在接电源线时，观察三相电源的冷风电动机是否运转，若不运转，必须检

查电控系统。

2．听

① 接通电源时，启动继电器是否动作。若继电器触点吸合（听到“咔”的一声），压缩机随即运转，则为正常，否则，为不正常。

② 听压缩机的运转情况。如果运转时的声音不正常，说明压缩机有故障，应当停止运转压缩机，进行故障的检查排除。

③ 听氨泵是否有气流声。若听到气流声，则说明氨泵进氨量不足。

④ 若噪声较大，则应仔细听噪声的来源。

⑤ 听冷库的运行声。

冷库运行的主要噪声来自压缩机和风机。

压缩机的噪声是由吸排气阀产生的，其运行噪声比较高，是规律。

冷风机中的噪声主要是气流声。在规定的范围内，这些噪声是允许存在的。

冷风机运行时有碰撞声，遇到此种情况，必须检查冷风机并及时排除故障。

⑥ 听节流装置制冷剂氨的流动声。

氨的流动不正常时，其声音大，说明液态氨不足。

3．摸

① 在压缩机运转正常的情况下可以用手摸一下制冷系统的有关部位，通过温度高低来判断制冷系统的故障。

② 在压缩机正常运行后，首先检查高压管，然后是冷凝器。

③ 压缩机开始运转时，机壳不应很热。随着运转时间增长，机壳温度逐渐升高，压缩机配有过热保护装置。

④ 摸压缩机组的振动程度。

手摸机组感觉振动很大，属不正常现象，应检查压缩机地脚螺栓的防震器是否安装正确。

检查机组底座基础的刚性。

检查机组安装的牢固性。

4．测

① 测冷库空气的实用参数和负荷。

测定冷库的温度、相对湿度及露点温度等参数，以确定是否是制冷系统设计故障。

制冷系统的制冷量与负荷相适宜，过大会造成电力浪费，开支过高，对设备也不利；过小会使冷库温度达不到要求，直接影响冷冻效果。

② 使用测量仪表对制冷系统进行测量以判断其是否运转良好。使用压力表测高、低压的压力是否正常。

③ 使用温度计测量制冷系统各表面温度是否正常。

冷库中制冷系统工作时的正常温度参考如表 3-8 所示。

表 3-8　制冷系统各部位温度

各部位温度	风冷式（℃）	水冷式（℃）
压缩机的吸气温度	1～17	4～19
压缩机的排气温度	65～120	60～100
压缩机外壳表面温度	20～68	15～64
制冷剂的冷凝温度	48～55	38～46

续表

各部位温度	风冷式（℃）	水冷式（℃）
制冷剂的蒸发温度	1～9.5	1～7.5
当地环境温度	33℃以上	33℃以上

④ 冷库电控系统有无故障。

使用钳型电流表测量电气控制系统运行电流是否符合要求。

使用万用表对电控系统进行检查，检查它是否漏电或短路，检查线路接头有否脱落，或导线是否断线。在确认电控系统基本完好的情况下，才可通电运转。

5. 分析

① 分析：经一看、二摸、三听、四测后，进一步分析故障的位置和故障的轻重程度。由于制冷系统、电气系统、节流装置系统彼此均有联系又互相影响，因此，要综合起来进行分析，由表及里地判断故障的实际部位。要始终保持清醒头脑，免得因一时疏忽而出现判断错误，造成不必要的损失。

② 分析：运用制冷设备工作的有关理论，对现象进行分析、判断，找到故障产生的原因，有的放矢地排除故障。

③ 分析：冷库产生故障的原因很多，所以分析冷库故障需要丰富的经验和知识。分析时应从现象开始，逐步对故障的实质性问题进行分析和检查，以求找出故障的根源，得出结论，减少修理工作的盲目性。

④ 分析：冷库制冷系统运转不正常的原因可分为两类，一是制冷系统运行原因，二是人为操作原因。

⑤ 分析：对于非故障现象，只要正确操作并定期维护，是不难解决的，而对于以下非故障现象则要认真对待并及时处理，否则可能真正引发制冷设备的故障。

⑥ 分析：制冷设备的故障大致可分为两种：电气系统的故障与制冷系统的故障。

⑦ 分析：制冷设备故障主要有以下几种表现：

a. 制冷设备不制冷。

b. 制冷设备不能启动。

c. 冷库制冷设备启动后仅运转几分钟就停止工作。

d. 冷库制冷设备制冷效果不好。

e. 冷库制冷辅助设备不运转。

f. 冷库制冷压缩机不运转。

g. 冷库制冷设备冷风机系统工作不理想。

h. 冷库制冷设备冷凝器散热不良。

3.2.2 氨冷库制冷系统的常见故障及排除方法

如表 3-9 所示为制冷系统的常见故障及排除方法。

表 3-9 制冷系统的常见故障及排除方法

故障现象	故障分析	故障处理
1. 机组运转噪声大	1. 压缩机、电动机地脚螺钉松动 2. 传动带或飞轮松弛	1. 紧固螺钉 2. 调节传动带使其张紧，检查飞轮螺母、键等

续表

故障现象	故障分析	故障处理
2．压缩机排气压力过高	1．系统混入空气等不凝结气体 2．水冷冷凝器的冷却水泵不转 3．冷凝器水量不足 4．冷却塔风机未开启 5．风冷冷凝器的冷风机不转 6．风冷冷凝器散热不良 7．水冷冷凝器管壁积垢太厚 8．系统内制冷剂充注过多	1．排除空气 2．检查、开启水泵 3．清洗水管、水阀和过滤器 4．检查冷却塔风机 5．检查、开启冷凝风机 6．清除风冷冷凝器表面灰尘；防止气流短路，保证气流通畅 7．清除冷凝器水垢 8．取出多余制冷剂
3．压缩机排气压力过低	1．冷凝器水量过大，水温过低 2．冷凝器风量过大、气温过低 3．吸、排气阀片泄漏 4．汽缸壁与活塞之间的间隙过大，汽缸向曲轴箱串气 5．油分离器的回油阀失灵，高压气体返回曲轴箱 6．汽缸垫击穿，高低压串气 7．系统内制冷剂不足 8．制冷蒸发器结霜过厚，吸入压力过低 9．蒸发器过滤网过脏，吸入压力过低 10．储液器至压缩机之间的区域出现严重堵塞	1．减少水量或采用部分循环水 2．减少风量 3．检查、更换阀片 4．检修、更换汽缸套（体）、活塞或活塞环 5．检修、更换回油阀 6．更换缸垫 7．充注制冷剂 8．融霜 9．清洗过滤网 10．检修相关部件（如电磁阀等）
4．压缩机排气温度过高	1．排气压力过高 2．吸入气体的过热度太大 3．排气阀片泄漏 4．汽缸垫击穿，高、低压腔之间串气 5．冷凝压力过高、蒸发压力过低、回气管路堵塞或过长，使吸气压力降低，压比过大 6．冷却水水量不足，水温过高或水垢太多，冷却效果降低 7．压缩机制冷量小于热负荷致使吸热过热	1．采取有关措施，降低排气压力 2．调节膨胀阀的开启度，减少过热度 3．研磨阀线，更换阀片 4．更换缸垫 5．调整压力，疏通管路，增大管径及尽可能缩短回气管管长 6．调整冷却水水量和水温，清除水垢 7．增开压缩机或减少热负荷
5．压缩机吸入压力过高	1．蒸发器热负荷过大 2．吸气阀片泄漏 3．活塞与汽缸壁之间泄漏严重 4．汽缸垫击穿，高、低压腔之间串气 5．膨胀阀开启度过大 6．膨胀阀感温包松落，隔热层破损 7．卸载一能量调节失灵，正常制冷时有部分汽缸卸载 8．油分离器的自动回油阀失灵，高压气体窜回曲轴箱 9．制冷剂充注过多 10．系统中混入空气等不凝结气体 11．供液阀开启太小，供液不足	1．调整热负荷 2．研磨阀线、更换阀片 3．检修，更换汽缸、活塞和活塞环 4．更换缸垫 5．适当调小膨胀阀的开启度 6．放正感温包，包扎好隔热层 7．调整油压，检查卸载机构 8．检修、更换自动回油阀 9．取出多余制冷剂 10．排出空气 11．调节供液阀

续表

故障现象	故障分析	故障处理
6．压缩机吸入压力过低	1．蒸发器进液量太少 2．制冷剂不足 3．膨胀阀“冰堵”或开启过小 4．膨胀阀感温剂泄漏 5．供液电磁阀未开启，液体管上过滤器或电磁阀脏堵 6．储液器出液阀未开启或未开足 7．吸气截止阀未开启 8．蒸发器积油过多，换热不良 9．蒸发器结霜过厚，换热不良 10．蒸发器污垢太厚 11．蒸发器冷风机未开启或风机反转	1．调大膨胀阀开度 2．补充制冷剂 3．拆下干燥过滤器，更换干燥剂，调节开启度 4．更换膨胀阀 5．检修电磁阀，清洗通道 6．开启、开足储液器出液阀 7．开启吸气截止阀 8．清洗积油 9．融霜 10．清洗污垢 11．启动风机，检查相序
7．油压过高	1．油压调节阀调整不当 2．油泵输出端管路不畅通	1．重新调整（放松调节弹簧） 2．疏通油路
8．油压过低	1．油压调节阀调整不当 2．油压调节阀泄漏，弹簧失灵 3．润滑油太脏，滤网堵塞 4．油泵吸油管泄漏 5．油泵进油管堵塞 6．油泵间隙过大 7．油中含有制冷剂（油呈泡沫状） 8．冷冻机油质量低劣、黏度过大 9．摩擦面的间隙过大，回油太快 10．油量不足 11．油温过低 12．油泵传动件损坏	1．重新调整，压紧调节弹簧 2．更换阀芯或弹簧 3．更换、清洗滤网 4．检修吸油管 5．疏通进油管 6．检修或更换油泵 7．关小膨胀阀，打开油加热器 8．更换清洁的、黏度适当的冷冻油 9．更换连杆瓦或轴套，调整间隙 10．找出原因，补充冷冻油 11．开启油加热器 12．检查、更换油泵传动件
9．曲轴箱油温过高	1．压缩机摩擦部位间隙过小，出现半干摩擦 2．冷冻机油质量低劣，润滑不良 3．压缩机排气温度过高，压缩比过大 4．机房室温太高，散热不良 5．油分离器与曲轴箱串气 6．压缩机吸气过热度太大	1．调整间隙 2．更换冷冻机油 3．调整工况，降低排气温度 4．加强通风，降温 5．检查、修复自动回油阀 6．调整工况，降低吸气过热度
10．压缩机耗油量过大	1．油分离器回油浮球阀未开启 2．油分离器的分油功能降低 3．汽缸壁与活塞之间的间隙过大 4．油环的刮油功能降低 5．因磨损使活塞环的搭口间隙过大 6．三个活塞环的搭口距离太近 7．轴封密封不良，漏油 8．氨制冷系统设计、安装不合理，致使蒸发器回油不利	1．检查回油浮球阀 2．检修，更换油分离器 3．检修，更换活塞、汽缸或活塞环 4．检查刮油环的倒角方向，更换油环 5．检查活塞环搭口间隙，更换活塞环 6．将活塞环搭口错开 7．研磨轴封摩擦环或更换轴封，加大维护力度，注意补充冷冻油 8．清洗系统中积存的冷冻机油

续表

故障现象	故障分析	故障处理
11. 冷冻油呈泡沫状	液体制冷剂混入冷冻机油	调整氨制冷系统的供液量，打开油加热器
12. 卸载—能量调节装置失灵	1. 能量调节阀弹簧调节不当 2. 能量调节阀的油活塞卡死 3. 油活塞或油环漏油严重	1. 重新调整弹簧的预紧力 2. 拆卸检修 3. 拆卸更换
13. 氨制冷系统堵塞（注：其现象是吸气压力变低，高压压力也变低）	1. 传动机构卡死 2. 油管或接头漏油严重 3. 油压过低 4. 卸载油缸不进油 5. 干燥过滤器脏堵 6. 膨胀阀脏堵 7. 膨胀阀冰堵 8. 膨胀阀感温剂泄漏 9. 电磁阀不能开启	1. 拆卸检修 2. 检修 3. 检修润滑系统 4. 检查疏通油管路 5. 拆卸干燥过滤器，清洗过滤网，更换干燥剂 6. 拆卸膨胀阀和干燥过滤器，清洗过滤网，更换干燥剂 7. 拆下干燥过滤器，更换干燥剂（应同时清洗过滤网） 8. 更换膨胀阀 9. 检查电磁阀电源，或检修电磁阀
14. 热力膨胀阀通路不畅	1. 进口过滤网脏堵，或节流孔冰堵 2. 感温剂泄漏	1. 检修膨胀阀和过滤干燥器 2. 更换膨胀阀
15. 热力膨胀阀出现气流声	系统的制冷剂不足	补充制冷剂
16. 热力膨胀阀不稳定，流量忽大忽小	1. 蒸发器的管路过长，阻力损失过大 2. 膨胀阀容量选择过大	1. 合理选配蒸发器 2. 重新选择膨胀阀
17. 压缩机不启动	1. 主电路无电源或缺相 2. 控制回路断开 3. 电动机短路、断路或出现接地故障 4. 温度控制器的感温剂泄漏，处于断开状态 5. 高、低压控制器断开 6. 油压差控制器自动断开 7. 制冷联锁装置动作（如自动转入融霜工况）	1. 检查电源 2. 检查原因，恢复其正常工作状态 3. 检修电动机 4. 更换温度控制器 5. 调整压力控制器的断开调定值 6. 调整油压差控制器的断开调定值 7. 检查电气控制系统
18. 压缩机起动后不久即停车	1. 油压差控制器的调定值过高 2. 油泵不能建立足够的油压 3. 压力控制器的调定值调节不当 4. 压缩机抱合（卡缸或抱轴）	1. 重新调整油压差控制器的调定值 2. 检查油压过低的原因 3. 重新调节调定值 4. 解体、检修压缩机
19. 压缩机运转中突然停机或启停频繁	1. 高压压力超过调定值，压机保护性停机 2. 油压差控制器调节不当，保护停机的压力值（油压差）与自动启动的压力值（油压差）的幅差太小 3. 温度控制器调节不当，控制差额太小 4. 油压过低	1. 检查压力过高的原因，排除故障 2. 重新调节保护停机和自动启动的幅差 3. 重新调节启动温度和停机温度 4. 检修、调整润滑系统 5. 检漏、补漏、补充制冷剂

续表

故障现象	故障分析	故障处理
19. 压缩机运转中突然停机或启停频繁	5. 氨制冷系统出现泄漏故障，运转时低压过低，停车后低压迅速回升 6. 压缩机抱合（卡缸或抱轴） 7. 电动机超负荷或线圈烧损，导致保险丝烧断或过热继电器动作 8. 电路联锁装置故障	6. 解体、检修压缩机 7. 检查超负荷原因，排除故障 8. 检查修复
20. 压缩机停车高低压迅速平衡	1. 油分离器回油阀关闭不严 2. 电磁阀关闭不严 3. 排气阀片关闭不严 4. 汽缸高、低压腔之间的密封垫击穿 5. 汽缸壁与活塞之间漏气严重	1. 检修回油阀 2. 检修或更换电磁阀 3. 研磨阀线，更换阀片 4. 更换缸垫 5. 检修汽缸、活塞，或更换活塞环
21. 压缩机运转不停而制冷量不足（不能达到停机温度）	1. 制冷剂不足 2. 制冷剂过多 3. 保温层变差，导致“漏冷”现象严重 4. 压缩机吸、排气阀片泄漏导致输气量下降 5. 汽缸壁与活塞间漏气导致输气量下降 6. 系统中有空气 7. 蒸发器内油膜过厚，积油过多 8. 冷凝器散热不良	1. 补充制冷剂 2. 取出多余制冷剂 3. 尽量维护保温层的隔热性能 4. 更换阀片，研磨阀线 5. 检修或更换活塞环、活塞或汽缸套 6. 排除系统内空气 7. 清洗积油，提高传热系数 8. 检查维护冷凝器
22. 制冷剂泄漏（接头焊缝阀门和轴封处有油迹）	1. 氨制冷系统管路的喇叭口或焊接点泄漏 2. 压力表和控制器感压管的喇叭口泄漏 3. 氨制冷系统各阀的阀杆密封不严 4. 冷水机组蒸发器铜管泄漏或因蒸发温度过低冻裂 5. 开启式或半封闭式压缩机的机体渗漏 6. 开启式压缩机的轴封泄漏	1. 重新加工连接部位 2. 使用扩胀管器重新加工喇叭口 3. 检修或更换阀门，更换橡胶填料 4. 检修或更换铜管 5. 进行定期修理 6. 检修或更换轴封
23. 压缩机轴封泄漏	1. 摩擦环过度磨损 2. 轴封组装不良，摩擦环偏磨 3. 轴封弹簧过松 4. 橡胶圈过紧，致使曲轴轴向窜动时动、静摩擦环脱离	1. 研磨或更换 2. 重新研磨、调整、组装 3. 更换弹簧 4. 更换橡胶圈
24. 装置运转但不制冷	1. 制冷剂几乎漏尽（机组未设置低压控制器） 2. 过滤干燥器严重脏堵（机组未设置低压控制器） 3. 电磁阀没有开启（机组未设置低压控制器） 4. 膨胀阀严重脏堵或冰堵（机组未设置低压控制器） 5. 膨胀阀感温剂泄漏（机组未设置低压控制器） 6. 压缩机高、低压腔之间的密封垫片被击穿，形成气流短路 7. 吸、排气阀片脱落或严重破裂 8. 蒸发器严重结霜 9. 蒸发器表面积垢太厚 10. 冷风机停转或倒转 11. 卸载机构失灵	1. 检查漏点，充注制冷剂 2. 清洗滤网或更换干燥剂 3. 检修或更换电磁阀 4. 检修膨胀阀和干燥过滤器 5. 更换膨胀阀 6. 检修压缩机，更换垫片 7. 更换阀片，研磨阀线 8. 检修融霜系统或人工除霜 9. 清洗蒸发器 10. 检修风机及其电气控制系统 11. 检查、调整卸载机构

续表

故障现象	故障分析	故障处理
25．中间压力太高	1．从高压级看容积配比小 2．高低压串气或进气管路不畅 3．能量调解机构失灵，使高压级吸气少 4．中冷隔热层有损坏，供液量小，低压级排气不能充分冷却，蛇形管损坏 5．蒸发压力高使中间压力升高 6．冷凝压力高使中间压力升高	1．调整压缩机 2．检修高压机 3．检修能量调整装置 4．修理隔热层，调整供液阀，修理蛇形管 5．减小蒸发压力 6．减小冷凝压力
26．冷间降温困难	1．进货量太多或进货温度过高，冷间门关不严或开门次数过多 2．供液阀或热力膨胀阀调整不当，流量过大或过小，使蒸发温度过高或过低 3．隔热层受潮或损坏使热损失增多 4．电磁阀和过滤器中油污、脏污太多，管路阻塞或不通畅 5．蒸发器面积较小 6．管壁内表面有油污、外表面结霜过多 7．制冷剂充灌过多或过少，使蒸发压力过高或过低 8．热力膨胀阀感温包感温剂泄漏，发生冰堵或脏堵	1．控制进货量和进货温度，关闭门并减少开门次数 2．调整供液阀或热力膨胀阀 3．检修隔热层 4．清洗过滤网和电磁阀，疏通管路 5．增加蒸发器面积 6．排除油污和霜层 7．调整制冷剂的量，检修压缩机 8．检修感温包，更换制冷剂或干燥剂，清洗过滤网
27．冷却排管结霜不均或不结霜	1．供液管路故障，如供液阀开启太小，管道、阀门和过滤网堵塞，管道和阀门设计或安装不合理，电磁阀损坏使供液不均 2．供液管路中有“气囊”使供液量减少 3．蒸发器中积油过多，传热面积小 4．蒸发器压力过高和压缩机效率降低，使制冷量减少 5．膨胀阀感温剂泄漏 6．膨胀阀冰堵、脏堵或油堵	1．调整供液量，疏通管路，改进管道和阀门，修复或更换电磁阀 2．去除“气囊” 3．及时放油 4．降低蒸发压力，检修压缩机提高效率 5．检修感温包 6．清洗滤网，更换干燥过滤器
28．高压储液器液面不稳	冷间热负荷变化大，供液阀开启度不当	适当调整开启度
29．压缩机湿冲程	1．供液阀开启过大，气液分离器或低压循环储液器液面过高，中冷器供液过多或液面过高，出液管堵塞或未打开，空气分离器供液太多 2．蒸发面积过小，蒸发器积油太多或霜层太厚，使传热面积减小 3．冷间热负荷较小或压缩机制冷量较大，使制冷剂不能完全蒸发	1．调整供液阀，检查有关阀门和管道，排除多余液体，放出多余制冷剂 2．增加蒸发面积或减少产冷量 3．冲霜和放油，调配压缩机容量 4．缓慢开启吸气阀，调整油压 5．检查感温包安装情况 6．缓慢开启吸气阀，注意压缩机工作情况

续表

故障现象	故障分析	故障处理
29．压缩机湿冲程	4．吸气阀开启过快或汽缸润滑油太多 5．热力膨胀阀感温包未扎紧，受外界影响误动作 6．系统停机后，电磁阀关不紧，使大量制冷剂进入蒸发器	
30．压缩机吸气压力比蒸发压力低得多	1．吸气管道、过滤网堵塞或阀门未全开，管道太细 2．存在“液囊”，使压力损失过大，吸气压力过低	1．清洗管道、过滤网、调整阀门和管径 2．去除“液囊”段
31．压缩机排气压力比冷凝压力高得多	1．排气管路不畅（阀门未全开、局部堵塞等） 2．管路配置不合理（如管道太细）	1．清洗管道，调整阀门 2．改进管路
32．氨系统油分离器故障	1．回油阀（自动）打不开，长期不热 2．回油阀关闭不严，长期发热或发凉结霜 3．滤网堵塞	1．检修浮球或阀针孔等 2．检修浮球机构、阀针及阀针孔等 3．清洗滤网

3.2.3 氨冷库电控系统的常见故障及排除方法

（1）电源故障及排除方法

电源故障一般是由保险丝烧断、电源插头接触不良或某一连线松断引起的。

1）检查方法

先打开箱门，查看箱内照明灯是否亮。若照明灯不亮，则一般为电源发生了故障。这时可用万用电表的交流电压 250 V 以上挡测量电源插座的电源电压。若测得电压为零，则可能是保险丝烧断或电源插座断线；若测得电压正常，则故障在电源线部分。可用万用电表电阻挡测其插头及有关连接线的通断，找出具体的故障点。

2）排除方法

查出故障点后进行相应修复即可排除。

（2）温控器触点接触不良或感温囊内感温剂泄漏的排除方法

1）检查方法

打开箱门后将温控器旋钮按正反方向来回旋动数次，看能否接通。若不通则可断定触点接触不上，亦可在断电后用万用电表检查其触点是否良好。

若确认触点接触良好，但仍不启动，则可用热棉纱给感温管微微加热，若触点不闭合，则说明感温囊内的感温剂已全部泄漏。

2）排除方法

拆下温控器，修复触点或感温囊后重新使用，或更换温控器。

（3）压缩机运行绕组开路的排除方法

1）检查方法

断电后拆下启动继电器（重力式），然后用万用电表电阻挡（R×1）测量电动机运行绕组 M—C 间的电阻。通常启动绕组的电阻值比运行绕组大。如测得 M—C 间的阻值为∞，则说明压缩机的运行绕组开路。

2）排除方法

修复电动机绕组或更换压缩机。

（4）电动机绕组引出线与机壳接线柱脱落的排除方法

1）检查方法

出现这一故障时，测量出电动机的运行和启动绕组电阻值都为∞。

2）排除方法

切开压缩机上盖后，将绕组引出线与接线柱接牢即可。

（5）过载保护继电器的双金属片触点跳开后不能复位或电阻丝熔断的排除方法

1）检查方法

用万用电表电阻挡测量保护继电器触点是否良好。若接触良好，所测阻值应为零，电阻丝的阻值也应接近于零。若测得电阻值为∞，则可断定其触点接触不良或电阻丝断裂。

2）排除方法

更换保护继电器。

（6）启动继电器电流线圈开路的排除方法

1）检查方法

用万用电表 R×1 挡测定其电流线圈的通断，测得电阻值不到 1 Ω左右为正常。若为∞则可断定电流线圈断路。

2）排除方法

接通电流线圈后继续使用或更换启动继电器。

3.2.4 冷却水系统的常见故障及排除方法

冷却系统经常发生的故障主要有：冷却水温度过低、冷却水温度过高、冷却系统漏水、散热器故障以及冷却水面有较厚润滑油层等。

发动机工作时，正常水温应保持在 80～90℃。冷却水温过高，超过规定值 10℃以上，会使发动机过热，导致发动机功率下降。

1．冷却水温过低

这种情况在冬季寒冷季节经常发生。

（1）故障产生原因

① 无保温装置或者保温装置技术状况不良，发动机即使运行了很长时间，仍处于过冷状态，即冷却水温低于正常水温。

② 节温器失灵。

（2）排除方法

① 加装保温装置，将保温帘升到最高位置或将百叶窗拉上。

② 更换或修理节温器上关闭不严的阀门。

2．冷却水温过高

（1）故障产生原因

1）冷却系统缺水

水温表达到 100℃，水箱盖附近有蒸汽冒出，回水管有水溢出。这时应将发动机熄火或怠速运转，等水温稍降，回水管不再有开水或蒸汽冒出时，再小心取下盖子，慢慢加入冷却水至水箱规定的水位高度。

2）传感器和水温表失灵

所指示的温度远低于实际水温。

水温表的检查方法主要有两种：

① 用水银温度计直接测量水箱中的水温，看其是否与水温表指示值相符。

② 触觉法，即将手掌全部伸入水箱的水中，若停留一会儿不感到很烫手，水温约为 60℃左右；如果手掌感到很烫，需要立即抽出，则水温大约为 70℃左右；要是手掌无法伸入水箱水内，仅能用手指在水面拂过，水温约为 80～90℃。如果水温表指示值与上述情况相差甚远，则说明水温表失效。

此外，还可用手来触摸缸套附近部位的汽缸体，如感到温热，表明冷却系统工作正常；如感到很热，但不会烫伤时，说明发动机所承受的负荷和热状态正常；如果用手指蘸水与汽缸体接触，发出“嗞嗞”声，表明机体温度过高，应适当加强冷却。

（2）排除方法

① 更换新的水温表和传感器。

② 液体式水温表维护：检查膨胀管有无凹瘪情况，指针位置有无变动。如有变动，均应调整正确。膨胀管内膨胀液外逸时，可将装有 3 cm^3 酒精或酒精同乙醚的混合液（其相对密度和需要量根据膨胀管的材料性质和管子长短而定）的注射针插入感温塞的头端，注意使针端橡皮与感温塞头端吻合，以免漏气。反复抽动针管内活塞，将膨胀液注入膨胀管并灌满。抽出针头，用钳子夹紧感温塞头端，再把感温塞和标准水银温度计同时放入盛水容器中加热，在 30℃、60℃、80℃及 100℃时观察，两者的读数应相符。当水温表读数过高时，应放出少许膨胀液；读数过低时，应再注入一些膨胀液。反复检验至两者读数相符，并能稳定 1～2 min。

③ 电热式水温表：将传感器与标准水银温度计靠近，同时放入盛水容器中加热，接通电路，将水加热到 105～111℃，这时切断加热电路，将容器静置冷却，观察两者读数。如果读数不符，检查传感器电阻丝线圈绝缘。如果线圈不好，应重新绕制。此外，还要检查双金属片是否变形，能否复位。如果不能，应予以校正。

工作页内容见表 3-10。

表 3-10 工作页

氨冷库的故障判断与排除					
一、基本信息					
学习小组		学生姓名		学生学号	
学习时间		学习地点		指导教师	
二、工作任务					
1．熟悉氨冷库制冷系统常见的故障现象。 2．熟悉氨冷库电控系统常见的故障现象。 3．能正确分析和排除氨冷库制冷系统常见的故障现象。 4．能正确分析和排除氨冷库电控系统常见的故障现象。					
三、制订工作计划（包括：人员分工、操作步骤、工具选用、完成时间等内容）					

续表

四、安全注意事项（人身安全、设备安全）
五、工作过程记录
六、任务小结

3.2.5 任务评价

表 3-11 是考核评价标准。

表 3-11 考核评价标准

序号	考核内容	配分	要求及评价标准	小组评价	教师评价
1	熟练掌握判断冷库故障的基本方法	10	熟练判断冷库故障的基本方法要求：能熟练掌握一看、二听、三摸、四测、五分析的方法，能正确完成每个方法的操作，并掌握操作的注意事项。 评分标准：正确选择得 10 分，每错一项扣 3 分		
2	熟练掌握氨冷库制冷系统的常见故障及排除方法	10	排除氨冷库制冷系统的常见故障要求：能熟练掌握氨冷库制冷系统的常见故障现象的分析、方法和操作。 评分标准：正确选择得 10 分，每错一项扣 3 分		
3	熟练掌握氨冷库电控系统的常见故障及排除方法	20	排除氨冷库电控系统的常见故障要求：能熟练完成常见电源故障现象分析，排除操作、温控器触点接触不良或感温囊内感温剂泄漏等故障，排障压缩机运行绕组开路故障并掌握操作的注意事项。 评分标准：选择正确得 20 分，选择一般得 10 分，选择错误不得分		
4	熟练掌握冷却水系统的常见故障及排除方法	20	排除冷却水系统常见故障要求：能熟练完成冷却水温过低、过高故障的分析与排除操作，掌握水温表的故障检查方法，并掌握操作的注意事项。 评分标准：选择正确得 20 分，选择一般得 10 分，选择错误不得分		

续表

序号	考核内容	配分	要求及评价标准	小组评价	教师评价
5	工作态度及组员间的合作情况	20	1．工作态度积极、认真，工作热情高涨，不一味等待老师安排指派任务。 2．积极思考以求更好地完成任务。 3．好强上进而不失团队精神，能准确定位自己在团队中的位置，团结学员，协调共进。 4．在工作中团结好学，时时注意自己的不足之处，善于取人之长补己之短。 评分标准：四点都做到得 20 分，一般得 10 分		
6	安全文明生产	20	1．遵守安全操作规程。 2．正确使用工具。 3．操作现场整洁。 4．安全用电、防火、无人身、设备事故。 评价标准：每项扣 5 分，扣完为止，因违纪操作发生人身和设备事故，此项按 0 分计		

3.2.6　知识链接

1．氨冷库与氟冷库制冷剂的比较

氨和氟（针对 R22）都是中温制冷剂，在常温下的冷凝压力和单位容积制冷量相差不大，但为提高制冷量，制冷剂在节流以前一般均需要过冷。实验表明，当冷凝温度 t_k=30℃、蒸发温度 t_0=−15℃时，每过冷 1℃制冷系数 R22 增加 0.85%，而 R717 为 0.46%。

氨对人体有毒，氨蒸气无色，具有强烈的刺激性臭味。氨一旦泄漏将污染空气、食品，并刺激人的眼睛、呼吸器官。氨液接触皮肤会引起“冻伤”。空气中氨的容积浓度达到 0.5～0.6%时，人在其中停留半个小时即可中毒；浓度达到 11～14%时即可点燃；当浓度达到 16～25%时会引起爆炸（系统中氨所分离的游离氢积累到一定的程度后，遇空气将引起强烈爆炸）。江浙和福建等地曾多次发生氨压缩机或制冷系统爆炸事故，造成设备毁坏和人员伤亡的惨重损失。我国已明确规定，在人口稠密的场合不能使用易燃、易爆的有毒制冷剂。

氨在润滑油中的溶解度很小，因此氨制冷剂管道及换热器的表面会积有油膜，影响传热效果。氨液的比重比润滑油小，在储液器和蒸发器中，油会沉积在下部，需要定期放出。

为避免制冷系统在负压下工作，目前氨主要用于蒸发温度在−34.4℃以上的大型或中型制冷系统中。

因此，从安全、方便、卫生等方面考虑，空调、储藏、−34℃以下制冷系统中氨机的效果不理想。

氟利昂是一种常用的高、中、低温制冷剂。它无色，无味，不燃烧，不爆炸，化学性能稳定，基本无毒（我国国家标准 GB7778-87 综合考虑制冷剂的燃烧性、爆炸性、对人体的直接侵害三个方面的因素，对制冷剂进行安全分类，R22 被列为第一安全类，而 R717 被列为第二安全类），又可适用于高温、中温、和低温制冷机，以适应不同制冷温度的要求，能制取的最低蒸发温度为-120℃。

氟利昂能不同程度地溶解润滑油，不易在系统中形成油膜，对传热影响很小。同时，氟利昂制冷机组在设计时还考虑到了工质的替代问题，即在使用新工质时，无须对系统进行改动。

2．氨冷库与氟冷库制冷系统的比较

氨制冷压缩机在蒸发温度低于-28℃时要采用双级压缩，且氨机需提供泵供液系统及复杂的回油机构，致使系统庞大、辅机多、管路复杂，阀门多，施工安装程序复杂，施工周期长，同时会造成故障隐患的增加（在江浙和两广等地，氨系统曾发生多起由蒸发管道和加氨管道阀门破裂、脱开等引起的跑氨事故，氨阀阀芯脱落、陷入阀体内卡死的事故更是频繁发生）。由于氨具有较大的毒性，机房向外开启的门不允许通向生产性厂房，氨制冷系统的设备间不宜布置在其他厂房的共同建筑之内。而且氨机运行时噪声大，振动大，产生的动载荷大，对库体的影响不可忽略。因此，必须单独设置机房，且氨系统中阀门均为开启式阀门，制冷剂的微量泄漏无法避免。

氟利昂的特性决定了氟系统管路较氨系统简单得多。氟利昂机组的配置已经非常完备，只需简单的接管即能投入运行。且氟机组体积小，占地少，不需单独设机房，大大节省了空间；机组噪声低，所有阀件为全封闭阀件，无工质泄漏等问题。

3．氨冷库与氟冷库控制系统的比较

氨系统无法完全实现自动控制。其开、停机及供液调节等工作必须由人工操作完成，需设专业人员对氨机进行 24 h 管理，且保护装置不完备。

氟系统可实现完全自动控制，无须专人看管。保护装置完备，机组配有电压保护、温度保护、电流保护、压力保护等完备的保护措施，并可实现计算机控制，能量调节范围广。

4．氨冷库与氟冷库经济性的比较

（1）设备投资比较

对于相同的制冷量与温度范围，不同的制冷机其初期投资是不同的。在大型工程中，从设备投资角度来看，氨制冷系统的整体设备投资比氟利昂低。

氨系统包括的设备较多，主要有压缩机、冷风机、冷凝器、油分离器、高低压储液桶、中间冷却器、再冷却器、氨液分离器、低压循环桶、紧急泄氨器、放空气器、集油器、氨泵及相应的阀件和旁通阀等。氨对钢铁无腐蚀作用，但当含有水分时，腐蚀锌、铜、青铜及其铜合金，只有磷青铜不被腐蚀。一般氨系统管路不用铜和铜合金材料而采用无缝钢管，只有连杆衬套、密封环等零件才允许使用高锡磷青铜。无缝钢管比铜管造价要低，但其传热性能要比铜管差。

氟系统包括的主要设备有压缩机、冷风机、冷凝器、油分离器、气液分离器、集油器、储液器及相应的阀件等。一般氟系统采用铜管，而且氟系统旁通管少，管路用量要比氨系统的少。总之，从大型项目的设备投资来看，氨系统要比氟系统低。

（2）安装施工投资比较

由于氨系统结构复杂，安装施工工程量比较大，因而工程的安装施工投资也是不可忽略的。显然，氨系统的安装施工投资要比氟系统大。

此外，氨系统设备较多，管路及旁通阀连接较复杂，因此，安装施工必须有专业人员现场指导，所需人力物力较多，相应的安装施工费用也多。

氟设备比较简单，系统管路、旁通阀件及辅助制冷设备较少，因此安装施工方便。

（3）安装调试比较

氨系统阀件较多，安装调试较困难，安装调试人员必须对氨系统相当熟悉，调试中认真调节各阀件，直到系统运行稳定为止。

氟系统的安装调试比起氨系统要简单得多，只要对于氟系统比较了解，有一定现场经验的施工人员即可进行系统的调试。

（4）运行费用比较

对于制冷量大、全年运行时间长的制冷装置，运行管理费的高低极其重要，甚至比初期投资更加重要。因而，我们应该针对实际工程做出比较全面的考虑，从而选择合适的制冷机。

氨系统由于很难实现自动控制，不能达到最佳运行工况调节，导致制冷效率低，能量损失较多。

氟系统可以完全实现自动控制，包括最佳运行工况的调节、蒸发器供液量调节、冷间温度及蒸发温度的调节、自动融霜、冷凝压力自动调节、制冷机自动启停及能量调节、制冷辅助设备的自动控制等，这就使得氟机可以根据实际情况进行能量的调节和机组启停的自动化控制管理，这大大提高了制冷效率，同时也降低运行费用。

小的温差对降低库房储藏食品的干耗也是极为有利的。小的温差能使库房获得较大的相对湿度，能减缓库房内空气中热质交换程度，从而达到减少储藏食品干耗的效果。氨制冷系统由于难于实现自动控，库房温度波动幅度较大，容易引起食品干耗；而氟制冷系统可以自动调节制冷工况，稳定库房温度，从而减少或避免温差所带来的干耗现象。

当制冷系统负荷不稳定时，因氟系统制冷机组由多机头构成，机组会根据系统负荷自动开停部分压缩机、冷却水泵及冷凝风扇。因此当制冷系统负荷不稳定时，氟系统比氨系统节省电力。在设备运行过程中，随着外界负荷大幅度变化，虽然螺杆式压缩机可以采用滑阀来调节其输气量，调节中气体的压缩功随着输气量的减少而成正比地减少，但作为整台压缩机来说，运转中的机械损耗几乎仍然不变。因此在同一系统中采用多台螺杆式压缩机并联来代替单台机运行，在调节工况时可以节省功率，特别是在输气量较大的系统中尤为有利，比如在四台主机的并联机组中，当制冷量调节至 75%时，主机可以停开一台，这时四台主机组成的并联机组比单台机组节能 42%。

多台主机并联运行机组不但对工况调节有好处，同时也带来其他一系列的优点：可以用较少的机型来满足不同输气量的需要，便于制造厂生产，降低成本；使用时可以逐台启动主机，对电网冲击小；可以提高运转效率，当其中某一台主机出现故障时，可以单独维修而系统仍可以维持运转，不影响生产。

（5）系统无效制冷消耗比较

氨系统设置在常温环境的低温设备较多，主要有中间冷却器、再冷却器、氨液分离器、低压循环桶、集油器、氨泵、相应的阀件和旁通阀、供液、回汽管路；氟系统设置在常温环境的只有回汽管路、分液器。且氟系统为完全蒸发，氨系统为不完全蒸发，同样大小的系统，氨系统管路比氟系统管路通径大 4～5 倍，分液器容积氨系统比氟系统大 50 倍以上。

同时，由于氨的毒性特性，一旦泄漏会危及人身安全或使食品受到污染，所以氨制冷系统不能采用直接冷却方式，只能采用间接冷却方式，间接冷却方式指冷间的空气不直接与制冷剂进行热交换，而是与冷却设备中的载冷剂进行热交换，再由带有一定热量的载冷剂与制冷剂进行热交换。间接冷却系统常用的冷媒是盐水、水。间接冷却方式的装置较多，费用高，且盐水对金属有腐蚀作用。由于存在二次传热温差，即制冷剂冷却载冷剂，载冷剂再冷却库房内的空气或货物，热交换效率较低，能量损失大，使经济性下降。因此，只有在特定情况下，如在不宜直接使用制冷剂的地方（如盐水制冰、空调系统中）使用。

直接冷却方式是指在库房内，制冷剂在冷却设备中直接吸收库内热量而蒸发，从而使库温下降。直接冷却方式的特点是：制冷剂在蒸发器内直接蒸发吸热，发生相态变化，传热温差只有一次，能量损耗小。与间接冷却方式相比，其系统简单，操作管理方便，投资及运行费用都较低。

（6）系统操作维护管理费用比较

不同的制冷机，其操作调节和日常维护的方便性也各不相同。显然，应该尽可能选择操作维护方便的制冷装置，以减少操作维护管理的人员和工作量。

氨系统的很多操作管理都必须靠人工实现，因此，现场必须有专业操作人员 24 h 值班。随着现场的操作维护管理人员和工作量的增加，相应的操作维护管理费用也增加。

氟机可以完全实现自动化控制，使得现场的操作维护管理人员和工作量减少，24 h 无须专人监控，而机组能够安全可靠的运行。同时，随着自动控制程度的提高，控制精度提高，制冷的产品质量提高，产品成本将得到控制并进一步降低。

在制冷装置的设计中，控制方式的选择是一个重要课题。从节能的角度，自动控制的水平越高，制冷装置节能降耗的水平越高。在《冷库冷藏冷冻新技术新工艺实用手册》一书中，国内有关专家经过实际测试得出结论，与手工操作相比，自动控制的最大节电效果达 44%。同时，随着自动控制程度、控制精度与制冷的产品质量的提高，产品成本降低。另一方面，自动控制可以有效防止事故发生，保障操作人员人身安全。自动控制大大降低了操作调节的劳动强度和工作量，可以减少操作人员数量，因此有条件时可以选用较高程度的自动控制方式。

（7）维修费用比较

对于大型工程，设备的维修费用也是不可忽略的一部分。

氨系统阀件及辅助设备较多，易漏点也就增多，这就无疑增加了系统的维修管理费用。氨系统设备的检修周期为一年（更换易损零部件），大修周期一般为三年（对整个设备进行维修）。设备检修和维修的工作量较大，时间较长。这样长的维修期，一方面会增加支出，另一方面也可能影响正常的生产。

氟系统压缩机的使用寿命一般为 10～15 年，无易损件，在使用期间，除日常的维护保养，不需要进行大的维修，这样就节省了大量的维修费和管理费。

（8）运行的可靠性比较

不同的制冷对象对制冷过程的可靠性要求也不同。对于制冷降温过程不允许中断的重要场合，显然应选择可靠性高的制冷机，防止由于维修等原因造成重大经济损失。

氨系统辅助设备较多，管路比较复杂，因而易损件也多。一旦某个部件出现故障，将会影响整个氨系统的制冷效果，严重时甚至会导致整个制冷系统瘫痪。

氟系统比起氨系统要简单得多，易损件也少，因此氟机并联机组运行可靠，即使某个部件或一台压缩机出现故障，也不会影响到整个制冷系统，其维修期较短。

（9）配属项目投资比较

配电要求：氨压缩机单机装机功率大，启动电流大，配电要求高；氟压缩机单机装机功率小，启动电流小，配电要求低。

制冷机房配置：因氨为剧毒、易燃、易爆工质，氨机房防震等级为 10 级；氟机房标准无要求，室内室外均可。因氨系统附属设备大且多，设备占地面积比氟机大 5～10 倍。

从实际工程角度出发，从大型工程的设备投资来看，氨制冷系统的整体设备投资比氟利昂略低。但从附属设施投资、长期使用及维修、管理费用来看，氨制冷系统的投资并不低于氟利昂制冷系统的投资。而中小型工程中氨系统的投资则明显高于氟利昂系统。

塞式是一种传统的气体压缩方式。利用曲轴连杆机构，把原动机轴的旋转运动转化为活塞在汽缸中的往复运动来提高冷媒压力。螺杆式压缩机是一种回转式的容积气体压缩机，利用螺杆回转压缩提高冷媒压力。

活塞式压缩机使用范围较小，一般适用于中小规模的建筑，而且往复式的气体压缩只能通过调整汽缸的工作个数进行上、卸载控制，使得容量控制方面只能做到级别调节（如 100%-76%-33%-0%的三级调节）。而且活塞式压缩机容易发生液击而损坏。螺杆式压缩机通常适用于中大规模的建筑，而且通过滑阀调节能进行无级能量控制。大金的单螺杆压缩机可以在 12%～100%的宽泛的范围内进行无级容量调节。

活塞往复式的运动有吸气、压缩、排气等不同过程，故运动中有相当大的噪音和振动。而单螺杆压缩机内螺杆和门转子处于匀速旋转状态，圆周运动平稳圆滑，几乎没有摩擦，故噪音很低。而在低负荷的情况下机组运行平稳，振动小。

活塞式压缩机中，金属与金属间的往复运动需要大量油进行润滑和冷却，油泵、油箱和油冷却器等部件使得整个系统变得复杂。而单螺杆压缩机使用了大金独立研制的高性能工程塑料门转子，其气密性和自身润滑性良好，无须油冷却器和油泵，少量的喷油就能使机器长期稳定地运行，降低了因辅件损坏而造成机组故障的可能性。

活塞式压缩机由于结构复杂、运动件多，因此维修复杂，频繁，维护周期短、费用高。大金的单螺杆压缩机运动件少，构造简单，磨损少，使得保养维护周期变长，维护费用低，大大提高了用户使用的便利性。

3.2.7　思考与练习

一、单选题

习题

1．制冷压缩机吸气温度低于应有的温度的原因是（　　）。

A．热力膨胀阀开启度过小　　B．冷库热负荷减少

C．蒸发器表面结霜过少　　D．制冷剂管道堵塞

2．氨双级制冷系统中的中间冷却器液面常采用（　　）控制。

A．闸阀　　B．浮球阀　　C．浮球液位计　　D．节流阀

3．压缩机油压差控制器接受两个压力讯号，一个是曲轴箱压力，另一个是（　　）。

A．压缩机排气压力　　B．油压压力

C．油泵排出压力　　D．吸气压力

4．压缩机运行时发出异常声音，说明压缩机内部运动部件（　　）。

A．有松动　　B．缺油　　C．打滑　　D．断裂

二、多选题

5．拆卸氨阀前，应把与该阀连接的氨管道与系统断开，即（　　）。

A．关闭有关阀门　　B．关闭压缩机　　C．开启压缩机

D．抽净管道内的制冷剂　　E．关闭冷却水泵　　F．启动氨泵

6. 蒸发器发生针孔漏氨事故时，应立即关闭（　　）。
A. 未发生漏氨的那组蒸发器供液阀
B. 已发生漏氨的那组蒸发器供液阀
C. 与漏氨同一调节站上已发生泄漏的几组蒸发器供液阀
D. 与漏氨同一调节站上未发生泄露的几组蒸发器的供液阀、回气阀
E. 氨泵供液
F. 压缩机
7. 蒸发器氨泄漏补焊完成后，蒸发器应单独进行（　　）试验。
A. 压力　　B. 温度　　C. 抽真空　　D. 充氨
E. 冷风机　　F. 溶霜
三、判断题
8. 制冷系统正常运行，定期除霜可提高蒸发器热交换效率。（　　）

任务三　氟利昂冷库的故障判断与排除

1. 任务描述

氟利昂冷库投入运行后，由于安装操作或使用不当，容易出现一些故障，本任务主要掌握氟利昂冷库常见故障现象的分析和排除方法。

2. 任务目标

知识目标

① 熟悉氟利昂冷库制冷系统常见的故障排除方法。
② 熟悉氟利昂冷库电控系统常见的故障排除方法。

能力目标

① 能正确分析和排除氟利昂冷库制冷系统常见的故障现象。
② 能正确分析和排除氟利昂冷库电控系统常见的故障现象。

下面具体介绍任务实施。

3.3.1　制冷系统常见故障分析及排除方法

1. 故障现象：冷间降温不正常

（1）原因分析
① 热力膨胀阀流量太小（大），蒸发压力过低（高）。
② 电磁阀和过滤器中油、脏污太多，影响流量。
③ 蒸发器中积油太多，使传热面积受到影响。
④ 热力膨胀阀感温包的感温剂泄漏。
⑤ 热力膨胀阀冰堵。
⑥ 热力膨胀阀脏堵。
⑦ 蒸发排管结霜太厚。
⑧ 压缩机的效率低。
⑨ 制冷系统中氟利昂不足。
⑩ 冷库门关闭不严，跑冷多。

（2）排除方法

针对上述的各种故障，相应的排除办法如下：

① 调整热力膨胀阀。

② 清洗过滤网和电磁阀。

③ 放油并查明原因。

④ 检修感温包，灌注制冷剂。

⑤ 更换干燥剂和制冷剂。

⑥ 清洗热力膨胀阀中过滤网。

⑦ 融霜。

⑧ 检修压缩机。

⑨ 补充灌注氟利昂。

⑩ 检修冷库门。

2．故障现象：压缩机吸入压力偏低

（1）原因分析

① 热力膨胀阀开启太小。

② 液体管上过滤器和电磁阀脏堵。

③ 过多的润滑油和制冷剂混合在一起。

④ 膨胀阀局部脏堵或冰堵。

⑤ 制冷系统中氟利昂不足。

（2）排除方法

针对上述的各种故障，相应的排除办法如下：

① 调整热力膨胀阀。

② 清洗通道。

③ 检查油面计、油分离器回油装置是否正常，及时放油。

④ 更换干燥过滤器。

⑤ 补充氟利昂。

3．故障现象：压缩机吸入压力偏高

压缩机吸入压力偏高原因及排除方法

（1）原因分析

① 热力膨胀阀开启太大，或感温包未扎紧。

② 分离器回油阀常开，高压气体窜入曲轴箱。

③ 压缩机的吸气阀片漏气。

（2）排除方法

针对上述的各种故障，相应的排除办法如下：

① 关小阀门或正确捆扎感温包。

② 检修回油阀。

③ 检修研磨阀片或更换阀片。

4．故障现象：高压侧压力偏高

（1）原因分析

风（水）冷式冷凝器风（水）量不足或污物堵塞。

（2）排除方法

加大风（水）量，清扫通道。

5．故障现象：制冷剂不足，接头和轴封处有油迹

（1）原因分析

制冷剂泄漏。

（2）排除方法

① 检漏并检修漏点。

② 补充制冷剂。

6．故障现象：热力膨胀阀故障

（1）原因分析

① 感温包泄漏、传动管过短或弯曲，使膨胀阀打不开。

② 传动管太长，或调节弹簧的预紧力不足，或感温包远离蒸发器出口，未与吸气管道一起绝热，受外界高温干扰大，从而使膨胀阀关不紧。

③ 冰堵、油堵或脏堵。

④ 开度过大或过小。

⑤ 所选膨胀阀过大，进液不稳定。

（2）排除方法

针对上述的各种故障，相应的排除办法如下：

① 更换或检修有关部件。

② 调节或更换有关部件。

③ 换干燥过滤器，疏通过滤网。

④ 正确设置、调整开度。

⑤ 选取型号合适的膨胀阀。

7．故障现象：氟利昂冷库不制冷

（1）原因分析

整体直观印象不制冷，检查通风系统和电控系统未发现异常，通过对整个制冷系统的检查，发现过滤器表面的温差变化，吸气压力下降，严重时呈负压，干燥过滤器发生结霜结露现象则可以判定是脏堵；若在毛细管处有结霜现象，加热后现象消失则可以判定为冰堵；若在过滤器和毛细管处出现不定期的温差变化可以判定为油堵。小型冷库发生冰堵后，初始阶段制冷效果差，但停机一段时间后可恢复制冷，运转一段时间后又变坏。系统进水量增大后，同样会发生周期性制冷。

再对蒸发器吹出的风进行直观检查，压缩机的运转声音过于沉闷。经温度计、钳型电流表、三通修理表阀实质性检查，进出风温差小于8℃，工作电流有些偏高，低压压力明显偏低，高压开始变高，随后变化不大，停机后平衡压力正常。这些现象皆为制冷系统脏堵、油堵和冰堵所致。

（2）排除方法

1）排除脏堵故障的方法

● 脏堵故障的判断

制冷系统发生脏堵的主要部位在毛细管进口处或干燥过滤器处，它会直接影响制冷剂的循环。微脏堵时，冷凝器下部会集聚大部分液态制冷剂，流入蒸发器内的制冷剂明显减少，只能听到一些过气声，蒸发器结露时好时坏，吹出的风不凉。全脏堵时，蒸发器内听不到制

冷剂的流动声，蒸发器不结露，吹出的风不凉。经进一步检查，在堵的部位可发现有凝露或结霜，或在其两端有明显的温差。

● 脏堵故障的排除

① 排除毛细管内脏物，先将系统内制冷剂回收或放掉，断开毛细管和干燥过滤器，从低压三通阀旁通孔充入 1.6～1.8 MPa 高压氮气，同时用温火从毛细管的断口处开始依次烘烤毛细管，以冲出毛细管中的脏物油污被高压氮气。

② 更换干燥过滤器。

③ 检查冷冻机油，拆下压缩机，从高压管将冷冻机油倒出。若含杂质或颜色变深、黏度变稠，应更换新油，并将压缩机重新装好。

④ 焊接，先将干燥过滤器接冷凝器，然后将毛细管插入干燥过滤器 1.5～2 cm 后焊好。

⑤ 检漏、抽真空、充注制冷剂。管路接好后从三通阀旁通孔充入 1.6～1.8 MPa 高压氮气，然后用肥皂水检查各接口是否泄漏，同时观察压力表上读数是否下降。如泄漏，则需重新补焊，最后抽真空。充注制冷剂，试车。

2）排除油堵故障的方法

● 油堵故障的判断

如果冷库的制冷能力下降，检查故障原因时又发现压缩机运转时间增长，并且能听到蒸发器内“咕咕”的吹油泡声，则为油堵。

● 油堵故障的排除

① 油堵主要是压缩机从排气管排油过多造成，需更换新的压缩机。

② 制冷系统管路，特别是在干燥过滤器中也一定积存了很多油污，因此必须清洗制冷系统管路并更换干燥过滤器。

③ 除了大修后和换油后彻底驱气，平时尤其是新加冷剂时应充分利用干燥剂，保持轴封功能，合理设定和保持系统运行各参数。换油最好采用吸入法，方法是：

a．关闭压缩机进口阀。

b．将排油管放入接油桶（排油口没有阀门和排油管的要加装），手动转几转压缩机，打开放油阀将脏油放出后关闭放油阀。

c．排油管用新油清洗后，插到新油中，稍开一下放油阀驱气。

d．手动启动压缩机，使进口压力降到-0.05 MPa 左右。

e．停止压缩机，打开放油阀，油就被吸入曲拐箱。注意排油管不能吸入空气。

f．从液位镜上观察油位，到位后关放油阀。

g．恢复压缩机正常。

3）排除冰堵故障的方法

● 冰堵故障的判断

冰堵的主要原因是制冷系统含水过多。当干燥过滤器吸水量饱和时，多余水分进入毛细管，在出口处由于温度较低而使水结冰，堵塞毛细管道。毛细管冰堵时，可使制冷系统出现周期性的制热。机房开始通电时，冷凝器热交换器结露正常，过几小时后，随着系统内水分在毛细管出口处冻结，蒸发器内制冷剂流动声逐渐减弱，乃至消失，冷凝器热交换器的霜溶化掉，待霜化尽，会呈现周期性制热现象。进一步检查，可在冷凝器热交换器中的气流声消失时，用热棉纱加热冷凝器热交换器进口处的毛细管，若很快便听到冷凝器热交换器中重新有气流声，蒸发器热交换器温度升高，则可判断为冰堵故障。

● 冰堵故障的排除

若故障判定为冰堵，传统的处理方法是更换干燥剂。将制冷系统各部件拆下，在 100～105℃温度下加热干燥 24 h，以驱除部件中过量的水分。若在加热的同时，对部件抽真空，则可以加速水分的排除。制冷系统各部件干燥处理后即可进行组装焊接。

若没有另外的抽空设备，用传统的方法消除冰堵往往要花很长的时间，效果也不好。水在气态下的流动性最好，若能将系统中的水加热成水蒸气，就很容易将其清除出系统。

将压缩机出口的高压热冷剂气体引回系统，能彻底解决以上问题。具体方法如下：

① 换新干燥剂，并投入使用。

② 用铜管将压缩机排出的热气接到干燥剂前补充冷剂的接头上（缸头可接在高压表接头上，或在该处加一个三通接头）。

③ 关闭冷却器的冷剂出口阀，开大膨胀阀，其他各阀正常不变。

④ 启动压缩机，热气就会打入系统，手触摸回气管感到变热时，系统中的水就已经被汽化并赶出了系统。

⑤ 再换一次干燥剂，并将系统恢复正常。

8．故障现象：制冷效果差

（1）原因分析

整体直观印象为制冷效果不好，检查通风系统和电控系统未发现异常。通过对整个制冷系统的检查发现开始运转时制冷效果一般，冷风机进出风温度较正常，但随着运转时间加长，蒸发器热交换器表面温度处于不稳定状态，热交换器表面温度过高，吸气管道表面温度也高。借助于温度计、钳型电流表、三通修理表阀进一步检查，发现蒸发器热交换器表面温度不稳定，冷凝器热交换器处风的温度过高，温度值也不稳定，工作电流明显过高，低压与高压的压力均过高及表针不稳定，停机后平衡压力过高。这些现象皆为系统中混有不凝气体所致。

（2）排除方法

氟利昂制冷系统中的空气可在停机后，直接从制冷压缩机排气阀的旁通孔或从冷凝器顶部的放空气阀放出。其手动放空气操作的步骤及方法如下：

① 开启冷凝器冷却水系统或冷凝风机。

② 关闭冷凝器出液阀。若有高压储液器，则只需关闭高压储液器出液阀。

③ 启动制冷压缩机，将低压系统内的制冷剂气体排入高压系统，其在冷凝器中被冷却成液体。

④ 待低压系统压力降至稳定的真空状态时，停止压缩机的运行，并关闭压缩机吸气阀，但不关闭排气阀。保持较大的冷却水量或冷凝风量，使高压气态制冷剂能最大限度地液化。

⑤ 静置 30 min 后，将排气阀关闭半圈，拧松压缩机排气阀的旁通孔螺塞，使高压气体从旁通孔逸出，或打开冷凝器顶部的放空气阀放出空气。用手感觉有凉气时说明空气已排完，拧紧螺塞，或关闭好冷凝器上的放空气阀。

⑥ 关闭冷凝器冷却水系统或冷凝风机，将排气阀全开，恢复制冷压缩机的工作状态，放空气操作结束。

在生产实践中，若实测到冷凝器内压力仍明显高于该冷凝温度所对应的饱和压力，说明其中还有空气，应待混合气体充分冷却后，再实施放空气操作。以上操作可间歇进行 2～3 次，每次放气时间不宜过长，以免浪费制冷剂。

9．故障现象：电源电压超出正常范围

（1）原因分析

电源电压过高或过低都会造成制冷压缩机运转电流过大，而对电动机绕组造成损害，甚至烧毁绕组。所以冷风机都设有过电压、欠电压保护环节。发现压缩机频繁启停，首先要检查供电电压是否超出额定电压±10%的允许范围。电流检测电路如图 3-28 所示。

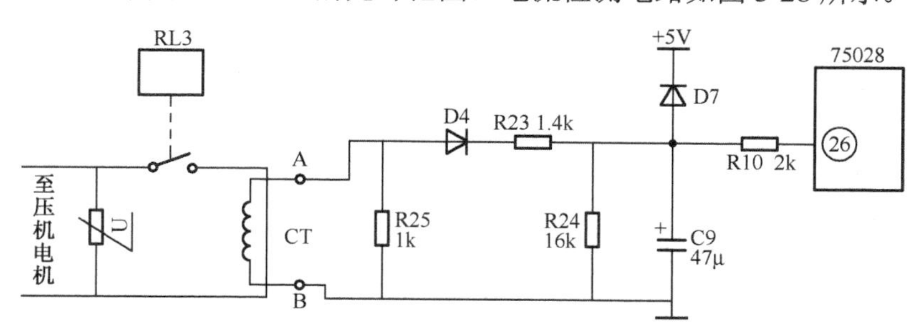

图 3-28　电流检测电路

（2）排除方法

将供电电压调整到正常值。

10．故障现象：制冷系统压力不正常

（1）原因分析

图 3-29 为制冷系统高压压力保护电路原理图。高压压力开关 P 安装于冷凝器的高压排气管处。当高压压力超过压力开关的设定值时，其常闭触点断开，CPU 相应管脚输入信号由低电平转为高电平，微电脑芯片发出保护信号，制冷系统所有负载停止运转。此时用万用表交流电压挡测量冷风机相应接线端 A、B 时，无 220 V 电压存在。有些控制电路采用的是高压开关的常开触点，测量 A、B 端时，则有 220 V 电压存在。高压压力开关动作后，制冷系统不能自动恢复运行。但对于未设有高压压力开关的制冷系统，高压压力过高将使过流过热保护器动作，切断压缩机主回路。间隔一段时间后，保护器触点将自动恢复，压缩机重新启动运行。这种情况将造成压缩机频繁启、停。高压压力过高，压缩机负荷增大，电动机工作电流增大，流过保护器内电热丝的电流随之增大。其发热量达到一定程度后，蝶形双金属片变形翻转，断开触点，使压缩机停机，断电后。双金属片逐渐冷却复位，电路再次接通。

冷凝器翅片积尘堵塞、室外风机气流短路、环境温度过高、制冷剂充灌过多或制冷系统内进入空气，都会导致系统高压侧压力过高。

（2）排除方法

清扫冷凝器翅片积尘，调整室外风机气流组织合理分布，降低环境温度达到标准要求，放出多余制冷剂并排除制冷系统内的空气，使制冷系统压力恢复到正常值。

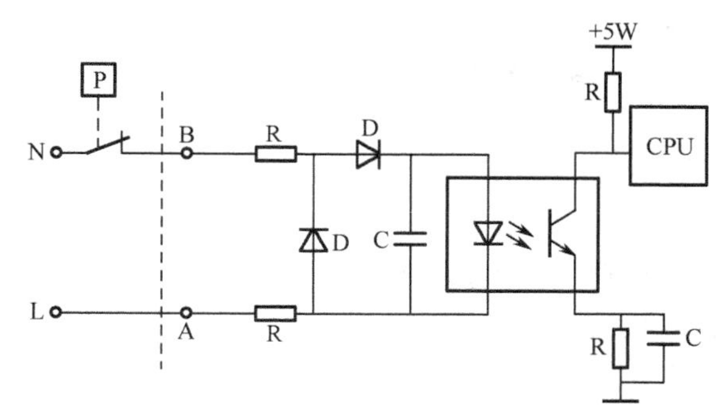

图 3-29　高压压力保护电路

11．故障现象：压缩机过热造成热保护器动作

（1）原因分析

安装过流过热保护器时，应使其紧贴在压缩机外壳上，当压缩机过热时，蝶形双金属片也会变形，断开触点，使压缩机停机。

造成压缩机过热的原因大致有如下几条：

① 制冷剂充灌量不足或由于泄漏造成系统亏氟，使吸气过热度过大。

② 冷凝器与蒸发器连接管过长或保温不好，使吸气过热度过大。

③ 压缩机润滑不好，运转摩擦阻力增大。

④ 压缩机输气效率下降，内部泄漏严重。

⑤ 热负荷过大或温度设定不合适，造成压缩机连续运转不停车。

⑥ 压缩机通风冷却不好。

（2）排除方法

① 检漏—补漏—试漏—抽真空—补充制冷剂—调试。

② 修复冷凝器与蒸发器连接管道。

③ 清洗制冷压缩机—更换制冷压缩机润滑油—干燥制冷压缩机—修复制冷压缩机。

④ 更换新的制冷压缩机。

⑤ 调整热负荷和运行参数，使压缩机进入合理的工作周期。

⑥ 改善制冷压缩机通风冷却不好的情况。

⑦ 排除毛细管或过滤器堵塞故障。

3.3.2 控制部分的常见故障及排除方法

1．压力控制器故障

（1）调定压力变动

原因主要有弹簧变形、波纹管漏气或连接小管破裂及微动开关异位等，可采用调整或更换弹簧、检漏修理以及调整开关位置等方法来排除。

（2）动作失灵或压力调不准

主要原因是触头被污物隔绝或烧毁，内部零件受潮或被腐蚀，杠杆系统发生故障，电路导线被弄断，波纹管气箱损坏，导压管阻塞等。可通过检修、更换零件及疏通管路来排除。

2．油压差控制器故障

主要原因是调节弹簧失灵，电气断路不通，压差刻度不准和延时机构失灵等。处理方法是调整或更换零件。

3．电磁阀故障

（1）接通电源后阀门打不开

产生原因可能是电压太低，线圈接触不良或短路，电磁阀安装位置不当或铁芯有污物、引起铁芯卡住，进出口压力差超过开阀能力、使铁芯吸不上等。处理方法是调整电压，检修线圈等。

（2）关闭不及时

由阀塞侧面小孔堵塞和弹簧强度减弱导致。处理方法是清洗小孔，更换弹簧。

（3）密封不严有泄漏

原因有污物杂质卡住，密封环磨损，电磁阀反向安装，阀前后压差低于公称压力。处理方法是清洗、更换密封环，正确调整。电磁导阀和主阀的维修与电磁阀类似。

4. 安全阀和止回阀故障

（1）安全阀故障

调节杆松动和弹簧变形会使安全阀调定压力移位，而关闭不严则因阀芯被杂物卡住或损坏所致。处理方法是检修、更换部件并清洗通道。安全阀应按《压力容器安全技术生产规程》的规定由有资格的单位进行报修。

（2）止回阀故障

仅因阀芯杂物卡住和阀芯损坏而关闭不严，需更换。

5. 阀门故障

HC42T
静音止回阀

（1）阀杆泄漏

由于密封填料老化或填料选择不当造成。处理方法是更换填料。

（2）阀杆弯曲或腐蚀

主要原因是工质温度变化大，阀门关闭过紧，阀杆易弯曲或被腐蚀。应检修或更换阀杆。

（3）阀门关闭不严

由于受到腐蚀和剥蚀，阀芯密封面变粗糙；系统工质中有异物，密封面受伤，导致阀门关闭不严。另外，阀芯松动或变形，也使阀门关闭不严。处理方法是检修密封面。

阀门故障表现

（4）阀门转动和调节困难

原因是填料压盖压得太紧或填料选择不当。可通过调整压盖，更换填料来解决。

工作页内容见表3-12。

表3-12　工作页

氟利昂冷库的故障判断与排除					
一、基本信息					
学习小组		学生姓名		学生学号	
学习时间		学习地点		指导教师	
二、工作任务					
1. 熟悉氟利昂冷库制冷系统常见的故障排除方法。 2. 熟悉氟利昂冷库电控系统常见的故障排除方法。 3. 能正确分析和排除氟利昂冷库制冷系统常见的故障现象。 4. 能正确分析和排除氟利昂冷库电控系统常见的故障现象					
三、制订工作计划（包括：人员分工、操作步骤、工具选用、完成时间等内容）					
四、安全注意事项（人身安全、设备安全）					

续表

五、工作过程记录
六、任务小结

3.3.3 任务评价

表 3-13 是考核评价标准。

表 3-13　考核评价标准

序号	考核内容	配分	要求及评价标准	小组评价	教师评价
1	熟练掌握排除氟利昂制冷系统常见故障的方法及故障分析	25	熟练判断冷库故障的基本方法要求：能正确熟练地完成冷间降温不正常、压缩机吸入压力偏低、压缩机吸入压力偏高、不制冷等典型故障的原因分析及排除操作，并掌握其操作的注意事项。 评分标准：正确选择得 25 分，每错一项扣 3 分		
2	熟练掌握排除控制部分常见故障的方法及分析	25	排除控制部分常见故障的方法及分析要求：能正确熟练地完成压力控制器故障、油压差控制器故障、电磁阀故障的原因分析及排除操作。 评分标准：正确选择得 25 分，每错一项扣 3 分		
3	工作态度及组员间的合作情况	25	1．工作态度积极、认真，工作热情高涨，不一味等待老师安排指派任务。 2．积极思考以求更好地完成任务。 3．好强上进而不失团队精神，能准确定位自己在团队中的位置，团结学员，协调共进。 4．在工作中团结好学，时时注意自己的不足之处，善于取人之长补己之短。 评分标准：四点都做到得 25 分，一般得 15 分		
4	安全文明生产	25	1．遵守安全操作规程。 2．正确使用工具。 3．操作现场整洁。 4．安全用电、防火、无人身、设备事故。 评价标准：每项扣 5 分，扣完为止，因违纪操作发生人身和设备事故，此项按 0 分计		

3.3.4 知识链接

1．换热器检修后的试验与验收

（1）试验

① 检修记录应齐全准确。

② 施工单位确认合格，并具备试验条件。

③ 压力试验。

a．气密查漏试验值：采用设备的最高工作压力值。

b．试压时压力缓慢上升至规定压力。恒压时间不低于 20 min，然后降到操作压力进行详细检查，无破裂、渗漏、残余变形为合格。如有泄漏等问题，处理后再试验。

c．压力试验顺序及要求。

● 固定管板式

a．壳体试压：检查壳体、换热管与管板相连接的接头及有关部位。

b．管程试压：检查管箱及有关部位。

● U 形管式换热器、釜式重沸器（带 U 形管束）及填料函式换热器

a．壳程试压（用试验压环），检查壳体、管板、换热管与管板连接的部位及有关部位。

b．管程试压，检查管箱的有关部位。

● 浮头式换热器、釜式重沸器（带浮头式管束）

a．用试验压环和浮头专用工具进行管与管板接头的试压。釜式重沸器还应配有管与管板接头试压专用壳体，检查换热管与管板的接头及有关部位。

b．管程试压，检查管箱、浮头盖及有关部位。

c．壳程试压，检查壳体、换热管与管板接头及有关部位。

当管程的试验压力高于壳程压力时，试验压力值应按图样规定，或按生产和施工单位双方商定的方法进行。

● 螺纹锁紧环式换热器

a．壳程试压（试验压力不大于最大试验压力差），检查壳体、换热管与管板接头及有关部位。

b．管程和壳程步进试压（试验压力和试压程序按设计规定进行），检查密封盘、接管等部位。

换热器试压后内部积水应放净，必要时应吹干。

（2）验收

① 设备投用运行一周，各项指标达到技术要求或能满足生产需要。

② 设备防腐、保温完整无损，达到完好标准。

③ 提交下列技术资料：

设计变更材料代用通知单及材质、零部件合格证。

检修记录。

焊缝质量检验（包括外观检验和无损探伤等）报告。

试验记录

2．换热器维护与故障处理的注意事项

日常维护有以下内容。

① 装置系统蒸汽吹扫时，应尽可能避免对有涂层的冷换设备进行吹扫，工艺上确实避免不了时，应严格控制吹扫温度（进冷换设备）不大于 200℃，以免破坏涂层。

② 装置开停工过程中，换热器应缓慢升温和降温，以免造成压差过大和热冲击。同时应遵循停工时“先热后冷”，即先退热介质，再退冷介质；开工时“先冷后热”，即先进冷介质，后进热介质。

③ 在开工前应确认螺纹锁紧环式换热器系统通畅，避免管板单面超压。

④ 认真检查设备运行参数，严禁超温、超压。按压差设计的换热器在运行过程中不得超过规定的压差。

⑤ 操作人员应严格遵守安全操作规程，定时对换热设备进行巡回检查，检查基础支座是否稳固，设备是否发生泄漏等。

⑥ 应经常对管、壳程介质的温度及压降进行检查，分析换热器的泄漏和结垢情况。在压降增大和传热系数降低超过一定数值时，应根据介质和换热器的结构，选择有效的方法进行清洗。

⑦ 应经常检查换热器的振动情况。

⑧ 在操作运行时，对于有防腐涂层的冷换设备应严格控制温度，避免涂层损坏。

⑨ 保持保温层完好。

3．制冷剂的使用

（1）制冷剂的储存

一般所用的制冷剂都是储存在专用的钢瓶内。储存制冷剂的钢瓶在使用前应进行水压试验使用过程中还要定期地做耐压试验。制冷剂公称工作压力不同，其试验压力也不相同。试验压力为公称工作压力的 1.5 倍，如，储存氨液的钢瓶应经过 6 MPa 的耐压试验。有些高温制冷剂，如 R11 和 R113 的储存则不用钢瓶而用铁桶。

储存制冷剂的钢瓶应刷上不同的颜色以示区别。通常将储存氨液的钢瓶刷成淡黄色，储存氟利昂的钢瓶刷成银灰色，并且在钢瓶上标出所储存制冷剂的名称或代号。使用时不要将充有不同制冷剂的钢瓶互相调换使用。钢瓶应放置在阴凉和通风的地方，切勿将充有制冷剂的钢瓶在太阳下曝晒或靠近火焰及高温的地方。运输过程中要防止钢瓶互相碰撞，以免造成爆炸或发生制冷剂泄漏。

钢瓶上的控制阀常用一帽盖或铁罩加以保护，使用后应立即关闭控制阀，并注意把卸下的帽盖或铁罩重新装好，以免在搬运过程中因受碰击而损坏阀件。

在制冷系统检修时，如果需要从系统中将制冷剂抽出压入钢瓶，钢瓶应得到充分的冷却，并严格控制注入钢瓶的制冷剂重量，决不能装满，一般按钢瓶容积装 60%左右为宜，例如容积为 100 L 的钢瓶所充装的氨液质量不得超过 53 kg，充装 R22 时不应超过 102 kg。

（2）制冷剂的检定

制冷剂的纯度及性能的测定通常应由化验部门进行。但如果缺乏条件，也可在现场就地进行简易检定。

要判断钢瓶内制冷剂中油和杂质的含量多少，可以用一张白色滤纸放在氟利昂或氨的钢瓶口上，放出一些液体制冷剂，观察它蒸发后留在滤纸上的痕迹。质量好的制冷剂不会留下痕迹或痕迹不明显。质量不好的制冷剂会在滤纸上留下染有颜色的痕迹。

制冷剂纯度对制冷效果有一定影响。在大气压下测定制冷剂的沸点是检验其纯度的一个简易方法，如果制冷剂不纯，则其沸点往往会升高。以氨为例，其标准蒸发温度是-33.3℃，测量时将一量瓶置于保温材料之中，然后在瓶内放一支量程为-40～0℃的温度计并注入液氨，直到量瓶内液面将温度计感温球部分浸没为止。待 1～2 min 后读数，这个读数就是当地气压下制冷剂的沸点。最后将读数换算成标准大气压下的沸点，并与氨的标准蒸发温度相比较，得出检定结论。

在检定制冷剂沸点的同时，可用石蕊试纸检查它的酸碱度，合格的制冷剂不会使蓝和红的试纸变色。应该注意，在对制冷剂进行测定时，操作者应戴橡胶手套，测定氨时还应戴上

防毒面具，防止制冷剂伤害皮肤或眼睛。

（3）使用注意事项

① 制冷机房必须设有良好的通风换气设施，发现制冷剂有大量泄漏时开启通风设备，氨机房的有关人员还必须佩戴防毒面具，防止引起人窒息或中毒。

② 在使用或管理制冷剂时，应避免制冷剂液体触及人的皮肤和眼睛。

③ 氟利昂在火焰下会产生有毒性气体，所以通常机房中应避免明火。使用卤素灯检漏或补焊泄漏点时，都要注意安全，而且应该在经过其他方法检漏后再使用卤素灯检漏，以保证安全。

④ 对于可燃、可爆的制冷剂要注意防止爆炸。首先要防止爆炸混合物的形成。通常在需要排除系统内部的残留气体而进行空气置换时，最好先用氮气置换，然后再用空气来置换氮气。如果用空气置换可燃性气体，必须控制在爆炸范围之外进行，以防止爆炸混合物的形成。其次是做好有一系列防爆措施，例如，在有爆炸性制冷剂的场所，不可设置容易产生电火花的电气设备，应使用防爆电动机等。

3.3.5 思考与练习

一、单选题

03.03 005

习题

1．水冷式冷凝器冷却水管结垢现象，需采用（　　）方法清除。

A．沸腾水冲刷　　B．喷灯加热

C．高压氮气冲刷　　D．盐酸溶解

2．高低压压力控制的作用是（　　）压缩机的吸气压力和排气压力。

A．测量　　B．提高　　C．控制　　D．降低

二、多选题

3．氟利昂制冷系统制冷剂过多，其主要现象有（　　）。

A．冷凝压力过高　　B．蒸发压力过高　　C．开车时有液击

D．蒸发器结霜太厚　　E．蒸发压力过低　　F．排气压力低

三、判断题

4．氟利昂制冷系统电磁阀接通电源阀门应关闭。（　　）

5．一般氟利昂制冷系统不需要安装干燥过滤器。（　　）

项目四

冷库的安全警示

1．项目概述

本项目学习关于冷库安全方面的知识，主要包括对制冷各装置进行安全防护检测和冷库制冷系统内安全保护设备的实用操作。要求掌握冷库安全事故预防与处理的方法与注意事项，以及氨冷库重大事故的正确处理。

2．学习目标

知识目标

1. 掌握冷库制冷各装置进行安全防护的注意事项。
2. 掌握冷库遭遇重大安全事故时的正确处理方法。

能力目标

3. 能正确安全操作冷库制冷装置。
4. 能正确处理冷库安全事故。

任务一　冷库的安全防护

1．任务描述

在本任务中，关键是掌握对制冷装置的安全操作方法，内容包括氨冷库制冷压缩机的安全操作，制冷系统辅助设备的安全操作方法，以及氟利昂机组的安全操作规程，要求熟练掌握这些内容。

2．任务目标

知识目标

掌握冷库各设备的安全操作方法及注意事项。

能力目标

能正确完成对氨冷库制冷压缩机的安全操作，制冷系统辅助设备的安全操作以及氟利昂机组的安全操作。

3．任务分析

冷库制冷系统安全保护是冷库控制与调节的必要部分，是保护设备与人身安全的重要措施。本任务要熟练掌握冷库各设备的安全操作方法及注意事项，学会正确完成对氨冷库制冷压缩机的安全操作、制冷系统辅助设备的安全操作及氟利昂机组的安全操作。

4.1.1 氨冷库安全防护

1．氨制冷压缩机使用的安全防护

如图4-1所示为氨制冷压缩机实物图。

图4-1 氨压缩机实物图

① 氨制冷压缩机必须设置高压、中压、低压、油压差等安全防护装置。安全防护装置一经调整、校验后，应做好记录并铅封。

② 氨制冷压缩机水套和冷凝器需设冷却水断水保护装置。蒸发式冷凝器需另增设风机故障保护装置。

③ 为防止氨压缩机湿冲程，必须在氨液分离器、低压循环储液器、中间冷却器上设液位指示、控制、报警装置。低压储液器设液位指示、报警装置。

④ 在机器间门口或外侧方便的位置，需设置切断氨压缩机电源的事故总开关，此开关应能停止所有氨制冷压缩机的运转。若机器控制屏设于总控制间内，每台机器旁应增设按钮开关。

⑤ 机器间和设备间应装有事故排风设备，其风机排风应不小于8次/h换气次数的要求。事故排风用的风机按钮开关需设在机器间门口，并用事故电源供电。

⑥ 氨制冷压缩机联轴器或传动皮带、氨泵、油泵、水泵等的转动部位，均要设置安全保护罩。

⑦ 禁止闲人进入机器间和设备间。

⑧ 设在室外的冷凝器、油分离器等设备，应设有防止非操作人员进入的围墙或栏杆。储氨器（即高压储液器）设在室外时，应有遮阳棚。

⑨ 检修氨制冷压缩机、辅助设备、库房内冷风机、蒸发管道、阀门等，必须采用36 V以下电压的照明用具，潮湿地区采用12 V及以下电压的照明用具。

⑩ 机器间外应设有消火栓。机器间应配置氧气呼吸器、防毒衣、橡皮手套、木塞、管夹、柠檬酸等必需的防护用具和抢救药品，并设在便于取得的位置，专人管理，定期检查，确保使用。操作班组的工人，应熟练地掌握氧气呼吸器等的使用和抢救方法。

2．仪表和阀门

① 每台氨压缩机的吸排气侧、中间冷却器、油分离器、冷凝器、储氨器、分配站、氨液分离器、低压循环储液器、排液器、低压储氨器、氨泵、集油器、充氨站、热氨管道、油泵、滤油装置以及冻结装置等，均应装有相应的氨压力表。

② 氨压力表不得用其他压力表代替，且必须有制造厂的合格证和铅封。氨压力表量程应不小于最大工作压力的1.5倍，不大于最大工作压力的3倍，精度不得低于2.5级。蒸发压力侧应采用能测量真空度的氨压力表。

③ 氨压力表每年需经法定的检验部门校正一次，其他仪表应符合有关部门的规定。

④ 氨压力表的装设位置应便于操作和观察，避免冻结及强烈振动。若指示失灵、刻度不清、表盘玻璃破裂、铅封损坏等，均需立即更换。

⑤ 每台氨制冷压缩机、氨泵、水泵、风机，都应单独装设电流表，应有过载保护装置。

⑥ 氨制冷压缩机间应设有电压表，并定时记录电压数值。当电网电压波动接近规定幅度时，要密切注意电流变化、电动机温升，防止电动机烧毁。

⑦ 经常检查电气设备的完好性。电缆管用不燃的绝缘材料包裹，大功率负荷电缆不得直接与聚苯乙烯或聚氨酯隔热板型建筑物接触。

⑧ 氨制冷压缩机的吸排气侧、密封器端、分配站供液、热氨站的集管上应设置温度计，以便观察和记录制冷装置的运转工况。

⑨ 氨制冷压缩机上的高压安全阀在吸排气侧压力差达到 16 kgf/cm^2 时应自动开启；双级压缩机之低压机（缸）上的中压安全阀，当吸排气侧压力差达到 6 kgf/cm^2 时，应能自动开启，以保护氨压缩机。

⑩ 冷凝器、排液器、低压循环储液器、低压储氨器、中间冷却器等设备上均需装有安全阀。当高压设备压力达到 18.5 kgf/cm^2，中、低压设备压力达到 12.5 kgf/cm^2 时，安全阀应能自动开启。

⑪ 制冷系统安全管公称管径应不小于安全阀的公称通径。几个安全阀共用一根安全管时，总管的通径应不小于 32 mm，不大于 57 mm，安全阀泄压管应高出氨压缩机间房檐，不小于 1 m；高出冷凝器操作平台，不小于 3 m。

⑫ 氨制冷压缩机和制冷设备上的安全阀每年应由法定检验部门校验一次，并铅封。安全阀每开启一次，须重新校正。

⑬ 在氨制冷压缩机的高压排气管道和氨泵出液管上，应分别装设气、液止回阀，以避免制冷剂倒流。

⑭ 冷凝器与储氨器之间应设均压管，运行中均压管应呈开启状态。两台以上储氨器之间应分别设气体、液体均压管（阀）。

⑮ 储氨器、中间冷却器、氨液分离器、低压储氨器、低压循环储液器、排液器、集油器等设备，均应装设液面指示器。玻璃液面指示器应采用高于最大工作压力的耐压玻璃管，并具有自动闭塞装置，采用板式玻璃液面指示器则更好。

⑯ 中间冷却器、蒸发器、氨液分离器、低压储液器等设备的节流阀禁止用截止阀代替。

⑰ 在氨泵供液系统中，应设自动旁通阀保护氨泵。中间冷却器亦可采用自动旁通阀。

4.1.2 氨冷库安全操作

1．氨制冷压缩机的安全操作

① 除出厂说明书的规定外，氨压缩机正常运转的标志为：

系列化氨压缩机的油压应比曲轴箱内气体压力高 1.5～3.0 kgf/cm^2，其他采用齿轮油泵的低转速压缩机应为 0.5～1.5 kgf/cm^2。

曲轴箱内的油面，当为一个视孔时，应保持在该视孔的 1/3～2/3 范围内，一般在 1/2 处；当为两个视孔时，应保持在下视孔的 2/3 到上视孔的 1/2 范围内。油温最高不应超过 70℃，最低不得低于 5℃。

氨压缩机高压排气压力不得超过 15 kgf/cm^2。

单级氨压缩机的排气温度为 80～150℃，吸气温度比蒸发温度（双级氨压缩机的高压级吸气温度应比中间压力下的饱和温度）高 5～15℃。

氨压缩机机体不应有局部非正常的温升现象，轴承温度不应过高，密封器温度不应超过 70℃。

氨压缩机在运转中，汽缸、曲轴箱内不应有异常声音。

② 当库房内热负荷突然增加或系统融霜操作频繁时，要防止氨压缩机发生湿冲程。

③ 当机器间温度达到冰点温度时，氨压缩机停止运转后，应将汽缸水套和曲轴箱油冷却

器内的剩水放出，以防冻裂。

④ 当湿行程严重而造成停车时，应加大汽缸水套和油冷却器的水量，防止汽缸水套或油冷却器冻裂。为尽快恢复其运转，可在氨压缩机的排空阀上连接橡胶管，延至室外水池内，将机器内积存的氨液通过排空阀放出。必要时可用人工驳动联轴器，加速进程。

⑤ 将配组双级压缩机调换为单级运行，或将运行中的单级压缩机调换为配组双级运行时，需先停车、调整阀门，然后才能按操作程序重新开车。严禁在运行中调整阀门。

⑥ 禁止向氨压缩机吸气管道内喷射氨液。

2．辅助设备的安全操作

① 热氨融霜时，进入蒸发器前的压力不得超过 8 kgf/cm^2，禁止用关小或关闭冷凝器进气阀的方法加快融霜速度，融霜完毕后，应缓慢开启蒸发器的回气阀。

② 冷风机单独用水冲霜时，严禁将该冷风机在分配站上的回气阀、排液阀全部关闭后闭路淋浇。

③ 卧式冷凝器、组合式冷凝器、再冷却器、水泵以及其他用水冷却的设备，在气温达到冰点温度时，应将停用设备的剩水放出，以防冻裂。

④ 严禁从制冷装置的设备上直接放油。

⑤ 储氨器内液面不得低于其径向高度的 30%，不得高于经向高度的 80%。排液器最高液面不得超过 80%。

⑥ 从制冷系统排放空气和不凝性气体时，需经专门设置的空气分离器放入水中。四重管式空气分离器的供液量以其减压管上结霜呈 1 mm 左右为适宜。

⑦ 制冷系统中有可能满液的液体管道和容器，严禁同时将两端阀门关闭，以免阀门或管道炸裂。

⑧ 制冷装置所用的各种压力容器、设备和辅助设备不应采用非专业厂产品或自行制造。特殊情况下必须采用或自制时，需经劳动部门审核批准，经严格检验合格后方可使用。

⑨ 制冷系统的压力容器是有爆炸危险的承压设备，应严格按国家有关规程、规定进行定期外部检查和全面检验。除每次大修后应进行气密性试验外，使用达 15 年时，应进行一次全面检查，包括严格检查缺陷和气压试验。对不符安全使用的压力容器，应予以更新。

⑩ 制冷装置中不经常使用的充氨阀、排污阀和备用阀，平时均应关闭并将手轮拆下。常用阀门启闭时要防止阀体卡住阀芯。

3．设备和管道检修的安全操作

① 严禁在有氨、未抽空、未与大气接通的情况下，焊接管道或设备，拆卸机器或设备的附件、阀门。

② 检修制冷设备时，需在其电源开关上挂工作牌，检修完毕后，由检修人员亲自取下。

③ 制冷系统安装或大修后，应进行气密性试验。

④ 系统气密性试验的压力值，处于冷凝压力下的部分应为 18 kgf/cm^2，处于蒸发压力和中间压力下的部分应为 12 kgf/cm^2。

4．充氨的安全操作

① 新建或大修后的制冷系统，必须经过试压、检漏、排污、抽真空、氨试漏后方可充氨。

② 充氨站应设在机器间外面，充氨时严禁用任何方法加热氨瓶。

③ 充氨操作应在值班长的指导下进行，并严格遵守充氨操作规程。

④ 制冷系统中的充氨量和充氨前的氨瓶称重数据均需专门记录。

⑤ 氨瓶或氨槽车与充氨站的连接，必须采用无缝钢管或耐压 30 kgf/cm^2 以上的橡胶管，与其相接的管头需有防滑沟槽。

5. 氨冷库的安全规定

为防止损坏库内的蒸发器，货物堆垛要求：

氨冷库内货物堆垛的基本要求

① 距低温库房顶棚 0.2 m。

② 距高温库房顶棚 0.3 m。

③ 距顶排管下侧 0.3 m。

④ 距顶排管横侧 0.3 m。

⑤ 距无排管的墙 0.3 m。

⑥ 距墙排管外侧 0.4 m。

⑦ 距风道底面 0.2 m。

⑧ 距冷风机周边 1.5 m。

⑨ 库内要留有合理的通道。

温度为 0℃及 0℃以下的库房内，应设置专门的灯光和报警装置。一旦有人困在库内，可发送信号，传送给机器间或值班室人员，及时解救。

制冷设备和管道的涂色：

如几条管道包扎在一起，隔热层外面可涂白色或乳白色，再以被包扎管道的性质，按规定颜色画箭头标明其流向。

库房内的管道可不涂色。制冷设备和管道的涂色表见表 4-1。

表 4-1 制冷设备和管道的涂色表

名　称	涂　色	名　称	涂　色
回气管	蓝　色	油　管	棕　色
排气管	红　色	冷凝器、储氨器	银白色
液体管	黄　色	氨压缩机及辅助设备	按出厂涂色
水　管	绿　色	截止阀手柄	黄　色
盐水管	灰　色	各种阀体	黑　色

氨制冷系统中设备的注氨量如表 4-2 所示。

表 4-2 氨制冷系统中设备的注氨量

设 备 名 称	注氨量（%）	设 备 名 称	注氨量（%）
冷凝器	15	非氨泵强制循环供液	
洗涤式油分离器	20*	排管	50～60
储氨器	70	冷风机	70
中间冷却器	30*	搁架式排管	50
低压循环器	30*	平板蒸发器	50
氨液分离器	20	壳管式蒸发器	80
上进下出排管	25	下进上出排管	50～60
上进下出冷风机	40～50	下进上出冷风机	60～70

*设备注氨量按制造厂规定，氨液重度均以 0.65 kg/L 计算。

制冷系统应采用纯度为99.8%以上的工业用氨作为制冷剂。

检查系统氨泄漏应用化学试纸或专用仪器，禁止用点燃硫烛的方法。

机器间和辅助设备间内严禁用明火取暖。

氨压缩机所使用的冷冻油应符合机器制造厂所提出的要求。一般规定360 r/min的氨压缩机可用国产13号、18号冷冻油，720～960 r/min可用25号冷冻油；1400 r/min以上可用30号、40号冷冻油。

由制冷系统中放出的冷冻油必须经过严格的再生处理，经化验满足质量要求后方可使用。

4.1.3 氟利昂制冷机组安全操作规程

（1）启动前的准备

设备在启动前的准备工作包括以下内容：

① 设备场地周围的环境清扫，设备本体和有关附属设备的清洁处理。

② 电源电压的检查。

③ 制冷设备中各种阀门通断情况及液位的检查。

④ 能力调节装置应置于最小挡位，以便于制冷压缩机空载启动。

⑤ 检查蒸发冷凝器上的水池是否有水，如果缺水要及时补水。

⑥ 确保油位的正确，应在视镜的1/8～3/8处。

⑦ 所有的温度控制设定在预期的运行温度值。

⑧ 确保没有液体制冷剂进入压缩机，液体是不可压缩的，并会损坏压缩机。

（2）制冷设备的启动运行

制冷设备在启动运行中应注意对启动程序，运行巡视检查内容和周期及运行中的主要调节方法做出明确规定，以指导正确启动设备和保证设备的正常运行。

启动程序如下：

① 首先应启动蒸发冷凝器上的水泵和风机。

② 每次启动一台压缩机，把压缩机的开关打在自动挡启动运行，观察该压缩机在运行时有无异常情况，如有异常的声音应立即关停该压缩机，进行检查，排除故障后再重新启动。通常出现异常的原因有：

① 冷冻油不足或过多。

② 机组安装或管理连接不合理导致过多的振动。

③ 压缩机液击。

设备运行中巡视注意事项。设备启动完毕投入正常运行以后应加强巡视，以便及时发现问题，及时处理，巡视内容主要是：

① 制冷压缩机运行中的油压、油温，轴承温度、油面高度。

② 冷凝器进口处冷却水的温度和蒸发器出口冷媒水的温度。

③ 压缩机、冷却水泵、风机运行时电动机的运行电流，冷却水、冷媒水的流量。

④ 压缩机吸、排气压力值，整个制冷机组运行时的响声、振动情况。

冷库化霜注意事项：

① 先将需融霜的蒸发器停止供液，将其原有液体抽回，并调整好融霜阀门。

② 以加温过的水进行化霜操作。

③ 注意在融霜前将排液桶内的压力先行降低至蒸发压力并调整好有关阀门。

④ 化霜操作结束后，必须等待至少 30 min 后才能开启风机，防止结冰堵塞管路。

⑤ 根据结冻库和冷藏库蒸发器的结霜情况，及时进行化霜操作。

（3）停机程序和注意事项

① 关掉电子阀，待压缩机的吸气压力达到设定值后再关停压缩机，以免使低压系统在停机后压力过高，但也不能太低，不能低于大气压力，以免空气渗入制冷系统。

② 停蒸发器的风机，最后停冷凝器的水泵和风机。

③ 在停机过程中，为保证设备的安全，应在压缩机停机以后使蒸发器再工作一段时间，使蒸发器中存留的制冷剂全部汽化，使冷凝器中制冷剂全部液化。

工作页内容见表 4-3。

表 4-3　工作页

冷库的安全防护					
一、基本信息					
学习小组		学生姓名		学生学号	
学习时间		学习地点		指导教师	
二、工作任务					
1. 掌握冷库制冷各装置进行安全防护的注意事项。 2. 掌握冷库制冷系统中安全保护设备的实用操作注意事项。 3. 能对冷库制冷各装置进行安全防护操作。 4. 能完成冷库制冷系统中安全保护设备的实用操作。					
三、制订工作计划（包括人员分工、操作步骤、工具选用、完成时间等内容）					
四、安全注意事项（人身安全、设备安全）					
五、工作过程记录					
六、任务小结					

4.1.4　任务评价

参考评价标准内容见表 4-4。

表 4-4　考核评价标准

序号	考核内容	配分	要求及评价标准	小组评价	教师评价
1	了解氨冷库制冷装置的安全操作	20	熟练掌握制冷装置安全防护方法要求：能正确完成每种方法的操作，以及掌握其操作的注意事项。 评分标准：正确选择得 20 分，每错一项扣 3 分		
2	熟练掌握氨压缩机操作的安全防护注意事项	20	氨压缩机的安全防护注意事项要求：能熟练掌握氨压缩机日常工作的操作要求与注意事项。 评分标准：正确选择得 20 分，每错一项扣 3 分		
3	熟练氟利昂制冷机组的安全操作规程	20	熟练掌握氟利昂制冷机组的安全操作规程要求及其注意事项。 评分标准：正确选择得 20 分，每错一项扣 3 分		
4	工作态度及组员间的合作情况	20	1．积极、认真的工作态度和高涨的工作热情，不等待老师安排指派任务。 2．积极思考以求更好地完成任务。 3．好强上进而不失团队精神，能准确把握自己在团队中的位置，团结学员，协调共进。 4．在工作中团结好学，时时注意自己的不足之处，善于取人之长补己之短。 评分标准：四点都做得 20 分，一般得 10 分		
5	安全文明生产	20	1．遵守安全操作规程。 2．正确使用工具。 3．操作现场整洁。 4．安全用电、防火、无人身、设备事故。 评价标准：每项 5 分，扣完为止，因违纪操作发生人身和设备事故，此项按 0 分计		

4.1.5　知识链接

1．制冷装置参数监视

1）监视冷库压力参数及其设备安全

压力监视主要是通过压力表监视系统各部位的压力，以便正常操作管理，及时发现制冷设备内的异常现象。

对于分散式制冷设备的氨制冷系统，每台氨制冷压缩机的吸排气侧、中间冷却器、油分离器、冷凝器、储氨器、氨液分离器、低压循环储液器、排液桶、集油器、热氨管道、油泵、氨泵、滤油装置、冻结设备、调节站和加氨站等都应装有压力表。氟利昂制冷系统合理地省去了部分压力表，以减少压力表接头数量，降低泄漏的可能性。

所有压力表应定期检查，校验后应做好记录并铅封。另外，对不同制冷剂和不同工作压力应选用不同的压力表。

氨压力表如图 4-2 所示。

压力保护设备为防止超压运行，在制冷设备上设置了安全阀、压力及压差控制器、自动报警器等压力保护设备，通过自动停机或排放制冷剂来杜绝更大事故发生。

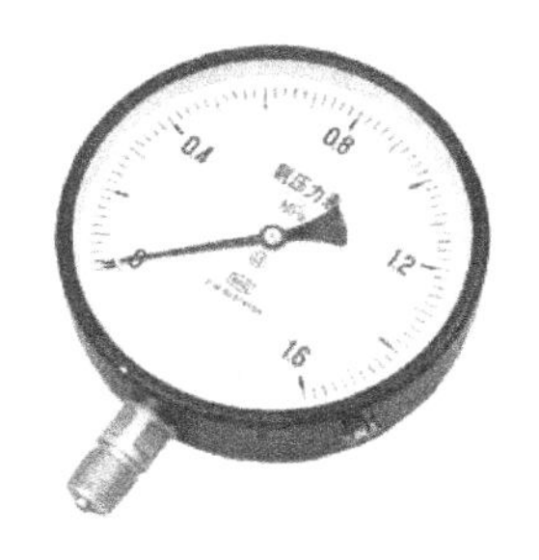
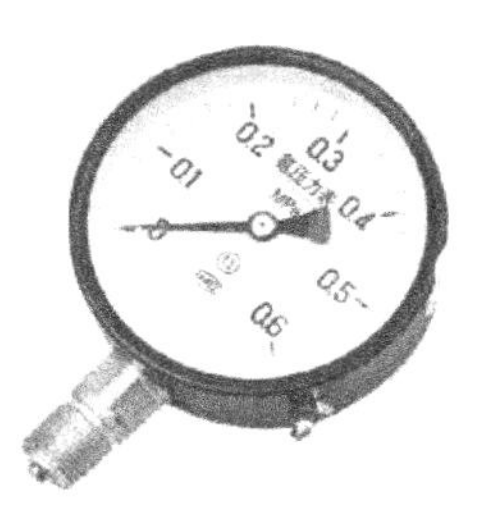

图 4-2　氨压力表

在氨制冷系统中，高压侧管路、冷凝器、储氨器、排液桶、低压循环储液器、中间冷却器等设备均需安装安全阀。安全阀必须定期检验，每年应校验一次，并加铅封。在运行过程中，由于超压，安全阀启跳后，需重新进行校验，以确保安全阀的功能。常用安全阀如图 4-3 所示。

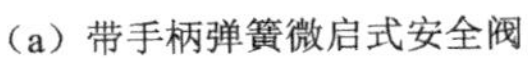
（a）带手柄弹簧微启式安全阀

（b）弹簧全启封闭式安全阀

图 4-3　常用安全阀

不同设备上安全阀的开启压力不同，安全阀的开启压力值一经调定，不允许操作人员任意调整和提高安全阀的开启压力值。常用制冷剂（R22、R717）所用制冷设备上的安全阀开启压力值见表 4-5。

表 4-5　制冷设备上的安全阀开启压力值

名　称	开启压力值（MPa）
压缩机吸排气侧（压力差）	1.57
双级压缩机（压力差）	0.59
冷凝器、高压储氨器	1.81
排液桶、低压循环储液器	1.23
中间冷却器、低压循环储液器	1.23

压力控制器及压差控制器能实现压缩机高压、中压、低压保护，油压差保护，以及制冷设备和压缩机缸套的断水保护和氨泵不上液的安全保护。对中、小型氟利昂制冷系统，一般不设置安全阀，仅用高低压控制器做安全保护设备。制冷设备压力控制器及压差控制器如图 4-4 所示，其调整压力值见表 4-6。

（a）压力控制器

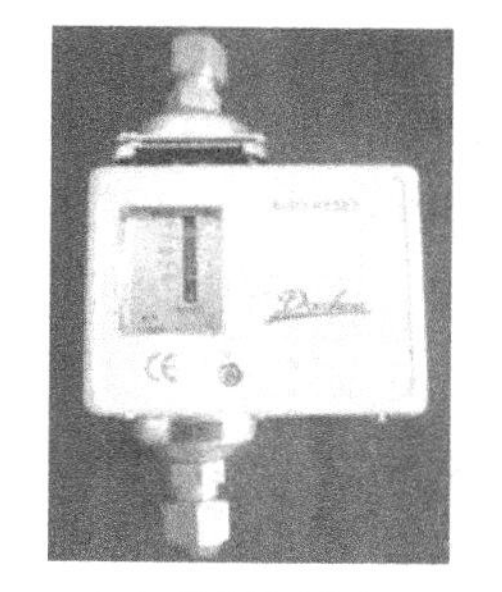

（b）压差控制器

图 4-4 压力控制器及压差控制器

表 4-6 制冷设备压力控制器及压差控制器的调整压力值（R22、R717）

压力控制器名称	调整压力值（MPa）	压力控制器名称	调整压力值（MPa）
压缩机高压控制器	1.62	润滑油压差控制器	0.049（无卸载），0.147（带卸载）
压缩机低压控制器	不小于 0.0098	氨泵压差控制器	0.0098～0.147
双级压缩中压差控制器	不大于 0.484		

在储液器和冷凝器上设置易熔塞，其熔点为 60～80℃，当发生火灾，温度升高到熔点时易熔塞即自行熔化，以防设备炸裂。注意，异常高压时，易熔塞不起安全保护作用。

2）监视冷库温度参数及其设备安全

压缩机的排气温度、润滑油温度、冷却水进出口温度、电动机温度及库房温度等都是检查制冷系统安全运行的重要参数。因此，压缩机吸排气侧、轴封器端、调节站、热氨集管、冷却水进出口、库房，以及大、中型电动机上均安装有温度计，以便监视和记录制冷系统温度变化情况。此外，在压缩机排气管、压缩机曲轴箱、库房等都装有温控器，以起到控制温度的作用，常用温控器如图 4-5 所示。

温度控制器
（SF-101B）

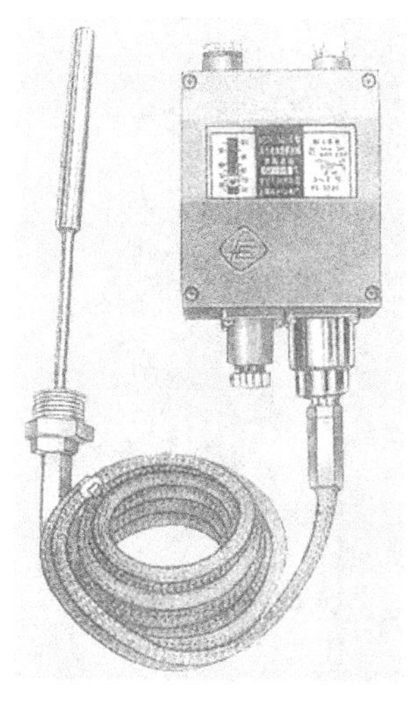

（a）带毛细管温包式温控器

（b）微电脑温控器

图 4-5 常用温控器

3）监视冷库液位情况及其设备安全

所有盛氨容器，如氨瓶、氨槽车、高压储液器、排液器、低压循环储液器、中间冷却器等，都应严格遵守存氨量一般不超过容积 70%～80%的规定。蒸发器、冷却管组及所有液体管路需较长时间停用时，在停用前都应适当抽空，严格防止在满液情况下关闭容器或管路的进出口阀，并应留有与其他设备和管路相通的出口，以防液体受热膨胀。

为防止压缩机湿行程，必须在气液分离器、低压循环储液器、中间冷却器上设置液位指示、控制和报警装置，在低压循环储液器上设液位指示和报警装置。此外，高压储液器、排液桶和集油器等还应装设液位指示器。UQK 型浮球液位控制器如图 4-6 所示。

（a）UQK 型电器控制盒

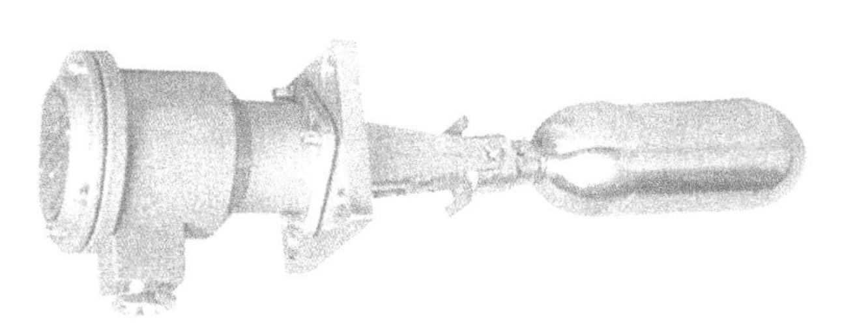

（b）UQK 型传感器阀体

图 4-6　UQK 型浮球液位控制器

玻璃管式液位计（如图 4-7 所示）应设有金属保护管及自动闭塞装置（如弹子角阀），若采用板式玻璃液位指示器（如图 4-8 所示）则更好。液位计内应清洁，防止堵塞，并定期检查液位指示、控制和报警装置，保证其灵敏可靠。

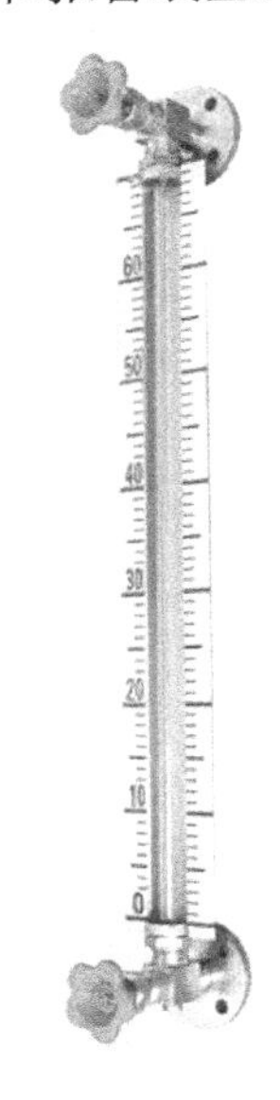

图 4-7　玻璃管式液位计

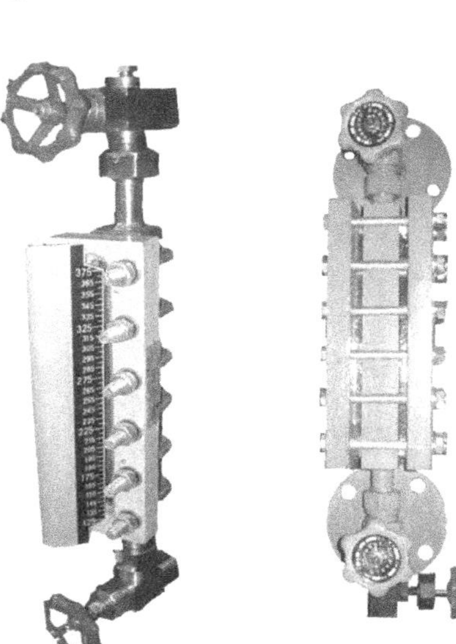

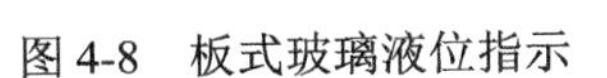

图 4-8　板式玻璃液位指示

4）监视电气参数及其设备安全

机房应设置电压表、电流表，并定期记录电压、电流数值，当电网的电压波动接近规定幅度时（即三相电不应低于 340 V，不高于 420 V），应密切注意电流变化和电动机温度，以防发生电动机烧毁事故。每台压缩机、氨泵、水泵、风机都应单独装设电流表，并有过载保护

装置。

5）冷库其他安全防护

① 为避免制冷剂倒流，在压缩机的高压排气管和氨泵出液管上应分别装止回阀。此外，严禁用截止阀替代中间冷却器、蒸发器、气液分离器、低压循环储液器等设备的节流阀，以避免因供液不当造成压缩机出现湿行程。

② 冷凝器与储液器之间设有均压管，两台以上储液器之间还分别设有气体和液体连通管，它们应处于开启状态，在运行中不得将均压管关闭，使其起到保护高压设备之间的压力平衡、制冷剂流动畅通和液位稳定的作用。

③ 氨制冷系统应设紧急泄氨器，当发生事故时通过紧急泄氨器将氨排出，以防事故的扩大。

④ 氟利昂机的曲轴箱内往往装有电加热器，以减少油中制冷剂的溶解，以利于启动。

⑤ 在设备间和机器间内应设置事故排风机，以便在事故发生时能及时排除有害气体，而且在室内外均装设事故排风机的按钮。

⑥ 机器间和设备间的门应向外开，并分别留有进出口，以保证安全进出。库房门的内侧应设应急装置，在库房内能将库门打开。

⑦ 机器间和设备间要设有事故开关、消防栓，氨机房需配备带靴的防毒衣、橡皮手套、木塞、管夹、氧气呼吸器等防护用具和有关的抢救药品，并把它们放置在易取之处，还要专人管理、定期检查、确保使用性能。

⑧ 安全阀的泄压管要高出机房屋檐 1 m 以上，并确保泄压管畅通，以避免造成周围环境的污染和不安全影响。

2．配电室电工安全操作规程

① 配电室电工必须遵守电工作业一般规定，熟悉供电系统和配电室各种设备的性能和操作方法，并具备在异常情况下采取措施的能力。

② 必须严格执行值班巡视制度、倒闸操作制度、工作操作制度、交接班制度、安全用具及消防设备使用管理制度等各项制度规定。

③ 不论高压设备带电与否，值班人员不得单人移开或越过遮栏进行工作。若有必要移开遮栏时必须有监护人在场，并使之符合设备不停电时的安全距离。

④ 雷雨天气需要巡视室外电线、电气设备时，应穿绝缘靴并不得靠近避雷器与避雷针。

⑤ 巡视配电装置，进出配电室，必须随手将门带好。

⑥ 与供电单位或生产部门联系，进行停、送电倒闸操作时，电工人员必须将联系内容和联系人姓名复诵核对无误，并且做好记录。

⑦ 停电拉闸操作必须按照油开关（或负荷开关等）、负荷侧刀闸、母线侧刀闸的顺序依次操作，送电合闸的顺序与此相反，严防带负荷拉闸。

⑧ 高压设备和大容量低压总盘上的倒闸操作必须由两人执行，并由对设备更为熟悉的一人担任监护。

⑨ 用绝缘棒拉合高压刀闸或经传动机构拉合高压刀闸都应戴防护眼镜和绝缘手套。雨天操作高压设备时，还应穿绝缘靴站在绝缘站台上。雷电时禁止进行倒闸操作。

⑩ 装卸高压熔断器时，应戴防护眼镜和绝缘手套，必要时使用绝缘夹钳，并站在绝缘垫或绝缘台上。

⑪ 电气设备停电后，在未拉闸和做好安全措施以前应视为有电，不得触及设备和进入遮栏，以防突然来电。

⑫ 施工和检修需要停电或部分停电时，电工人员应该按照工作要求采取安全措施，包括停电、验电、装设临时接地线、开关加锁、装设遮栏和悬挂警示牌，会同工作负责人现场检查确认无电，并交代附近带电设备位置和注意事项。

⑬ 工作结束后，工作负责人应向电工人员交代清楚，并共同检查，然后电工人员才可拆除安全措施，恢复送电。严禁约时停、送电。

⑭ 在一经合闸即可送电到工作地点的断路器和闸刀开关操作把手上都应悬挂“禁止合闸，有人工作”的警示牌。工作地点两旁和对面的带电设备遮栏上以及禁止通行的过道上应悬挂“止步，高压危险”的警示牌。工作地点应悬挂“在此地工作”的警示牌。

⑮ 在低压带电设备附近巡视、检查时，必须满足安全距离，设专人监护。带电设备只能在工作人员的前面或一侧，否则应停电进行。

⑯ 发生人身触电事故和火灾事故时，电工人员可不经许可立即按操作程序断开有关设备的电源，以利于抢救，但事后必须即刻报告上级，并做好记录。

⑰ 电气设备发生火灾时，应该用二氧化碳灭火器或干粉灭火器扑救。变压器着火时，只有在周围全部停电后才能用泡沫灭火器扑救。配电室门窗及电缆沟入口处应加设网栏，防止小动物进入。

3. 冷库制冷系统安全保护

制冷系统安全保护系统是冷库控制与调节的必要部分，是保护设备与人身安全的重要措施。制冷系统安全保护包括压力容器安全器件、压缩机安全保护、氨泵安全保护、液位超高保护、冷凝器断水保护等。

1）压力容器安全器件

为了确保安全，冷库制冷系统需要安装一些安全器件，如安全阀、易熔塞、紧急泄氨器等。安全阀安装在制冷系统高压侧的冷凝器、储液器上，当容器内压力高于开启压力（对于R22 和 R717 容器为 1.8 MPa）时，安全阀能自动顶开。易熔塞主要用于小型氟利昂制冷装置或不满 1 m^3 的容器上，可代替安全阀，当容器内压力、温度骤然升高，且温度高到一定值时，易熔塞通道内合金熔化（熔点为 75℃左右），制冷剂即被排出。紧急泄氨器用于大中型氨制冷系统中，当遇有火灾、地震等事故时，可迅速排出容器中的氨液至安全处。

2）压缩机安全保护

为了保证制冷压缩机的安全运行，必须对压缩机高低压、油压、排气温度、油温和汽缸冷却水套断水进行保护。压缩机安全保护措施见表 4-7。

表 4-7　压缩机安全保护措施

保护名称	保护器件	保护原理
高低压保护	压力控制器（如 KD、YWK 系列压差控制器）	当压缩机排气压力高于设定值（对于 R22 和 R717 系统通常取 1.6 MPa）或者吸气压力低于设定值（一般比蒸发温度低 5℃所对应的饱和压力）时，压力控制器的微动开关动作，切断压缩机电路电源，使压缩机停车
油压保护	压差控制器（如 JC3.5、CWK 系列压差控制器）	当液压泵出口压力与压缩机曲轴箱压力差降至设定值（一般情况下，无卸载的压缩机为 0.05～0.15 MPa，有卸载的压缩机为 0.15～0.3 MPa）时，压差控制器发出信号，切断压缩机电路电源，使压缩机停止运行
排气温度超高保护	温度控制器（如 WTZK 系列温度控制器）	将温度控制器的感温包贴靠在靠近压缩机排气口的排气管上，当排气温度超过设定值（一般为 140℃）时，温度控制器动作，使压缩机做事故停机并报警

续表

保护名称	保护器件	保护原理
油温保护	温度控制器、曲轴箱加热器	将温度控制器的感温包放置在压缩机曲轴箱润滑油内，油温保护设定值为70℃。对于氟利昂制冷系统，要在曲轴箱内装加热器，用于加热润滑油，将溶于油中的制冷剂蒸发出来，确保压缩机正常启动。无论是在启动加热还是在压缩机正常工作时，均不能超过70℃这个油温保护设定值
汽缸冷却水套断水保护	晶体管水流继电器	在大型氨制冷活塞式压缩机中，通常在汽缸上部设冷却水套，降低汽缸上部的温度，避免汽缸因温度过高而变形造成事故。在水套出水管安装一对电触点，有水流过时，电触点被水接通，继电器使压缩机可以启动或维持正常运行；没有水流过时，电触点不通，压缩机无法启动或执行故障性停车

3）氨泵安全保护

为了保护氨泵，解决氨泵流量过小、因气蚀现象不上液而采取相应的保护措施有欠电压保护、防止气蚀、流量旁通、防止氨泵出口氨液倒流等。氨泵安全保护措施见表4-8。

BYG-50氨泵过滤器

表4-8 氨泵安全保护措施

保护名称	保护器件	保护原理
欠电压保护	压差控制器（如CWK-11压差控制器）	氨泵不上液或因气蚀而空转时，氨泵的进出口压差很小或为零，这种状态称为欠电压或无电压运行。氨泵欠压运行时，氨液流量很小，对于靠氨液来润滑轴承和冷却电动机的氨泵来说，断液时间一长，轴承和电动机就可能烧毁。当实际工作压差小于压差控制器设定值（一般调至0.04～0.06 MPa）下限时，压差控制器即发出指令，开始延时和抽气，如果设置的延时时间（屏蔽泵为8～10 s，离心泵为10～15 s，齿轮泵为30～50 s）内不能建立正常压差，应及时停止氨泵运行，同时发出声光报警信号
防止气蚀	抽气电磁阀（如ZCL-20电磁阀）接触器压差控制器	当氨泵较长时间停止运行后，在氨泵内有可能产生氨蒸气，使氨泵出现气蚀现象而不能正常运行。在氨泵的顶部与低压循环储液器的上部进气管之间设置一个抽气电磁阀，此阀受氨泵启动接触器和压差控制器控制，一旦氨泵进出口压差小于设定值（一般调至0.04～0.06 MPa）下限时，压差控制器即发出延时指令，同时使抽气电磁阀打开抽气。在延时时间内，如果压差升至压差控制器设置的上限值，抽气电磁阀就自动关闭，氨泵正常运行，否则氨泵就停止运行，抽气电磁阀也关闭，并发出声光报警信号
流量旁通	旁通阀（如ZZRP-32旁通阀）	在冷库中，一台氨泵往往同时向多个冷间蒸发器供液，在冷间温度下降至设定值下限时，便逐个关闭供液电磁阀，停止向蒸发器供液降温，到最后必须出现一台氨泵只向一两个冷间供液的情况，此时，氨泵供液量超过合理的循环倍数（液体循环倍数为供液总量与蒸发总量之比，对于自然对流的空气冷却器，其合理的循环倍数为3～4倍；对于强制对流的空气冷却器，其合理的循环倍数为5～6倍）和泵压较高，反而不利于降温。因此，需要在氨泵出口与低压循环储液器的排液进口管之间设置一个旁通阀（如ZZRP-32旁通阀），并设定一定的旁通压力。当氨泵的排出压力超过此调定值时，旁通阀自动打开，将一部分氨液排至低压循环储液器中，这样氨压就能控制在合适的范围内
防止氨泵出口氨液倒流	止回阀（如ZZRN-50止回阀）	为了防止氨泵停止运行时氨泵出液管内的氨液倒流，特别是防止多台氨泵并联使用时，避免氨液相互串流的现象出现，因此每台氨泵的出液管上均装设一个止回阀

4．冷库电气控制安全保护

冷库电气控制是通过电气控制线路实现的，一个完整的冷库电气控制线路除了要按工艺要求启动与停止压缩机、冷风机、氨泵、冷却水泵、融霜电热器等设备外，还要能实现温度、压力、液位等参数的控制与调节，并且必须具有短路保护、失压保护（零电压保护）、断相保护、设备过载保护等保护功能，同时还能反映制冷系统工作状况，进行事故报警，并指示故障原因。冷库电气控制安全保护措施见表4-9。

表4-9　冷库电气控制安全保护措施

保护名称	保护器件	保护原理
短路保护	断路器或熔断器	短路保护是指当电动机或其他电器、电路发生短路事故时，电路本身具有迅速切断电源的保护能力。当电动机或其他电器、电路发生短路事故时，电流剧增很多倍，熔断器很快熔断或断路器自动跳闸，使电路和电源隔离，达到保护目的
失压保护（零电压保护）	接触器启动按钮	失压保护（零电压保护）是指当电源突然断电，电动机或其他电器停车后，若电源又突然恢复供电时，电动机或其他电器不会自行通电启动的保护能力。在制冷系统电气控制电路中，凡是具有互锁环节的电路，就有失压保护作用。接触器常开触点与启动按钮并联构成了互锁环节，达到失压保护的目的
断相与相序保护	断相与相序保护器	断相保护是指能在三相交流电动机的任一相工作电源缺少时，及时切断电动机的工作电源，可防止电动机因断相运行而导致绕组过热损坏的保护；相序保护是被保护线路的电源输入相序错，立即切断电动机的工作电源，可防止电动机反相运行的保护
设备过载保护	电动机综合保护器或热继电器	过载保护是指当时电动机或其他电器超载时，在一定时间内及时切断主电源电路的保护

4.1.6　思考与练习

04.01 009

习题

一、单选题

1．冷库安全的含义是指（　　）。

A．人身安全和设备安全　　B．高压气体的安全和设备安全

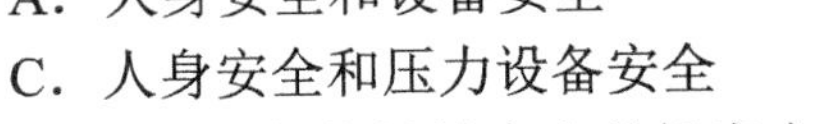

C．人身安全和压力设备安全　　D．电器安全和压力容器安全

2．在安全保护设施齐全的机房中，当按下紧急停机按钮，（　　）就会处于停机状态了。

A．氨泵系统　B．水泵系统　C．压缩机系统　D．整个系统

3．要延长制冷设备的使用寿命，（　　）和计划维修是必不可少的工作。

A．每天检查　B．随时检查　C．定期检查　D．不定期检查

4．氨制冷系统压力容器的安全阀应（　　）由法定检验部门校验一次。

A．每月　B．每季度　C．每年　D．每两年

5．氨压缩机的吸排气管上应设置（　　），以便观察和记录压缩机的运行情况。

A．高压表　B．低压表　C．温度计　D．湿度计

6．氟利昂冷库冷却水系统，冷却水泵出液管必须安装（　　），防止冷却水倒流。

A．安全阀　B．止回阀　C．节流阀　D．过滤器

7．冷库安全用电的原则为（　　）。

A．低压电不接触，高压电不接近　B．高压电不接触，低压电不接近
C．大电流不接触，小电流不接近　D．穿绝缘鞋，高低电压均可接触
8．在使用氧气呼吸器时，可将氧气瓶减压阀出口压力调至（　　）MPa。
A．0.1～0.15　B．0.2～0.25　C．0.3～0.35　D．0.4～0.45
9．防毒面罩、防护服等防护用品应存放在（　　），禁止做其他用途。
A．方便之处　B．固定之处　C．机房内　D．办公室
10．冷库安全防护要坚持以（　　）、预防为主为目标进行管理。
A．全面管理　B．安全第一　C．措施有效　D．加强管理
11．冷库机房配电房等场所，应设置明显的（　　）标志。
A．安全警示　B．安全运行　C．运行警示　D．操作警示
12．冷库操作人员遇到管理人员违章指挥、强令冒险工作任务时，有权（　　）。
A．执行　B．拒绝执行　C．消极执行　D．放弃执行
13．制冷系统设备正常运行的维护，下列说法不正确的是（　　）。
A．保持油箱油位和油压，确保良好的润滑条件
B．注意监视设备的压力和温度，监听设备的运转声音
C．经常检查各仪表和控制器的工作状态
D．经常检查清洗吸气阀、节流阀、浮球阀等处的过滤网

二、多选题

14．氨压缩机必须设置（　　）安全防护装置。
A．高压　B．中压　C．低压　D．油压
E．温度　F．湿度
15．制冷操作工在操作过程中，应时刻监控制冷运行的（　　）参数。
A．压力　B．温度　C．油况　D．液位
E．噪声　F．湿度

任务二　氨冷库的紧急事故处理措施

1．任务描述

氨冷库制冷系统发生紧急事故处理不当，将产生巨大的损失。本任务要求掌握氨冷库发生紧急事故时的正确处理方法。

2．任务目标

知识目标

掌握氨冷库发生紧急事故时的正确处理方法。

能力目标

能正确使用所学知识处理紧急事故。

3．任务分析

氨冷库紧急事故的正确处理是保护设备与人身安全的重要技能，本任务要掌握氨冷库发生紧急事故时的正确处理方法。

下面具体介绍任务实施。

4.2.1 氨冷库事故抢救设施、设备

制冷机房和设备间要备有足够的水源及抢救事故用的通风设施，在机房或设备间附近便于抓取的位置应设置事故抢救物品专用柜，柜内设有氧气呼吸器（或空气呼吸器，见图4-9）、防毒衣（见图4-10）、碱性过滤罐、防毒面具（见图4-11）、橡胶防护手套（见图4-12）、胶皮水管等防护用具。

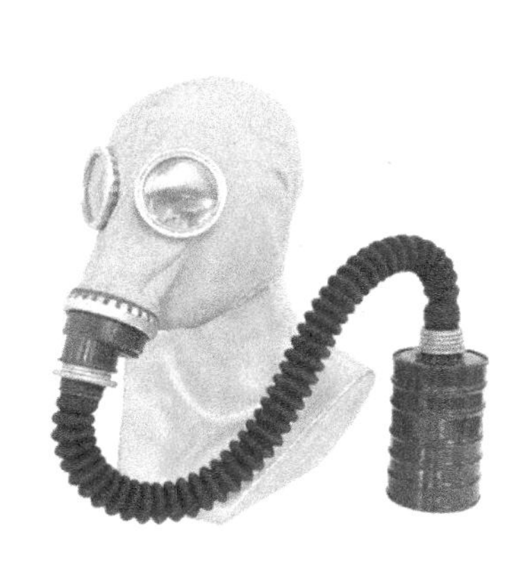

图4-9 空气呼吸器

图4-10 防毒衣

图4-11 防毒面具

机房、设备间配备必要的抢修工具（见图4-13），放置在易取处，如管钳子、活扳手、各种规格管卡子、橡胶板、石棉板、阀门、填料、铁丝、克丝钳等工具。配备一定数量的抢救药品，其中包括柠檬酸、硼酸和酸性浓缩柠檬汁、酸梅汁或食用醋等。对抢救物品和药品应按期进行检查和检验，及时更换各种安全用具，必须进行检验后方可使用。

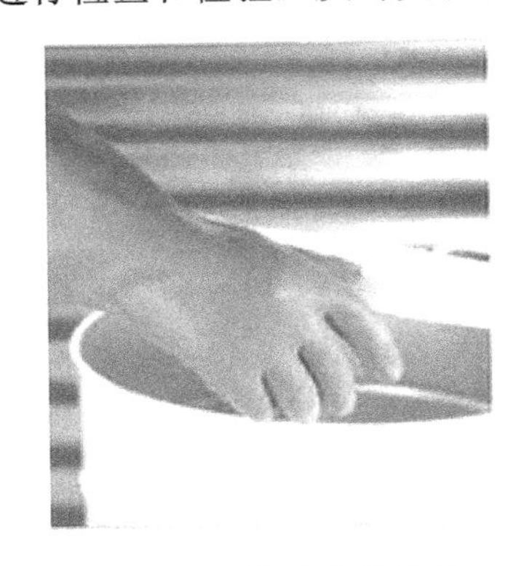

图4-12 橡胶防护手套

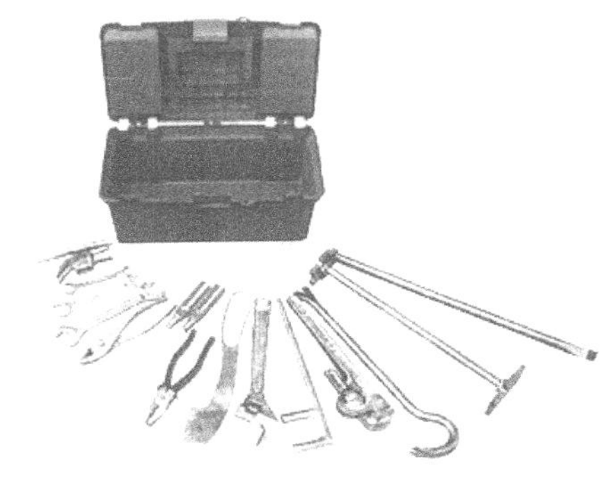

图4-13 机房、设备间配备必要的抢修工具

4.2.2 事故应急预案启动程序

任何员工发现事故即将发生或已经发生时，均应立即按事故报告程序上报，接报领导应立即赶赴事故现场，并同时根据事故发生及发展情况确定启动全部预案或部分预案，即使启动部分预案时，也应要求救援组织进入预备状态，随时投入抢险。

4.2.3 事故现场管理

事故发生后，保护和维护好现场秩序十分重要，这也是为了尽量减少人员伤亡、财产损失并进行技术分析，对减少后发事故发生有着重要意义。

图 4-14 是氨冷库事故现场。

图 4-14 氨冷库事故现场

事故发生的区域一般分为：制冷机房、设备间和冷库（蒸发器）、调节站，在机房、设备间区域又分为室内高低压和室外高低压设备。因此，要根据事故发生时的情况，漏氨的扩散范围、区域大小加以现场控制。

事故现场安全区域应根据事故发生时的气候状况来划定，要分析室内和室外所有不同区域与天气有关的因素，阴天气压低时，氨气一般不向高空扩散，沿地面向顺风处飘移，防范区域应沿下风口逐步扩大，这是应特别加以注意的。天气晴好时，一般氨气直升高空，大风天气虽然氨气容易扩散，但是要防止风向不定乱刮，以上这些情况在布置安全区域时应提醒抢险人员注意，要逆风脱离险区，特别是治安维护人员要做好人员疏导和秩序维护，以减少人员伤亡和财产损失。

事故被控制住后，应保护好现场，不得破坏现场，以便专业技术人员进行事故分析，查找事故原因，及时进行整改，制订恢复生产的方案。

4.2.4 事故抢救方案

1．制冷机系统漏氨的处理

首先注意：抢险人员进入漏氨事故现场必须戴好防护器具，如图 4-15 所示。

① 氨压缩机发生漏氨事故后，先切断制冷压缩机电源，马上关闭排气、吸气阀（双级氨压缩机应同时关闭二级排气阀及二级吸气阀），如正在加油，应及时关闭加油阀。

② 应将机房运行的机器全部停止运行。操作人员发现漏氨时应立即停止运转压缩机，并根据操作人员所处位置，在关闭事故机器后顺便将就近运行的机器停机断电。

③ 如漏氨事故较大，无法靠近事故机器，应到配电室断电停机，停机后立即关闭所有油氨分离器进气阀及与事故机器吸气管相连接的低压循环桶进出气阀门。

④ 迅速开启氨压缩机房所有的事故排风扇。

⑤ 在处理事故时，用水管喷浇漏氨部位，使氨与水溶解，并注意压缩机的防水保护。

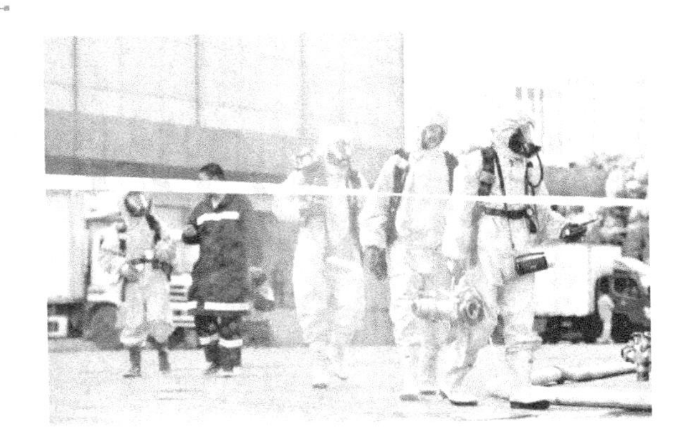

图 4-15　抢险人员进入事故现场

2．压力容器漏氨事故的处理

压力容器漏氨事故的处理

处理此类事故，原则是首先采取控制措施，使事故不再扩大，然后采取措施将事故容器与系统断开，关闭设备所有阀门，漏氨严重不能靠近设备时要采取关闭与该设备相连接串通的其他设备阀门，用水淋浇漏氨部位，容器里氨液应及时进行排空处理，此类设备有：油氨分离器、冷凝器、高压储液桶、低压循环储液桶、中间冷却器、排液桶、集油器、放空气器、低压排液桶等。

1）油氨分离器漏氨

油氨分离器漏氨后，如压缩机正在运行工作中，应立即切断压缩机电源，迅速关闭该油氨分离器的出气阀、进气阀、供液阀、放油阀、混合气体阀，并关闭冷凝器进气阀，压缩机至油氨分离器的排气阀。

2）冷凝器漏氨（立式、卧式、蒸发式冷凝器）

冷凝器漏氨后，如压缩机处于运行状态，应立即切断压缩机电源，迅速关闭所有高压储液桶、均压阀和其他所有冷凝器均压阀、放空气器阀，然后关闭冷凝器的进气阀、出液阀。系统工艺允许时可以对事故冷凝器进行减压。

3）高压储液桶漏氨

高压储液桶漏氨后，立即关闭高压储液桶的进液阀、均液阀、放油阀及其他关联阀门。如氨压缩机处于运行状态，迅速切断压缩机电源，在条件及环境允许时，立即开启与低压容器相连的阀门进行减压、排液、尽量减少氨液外泄损失，当高压储液桶压力与低压压力平衡时，应及时关闭减压排液阀门。

4）中间冷却器漏氨

中间冷却器漏氨后，当压缩机处于运行状态，应立即切断该电源，关闭压缩机的一级排气阀、二级吸气阀及与其他设备相通的阀门，同时开启放油阀进行排液放油减压。

5）低压储液桶漏氨

低压储液桶漏氨后，该系统压缩机处于运行中，应立即切断压缩机电源，关闭压缩机吸气阀，同时关闭低压桶的进气、出气、均液、放油及其他关联阀门，开启氨泵进液、出液阀及氨泵，将低压储液桶内氨液送至库房蒸发器内，待低压储液桶内无液后关闭氨泵进液阀。

6）排液桶漏氨

排液桶漏氨（在冲霜、加压、排液、放油工作中）应立即关闭排液桶的所有与其他设备相连阀门，根据排液桶的液位多少进行处理。如液量较少，开启减压阀进行减压；在液量较

多时，应尽快将桶内液体排空，减少氨的外泄量。

7）集油器漏氨

集油器漏氨后，在放油过程中，应立即关闭集油器的进油和减压阀。

8）放空气器漏氨

放空气器漏氨，应立即关闭混合气体进气阀、供液阀、回流阀、蒸发回气阀。

9）设备玻璃管、油位指示器漏氨

液、油位指示器玻璃管破裂漏氨，当上下侧弹子失灵，应立即关闭指示器上下侧的弹子角阀，尽早控制氨液大量外泄。

10）氨罐、氨瓶漏氨

自备氨罐、氨瓶属于移动的高压设备，必须每三年进行一次技术检查，如发现瓶壁有裂纹或局部腐蚀，其深度超过公称壁厚的 10%以及发现有结疤、陷、鼓包、伤痕和重皮等缺陷时，应禁止使用。要严格执行氨罐、氨瓶的使用、储存、运输、保管的操作规程和使用的注意事项。在加氨的过程中漏氨，立即关闭其出液阀、加氨站的加氨阀，用水淋浇漏氨部位，迅速将氨罐、氨瓶推离加氨现场。

3. 蒸发器漏氨的处理

库内蒸发器漏氨包括冷风机、墙排管、顶排管等，处理原则：应立即关闭蒸发器供液阀、回气阀、热氨阀、排液阀，并及时将蒸发器内氨液排空。

① 在冲霜过程中，应立即关闭冲霜热氨阀、关闭排液阀、开启回气阀进行减压。

② 在库房降温过程中，应立即关闭蒸发器供液阀，氨泵系统停止运行。

③ 根据漏氨情况，在条件、环境允许的情况下，可采取适当的压力，用热氨冲霜的方法，将蒸发器内氨液排回排液桶，减少氨液损失和库房空气及污染。

④ 确定漏氨部位，可做临时性处理，能打管卡的采取管卡紧固，减少氨的外泄量。

⑤ 开启移动的事故排风扇，尽量降低库房氨气浓度。

4. 阀门漏氨的处理

① 发现系统氨阀门漏氨后，迅速关闭事故阀门两边最近的控制阀。

② 容器上的控制阀门漏氨应关闭事故控制阀前最近的阀门。

③ 关闭容器的进出液、进出气、均液、均压、放油、供液、减压等阀门。

④ 如高压容器上的控制阀门事故，在条件、环境允许时，应迅速开启有关阀门，向低压系统进行减压排液，减少氨液的外泄量。

⑤ 开启事故排风进行通风换气。

5. 氨系统管道漏氨的处理

① 如发现管道漏氨后，迅速关闭事故管道两边最近的控制阀门，切断氨液的来源。

② 根据漏氨情况、管子漏氨的大小，可采取临时打管卡的办法，封堵漏口和裂纹，然后对事故部位抽空。

③ 开启事故排风扇进行通风换气，并对事故部位抽空，更换新管进行修理补焊。

6. 加氨装置漏氨的处理

在加氨过程中加氨装置漏氨，应迅速关闭加氨装置最近的阀门和氨 瓶（罐）的出液阀。

7. 处理漏氨事故时氨的排放

容器设备漏氨，在容器内氨液较多的情况下，必须把漏氨设备内的氨液排放到其他容器内或排放掉。免得造成更大的漏氨现象，减少伤亡及空气污染。氨液的排放分为向系统内排放和向系统外排放。

① 向系统内的排放：一般应采取设备的放油管及排液管排放，将漏氨容器的氨液排至其他压力较低的容器内。

② 向系统外的排放：在特殊情况下，为了减少事故设备的氨液外泄，避免伤亡事故发生，将氨液通过串联设备放油管与耐压胶皮管放入水池中，以保证安全，在向外界排放氨液或氨气时，注意阀门不要开启得过大、过猛、防止胶管连接处脱落，造成意外事故发生。

8．氨中毒人员的急救

① 严重中毒者及时送往定点医院：氨制冷系统漏氨发生严重中毒时，必须及时送往定点医院进行抢救，如图 4-16 所示。在送往医院的过程中要采取必要的救护措施，急救电话 120。

图 4-16　抢救氨中毒人员

② 氨侵入人身体的途径：氨的大量泄漏将对人的生命和国家财产造成危害，一般是通过人的皮肤和呼吸道侵入人体造成危害，氨可深入从鼻腔到肺泡的整个呼吸道，同时人们因鼻受不了刺激而用口呼吸，进入到胃里，引起恶心等到现象，氨很容易侵入黏膜部位，出现刺激难忍的现象。

③ 氨中毒有急性中毒和慢性中毒：在发生事故大量泄漏时会出现急性中毒，往往引起喉痉挛、声门水肿，严重时还会造成呼吸道机械性阻塞而窒息死亡，大量吸入氨气会引起中毒性肺水肿，呼吸道炎症、尿道炎症、眼部炎症等。

9．现场抢救

① 救护者应做好个人防护，进入事故区抢救受伤人员时，首先要做好个人呼吸系统和皮肤的防护，佩戴好氧气呼吸器或防毒面具、防护衣、橡皮手套。

② 将被氨熏倒者迅速移至温暖通风外，注意伤员身体安全，不能强施硬拉，防止给中毒人员造成外伤，将中毒者颈、胸部纽扣和腰带松开，保持中毒者呼吸畅通，注意中毒者的神态、循环系统的功能及心跳变化，同时用 2%的硼酸水给中毒者漱口，少量喝一些柠檬酸汁或 3%的乳酸溶液。对中毒严重不能自理的伤员，应让其吸入 1%～2%柠檬酸溶液的蒸汽，对中毒休克者应迅速解开衣服进行人工呼吸，并给中毒者饮用较浓的食醋。

③ 中毒病人严禁饮水，经过直接处治的中毒人员应迅速送往医院诊治。

④ 当眼、鼻、咽喉、皮肤等部位沾有氨液的处理措施如下所述。

眼：切勿揉搓，可翻开眼皮用水或 2%硼酸水洗眼并迅速开闭眼睛，使水充满全眼，洗后立即送医院治疗。

对于鼻腔、咽喉部位，向鼻内滴入 2%硼酸水，可以喝大量 0.5%的柠檬酸水或食醋，以免

助长氨在体内扩散。

对于皮肤，应脱掉沾有氨液的衣、裤，用清水和2%硼酸水冲洗受伤害的部位，被烧伤的皮肤应暴露在空气中并涂上药物。

人工呼吸三种方法：背压、振臂式和口对口呼吸式（见图4-17）。

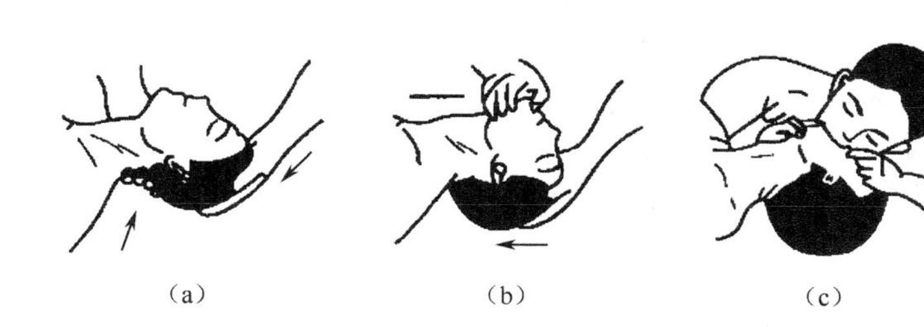

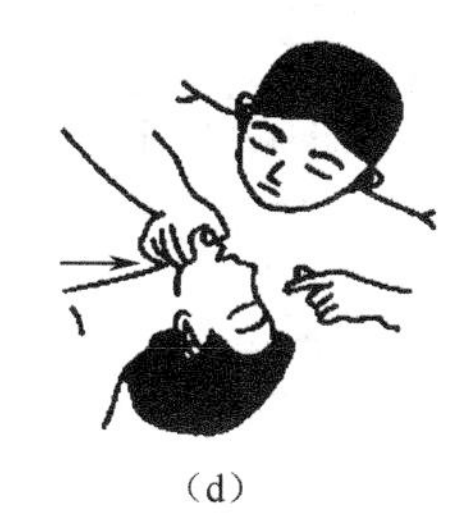

(a)　(b)　(c)　(d)

图4-17　口对口人工呼吸示意图

最好采用口对口呼吸式，其方法是抢救者用手捏住中毒者的鼻孔，以12～16/min次的速度向中毒者口中吹气，同时可以用针灸扎穴进行配合，穴位有人中、涌泉、太冲。

人工复苏胸外挤压法：将患者放平仰卧在硬地或木板上，抢救者在中毒者一侧或骑跨在中毒者身上，面向中毒者头部，用双手冲击式挤压中毒者胸腔下部部位，60～70次/min，挤压时应注意不可用力过大，防止中毒者肋骨骨折。

发生爆炸、火灾事故时，现场负责人应立即报警（电话119），并视情况严重程度决定是否立即撤出作业人员，同时在道路口等待、引导消防队进入事故现场扑救。

工作页内容见表4-10。

表4-10　工作页

氨冷库的紧急事故处理措施					
一、基本信息					
学习小组		学生姓名		学生学号	
学习时间		学习地点		指导教师	
二、工作任务					
1．掌握氨冷库发生紧急事故时的正确处理方法。 2．能正确使用所学知识处理紧急事故。					
三、制订工作计划（包括人员分工、操作步骤、工具选用、完成时间等内容）					
四、安全注意事项（人身安全、设备安全）					
五、工作过程记录					
六、任务小结					

4.2.5 任务评价

考核评价标准见表 4-11。

表 4-11 考核评价标准表

序号	考核内容	配分	要求及评价标准	小组评价	教师评价
1	了解氨冷库事故抢救设施、设备	20	了解氨冷库事故抢救设施、设备要求：能认识氨冷库事故抢救设施、设备的外形，特点，以及使用方法。 评分标准：正确选择得 25 分，每错一项扣 3 分		
2	了解事故现场管理方法	20	了解事故现场管理要求：清楚事故发生的区域，根据事故发生时的气候状况来做具体处理方案。 评分标准：正确选择得 25 分，每错一项扣 3 分		
3	正确确定事故抢救方案	20	正确确立事故抢救方案要求：针对实际情况能正确能处理。 评分标准：正确选择得 25 分，每错一项扣 3 分		
4	工作态度及组员间的合作情况	20	（1）积极、认真的工作态度和高涨的工作热情，不等待老师安排指派任务。 （2）积极思考以求更好地完成任务。 （3）好强上进而不失团队精神，能准确把握自己在团队中的位置，团结学员，协调共进。 （4）在工作中团结好学，时时注意自己的不足之处，善于取人之长补己之短。 评分标准：四点都做到得 25 分，一般得 10 分		
5	安全文明生产	20	（1）遵守安全操作规程。 （2）正确使用工具。 （3）操作现场整洁。 （4）安全用电、防火、无人身、设备事故。 评价标准：每项 5 分，扣完为止，因违纪操作发生人身和设备事故，此项按 0 分计		

4.2.6 知识链接

1．制冷剂对人体生理的影响

制冷剂对人体生理的影响主要是毒性、窒息和冷灼伤。

氨制冷剂为 2 级毒性，当氨的浓度在 0.5%～1%时，人在此环境中停留 30 min 就会患重症或死亡；当氨的浓度在 16%～25%时，遇明火即有爆炸的危险。氟利昂制冷剂本身没有毒性，但遇明火或电弧光会分解出 HCL、HF、光气等有毒气体。氟利昂对人体生理的影响主要是窒息，尤其是在船用机组比较密封、狭小的机舱。

冷灼伤是指裸露的皮肤接触液体或低温制冷剂时造成皮肤和表面肌肉组织的损伤。

2．预防措施

操作人员对工作要有极端的责任感，确保机器、设备、管道阀门不能泄漏。相关人员应接受安全教育，严格遵守相关技术规程。机房必须备有橡皮手套、防毒衣具、安全救护绳、胶鞋及救护用的药品，并有专人管理。由于有的制冷剂有易燃性和爆炸性，若制冷剂大量泄漏时，还可能引起火灾或爆炸的危险。发生火灾时，又有可能造成更大的泄漏，这是非常危

险的。本着“预防为主，防消结合”的方针，机房必须配备二氧化碳或干粉等灭火器材，以备扑灭油火、电火等。

3. 制冷紧急事故

1）化学冻伤

氨液如果溅到人体，将吸收人体表面的热量汽化，热量失去过多会造成肢体的冻伤。化学冻伤同时伴有化学烧伤。化学冻伤的症状是先有寒冷和针刺样的疼痛，皮肤苍白，继而逐渐出现麻木或丧失知觉，肿胀一般不明显，而在复温后才会迅速出现。

化学冻伤分为三度：

① 一度损伤在表皮，受冻部位皮肤肿胀、充血，自觉热痒或灼痛，数日后上述感觉消失；愈后除表皮脱落外，不留疤痕。

② 二度损伤达到真皮，除上述症状外，红肿更加明显，伴有水泡，水泡内有淡黄色液体，有时为血性液体。

③ 三度损伤达全层皮肤，严重者可深至脂肪肌肉骨骼，甚至整个肢体坏死。

2）急救措施

当发生冷灼伤时，应立即把被氨液溅湿的衣服脱掉，用大量的水或2%硼酸水冲洗皮肤，切忌干加热；解冻后，再涂凡士林、植物油或万花油。

制冷作业发生爆炸事故分两种：一种为化学爆炸事故，一种为物理爆炸事故。

● 化学爆炸

① 氨气遇明火发生的爆炸事故。

② 用氧气对制冷系统试压时发生的爆炸事故。

③ 焊接氨制冷系统产生的爆炸事故。

④ 直燃式溴化锂吸收式制冷机组火灾爆炸事故。

化学爆炸必须满足的条件：

① 可燃物质与空气（氧气）形成混合物。

② 可燃性物质在空气中的浓度（容积百分比）达到爆炸极限。

③ 有明火。

● 物理爆炸

① 液爆。

② 违章操作导致的设备超压爆炸事故。

3）火灾事故

氨制冷剂具有可燃性，遇到明火会燃烧，氨的自燃温度是630℃，空气中氨的含量达11%～14%时，即可点燃，产生爆炸和火灾事故。

4）中毒事故

● 氨气泄漏造成的中毒事故

氨是一种有毒的刺激性气体，能严重地刺激眼、鼻和肺黏膜。氨气不仅通过呼吸道和皮肤等造成人员的中毒事故，而且氨强烈的刺激性还造成对人眼睛的伤害，严重者会造成失明。在制冷作业中，曾发生多起由于氨的泄漏造成的人员中毒事故。

● 氟利昂的窒息中毒

氟利昂制冷剂大多具有轻微的毒性，但是，它的比重比空气大，易积聚。因此，在作业场所，特别是狭窄场所，如果氟利昂泄漏浓度较大，会使人产生窒息。氟利昂在空气中的浓度达到30%时，会使人呼吸困难，甚至死亡。

当事故发生时，操作人员一定要冷静沉着，不要惊慌失措，以免乱开或错开机器设备上的阀门，导致事故进一步扩大。必须正确判断情况，组织有经验的技工穿戴防护用具进入现场抢救。如果是高压管道漏氨，应立即停止压缩机的运转，切断漏氨部位与有关设备连通的管道，放空管道内的存氨并置换后进行补焊。如果是低压系统管道漏氨，应关闭该冷却设备的供液阀及相关阀门，开动风机排除氨气并用醋酸液喷雾中和，防止污染货物，然后用管夹将漏点卡死，再恢复冷间工作，待货物出库升温后再进行抽空补焊。

如呼吸道受氨气刺激引起严重咳嗽时，用湿毛巾或用食醋弄湿毛巾捂住口鼻，可以显著减轻氨对呼吸道的刺激和中毒程度。呼吸道受氨刺激较大而且中毒比较严重时，可用硼酸水滴鼻漱口，并给中毒者饮入柠檬水（汁），但切勿饮白开水。如果中毒者呼吸困难甚至休克时，应立即进行人工呼吸，并饮入较浓的食醋，有条件可施以纯氧呼吸，并立即送往医院抢救。

4.2.7 思考与练习

习题

一、单选题

1．冷库发生火灾，应立即拨打（　　）电话报警。

A．114　　B．110　　C．120　　D．119

二、多选题

2．处理氨制冷系统漏氨事故时，抢修人员必须穿戴好（　　）。

A．防毒衣服　　B．防毒面具　　C．橡胶防护手套

D．橡胶绝缘靴　　E．胶皮水管　　F．氧气呼吸器

3．冷库制冷系统意外停电，制冷设备停止运转，下列说法正确的是（　　）。

A．关闭压缩机吸排气阀

B．压缩机能量调节调整为0挡

C．配电房控制箱从自动控制转为手动控制

D．关闭压缩机电源开关

E．关闭冷却水泵电源开关

F．关闭压缩机油泵电源开关

三、判断题

4．氨液溅到人体表面时，皮肤肿胀，伴有水泡，属于氨液化学冻伤。（　　）

附录

《冷库安装与维修》所涉及的辅材工具

序　号	辅材工具名称	设备图片	设备二维码
附 001	扎带		附001 扎带
附 002	一字螺丝刀		附002 一字螺丝刀
附 003	新棘轮式偏心扩孔器 RCT-806		附003 新棘轮式偏心扩孔器RCT-806
附 004	斜口钳		附004 斜口钳
附 005	万用表（指针）		附005 万用表（指针）

续表

序号	辅材工具名称	设备图片	设备二维码
附 006	万用表（电子）		附006 万用表（电子）
附 007	铁锤		附007 铁锤
附 008	手磨机		附008 手磨机
附 009	手电钻		附009 手电钻
附 010	人字梯		附010 人字梯
附 011	内六角扳手		附011 内六角扳手

续表

序　　号	辅材工具名称	设 备 图 片	设备二维码
附 012	剥线钳		附012 剥线钳
附 013	尖嘴钳		附013 尖嘴钳
附 014	活动扳手		附014 活动扳手
附 015	虎口钳		附015 虎口钳
附 016	镀锌线槽		附016 镀锌线槽
附 017	电笔		附017 电笔

续表

序　号	辅材工具名称	设备图片	设备二维码
附 018	大十字螺丝刀		附018 大十字螺丝刀
附 019	冲击钻	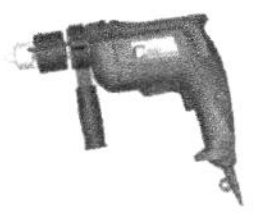	附019 冲击钻
附 020	安全帽		附020 安全帽
附 021	rvvp7X1.0mm		附021 rvvp7X1.0mm
附 022	rvvp2X1.0mm		附022 rvvp2X1.0mm
附 023	rvv6X0.5mm		附023 rvv6X0.5mm

续表

序　　号	辅材工具名称	设 备 图 片	设备二维码
附 024	rvv5X0.5mm		附024 rvv5X0.5mm
附 025	rvv4X1.0mm		附025 rvv4X1.0mm
附 026	rvv4X0.5mm		附026 rvv4X0.5mm
附 027	rvv3X1.0mm		附027 rvv3X1.0mm
附 028	rvv3X0.5mm		附028 rvv3X0.5mm
附 029	rvv2X1.0mm		附029 rvv2X1.0mm

续表

序　　号	辅材工具名称	设 备 图 片	设备二维码
附 030	rvv1X1.0mm		附030 rv1X1.0mm
附 031	rv1.5		附031 rv1.5
附 032	rv1.0		附032 rv1.0
附 033	BRV1×2.5mm		附033 BRV1X2.5mm
附 034	BRV1×1.0mm		附034 BRV1X1.0mm

参考文献

[1] 邓锦军，蒋文胜. 冷库的安装与维护[M]. 北京：机械工业出版社，2012.
[2] 宋友山. 空调器安装与维修[M]. 北京：电子工业出版社，2011.
[3] 宋友山. 制冷与空调设备运行操作作业[M]. 北京：中国矿业大学出版社，2013.
[4] 宋友山. 制冷与空调设备安装修理作业[M]. 北京：中国矿业大学出版社，2013.